MA[illegible] IST GESTION

# DIMATHÈME

Serge GOUIN

Jean-Claude PERRINAUD

Didier

13, rue de l'Odéon - 75006 Paris

# PRÉSENTATION DU MANUEL

*Chaque chapitre est découpé en quatre parties :*

## Activités

Elles sont conçues comme une préparation au cours et permettent une découverte progressive, par les élèves, des notions nouvelles. Leurs objectifs pédagogiques sont clairement précisés. Certaines activités sont purement mathématiques, d'autres partent de situations d'origines variées (vie économique, gestion).

## Information

C'est un cours de mathématiques d'une grande lisibilité. Les idées et les résultats importants sont mis en lumière ; la compréhension est facilitée par des exemples abondants ; le texte est illustré de nombreuses figures. De plus, les savoir-faire les plus classiques sont présentés au travers d'exercices résolus.

## Travaux pratiques

Leur rôle est de consolider les acquisitions par leur mise en œuvre sur des sujets variés et de découvrir de nouveaux champs d'application.

## Exercices

Une grille d'objectifs, qui précède les exercices, sert à en guider le choix. Cette grille peut aussi faciliter l'organisation des révisions.

**Pour savoir faire :** Ce sont des exercices d'application immédiate, classés par thème. Certains sont corrigés pour faciliter le travail autonome des élèves.

**Pour chercher :** Ces exercices demandent un peu plus de réflexion. Ils sont répertoriés par rubrique, et de difficulté graduée. Certains revêtent un caractère pluridisciplinaire.
À la fin de la rubrique sont regroupés des problèmes de type baccalauréat.

Le manuel comporte en plus :
- Le **texte des programmes officiels.**
- Un **index** des mots clés pour une recherche facile et rapide à travers l'ouvrage.

Conception de maquette : Studio 115.
Photocomposition – Schémas – Photogravure : Imprimerie Nouvelle.

ISBN 278-04389-7 *Printed in France*

# SOMMAIRE

## 8 Fonctions puissances



## 9 Calcul intégral



## 10 Statistique



## 11 Probabilités

# PROGRAMME

Les parties nouvelles ou modifiées sont signalées par un bandeau de couleur.

## I – Algèbre, probabilités, statistique

*En algèbre* le programme ne comporte que des travaux pratiques ; on s'appuiera sur les connaissances acquises en Seconde et en Première pour étudier des situations simples relevant de la *programmation linéaire,* issues des sciences économiques et sociales. Quelques notions de calcul des probabilités ont été introduites en Première ; en Terminale, on poursuit l'étude de *phénomènes aléatoires.* Comme en Première, on s'attachera à étudier des situations permettant de bien saisir la démarche du calcul des probabilités et non des exemples comportant des difficultés techniques de dénombrement. Le programme se limite à des ensembles finis ; toute théorie formalisée est exclue et les notions de probabilité conditionnelle, d'indépendance, de probabilité produit et de variable aléatoire ne sont pas au programme.

Le programme de *statistique*, bien adapté aux objectifs de la section STT, fournit un terrain pour des activités interdisciplinaires et pour la consolidation des techniques élémentaires de calcul : *pourcentages, proportionnalité,* usage de fractions, ...

### 1. *Probabilités*

Événements disjoints (ou incompatibles), événement contraire, réunion et intersection de deux événements.

Les élèves doivent savoir calculer la probabilité de la réunion d'événements disjoints, d'un événement contraire $\overline{A}$, et savoir utiliser la formule reliant les probabilités de $A \cup B$ et de $A \cap B$.

### 2. *Statistique*

Séries statistiques à deux variables quantitatives : tableaux d'effectifs, nuage de points associés, point moyen.

L'ajustement affine par moindres carrés et la corrélation linéaire ne sont pas au programme.

### TRAVAUX PRATIQUES

Exemples d'étude numérique et graphique de problèmes de programmation linéaire à deux variables, d'origine économique et sociale.

On se bornera à des situations menant à l'optimisation d'une fonction linéaire $(x\,;\,y) \mapsto ax + by$ lorsque les contraintes se traduisent par des équations et des inéquations du premier degré. On insistera sur les phases de mise en équation et d'interprétation des résultats.

Exemples d'emploi de partitions et de représentations (arbres, tableaux...) pour organiser et dénombrer des données relatives à la description d'une expérience aléatoire.

Exemples d'étude de situations de probabilités issues d'expériences aléatoires (modèles d'urnes, jeux, ...).

L'étude du dénombrement des permutations, arrangements et combinaisons est hors programme.

On s'attachera à étudier des situations permettant de bien saisir la démarche du calcul des probabilités, et non des exemples comportant des difficultés techniques de dénombrement.

Lecture et exploitation de données statistiques mises sous forme de tableaux ou de diagrammes d'effectifs ou de fréquences (calcul et interprétation d'une moyenne, d'un écart type, emploi de tels indicateurs pour comparer des séries statistiques...).

Le module graphique lié à un tableur permet de faire des travaux pratiques efficaces dans ce domaine. Certaines situations peuvent conduire à la recherche d'autres caractéristiques de position (médiane, moyenne harmonique, moyenne géométrique...) ou de dispersion (écart moyen, interquartile...) mais aucune connaissance n'est exigible à ce sujet en mathématiques.

Exemples simples d'étude de séries statistiques à deux variables (croisement de deux caractères d'une population ; ajustement affine par des méthodes graphiques).

Les élèves doivent savoir représenter graphiquement un nuage de points et son point moyen.
Pour un ajustement affine par des méthodes graphiques, toutes les indications utiles seront fournies.

## II – Analyse

Le programme d'analyse porte essentiellement sur les *fonctions*, ce qui permet d'étudier des situations *continues*.

L'objectif principal est *d'exploiter la pratique de la dérivation* pour l'étude globale et locale des fonctions usuelles et des fonctions qui s'en déduisent de manière simple ainsi qu'une pratique élémentaire du *calcul intégral. Quelques problèmes majeurs* fournissent un terrain pour cette étude : variations, recherche d'extémums, équations et inéquations.

Les activités sur les fonctions ne sauraient se borner à des exercices portant sur des exemples donnés a priori ; il convient aussi d'étudier des *situations* issues de la vie économique et sociale.

De même, on exploitera systématiquement les *interprétations graphiques* des notions et des résultats étudiés et les *problèmes numériques* qui sont liés à cette étude.

### 1. *Fonctions numériques : étude locale et globale*

Pour l'étude des fonctions, on s'appuiera conjointement sur les interprétations *graphiques* $y = f(x)$ et *économiques* (évolution de coûts, de bénéfices, etc.).

Le programme se place dans le cadre des *fonctions définies sur un intervalle.* L'intervalle de définition sera indiqué. Toute recherche d'ensembles de définition est exclue.

Quelques énoncés sur les *limites* figurent au programme. Ils ne constituent pas un objectif en soi, mais visent seulement à faciliter, le cas échéant, l'étude du comportement aux bornes de l'intervalle et notamment du comportement asymptotique au voisinage de $+\infty$; on évitera de multiplier les exemples posés a priori et toutes les indications nécessaires doivent être données.

Pour la notion de limite, les définitions par ($\varepsilon$, A), ... sont hors programme. *La continuité en un point et la continuité sur un intervalle sont hors programme.*

#### *a*) **Langage des limites**

Les fonctions étudiées dans ce paragraphe sont définies sur un intervalle I de $\mathbb{R}$.

Les notions et les énoncés de ce paragraphe sont introduits à l'aide d'une approche numérique et graphique ; ils ne feront l'objet d'aucun développement théorique.

$\alpha$) Limite en $+\infty$ des fonctions $x \mapsto x$, $x \mapsto x^2$, $x \mapsto x^3$. Limite en $+\infty$ des fonctions $x \mapsto \frac{1}{x}$, $x \mapsto \frac{1}{x^2}$.

Pour cette introduction, on s'appuiera sur des expérimentations numériques et graphiques portant notamment sur les fonctions de référence ci-contre. Pour donner une idée du cas général, on peut dire, par exemple, que $f(x)$ est supérieur à 10, $10^2$, ... $10^9$, $10^p$, ..., dès que $x$ est assez grand.

Introduction des notations $\lim\limits_{x \to +\infty} f(x)$ et $\lim\limits_{x \to -\infty} f(x)$.

Notion d'asymptote horizontale.

$\beta$) Limite en 0 des fonctions citées ci-dessus.
Introduction de la notion $\lim\limits_{x \to a} f(x)$.

Cette introduction ne fait l'objet que d'une brève extension du cas étudié ci-dessus ; ici aussi, on s'appuiera sur quelques expérimentations graphiques et numériques.
On convient que, dans le cas où $a$ appartient à l'intervalle de définition de $f$, $\lim\limits_{x \to a} f(x) = f(a)$.

Notion d'asymptote verticale.

Dire que $\lim\limits_{x \to a} f(x) = \text{L}$ signifie aussi que $\lim\limits_{h \to 0} f(a + h) = \text{L}$.

On soulignera le fait que, par translation, l'étude d'une fonction $x \mapsto f(x)$ au point $a$ se ramène à l'étude de la fonction $h \mapsto f(a + h)$ au point 0.

$\gamma$) Dans le cas d'une limite L, dire que $\lim\limits_{x \to a} f(x) = \text{L}$ signifie aussi que $\lim\limits_{x \to a} |f(x) - \text{L}| = 0$ ou encore que $f(x) = \text{L} + \varphi(x)$, où $\lim\limits_{x \to a} \varphi(x) = 0$.

On dispose d'un énoncé analogue pour les limites en $+\infty$ et en $-\infty$.

*b)* **Opérations sur les limites (admis)**

Limite de la somme de deux fonctions, du produit d'une fonction par une constante, du produit de deux fonctions, de l'inverse d'une fonction, du quotient de deux fonctions. Limite d'une fonction composée de la forme $t \mapsto f(at + b)$.

Ces énoncés doivent couvrir d'une part le cas des limites finies, d'autre part celui des limites infinies. Il n'y a pas lieu de s'attarder à leur étude et d'en donner une liste complète. Toute règle relative à des cas d'indétermination est hors programme.

*c)* **Calcul différentiel**

$\alpha$) Compléments sur la dérivation

Approximation par une fonction affine, au voisinage de 0, des fonctions qui à $h$ associent $(1 + h)^2$, $(1 + h)^3$, $\frac{1}{1 + h}$ ;

aspect géométrique : tangente.

Il convient de combiner l'expérimentation (graphique et numérique) et le raisonnement ; on mettra en valeur sur quelques exemples l'influence de la taille de l'intervalle sur la qualité de l'approximation. On montrera aussi que cette étude permet d'approcher, par exemple, $x \mapsto x^2$ au voisinage de 2.

Dire que $f$ admet un nombre dérivé A au point $a$ signifie encore que $f(a + h)$ peut s'écrire au voisinage de $h = 0$ sous la forme $f(a + h) = f(a) + Ah + h\varphi(h)$, avec $\lim_{h \to 0} \varphi(h) = 0$.

On prendra des exemples issus de l'économie : en liaison avec l'enseignement des sciences et techniques économiques la notion de coût marginal sera interprétée en terme de dérivation.
L'étude de points singuliers, tels que $x \mapsto |x|$ en 0 ou $x \mapsto \sqrt{x}$ en 0, est hors programme.

Dérivation d'une fonction composée.
Application à la dérivation de fonctions de la forme $u^n$, $n \in \mathbb{Z}$, exp $u$ et ln $u$, ou de la forme $t \mapsto f(at + b)$.

La démonstration de cette règle n'est pas au programme.
En dehors des cas ci-contre, les fonctions que l'on compose doivent être mentionnées explicitement.

$\beta$) Primitives d'une fonction

Primitives d'une fonction dérivable sur un intervalle : définition. Deux primitives d'une même fonction diffèrent d'une constante. Primitives des fonctions usuelles par lecture inverse du tableau des dérivées.

Pour les primitives et le calcul intégral, le programme se limite au cas des fonctions dérivables.
L'existence des primitives est admise.

*d)* **Fonctions usuelles**

– Fonction logarithme népérien et fonction exponentielle ; notation ln et exp. Relation fonctionnelle, dérivation, comportement asymptotique. Nombre $e$, notation $e^x$. Définition de $a^b$ ($a$ strictement positif, $b$ réel).

– Fonctions puissances $x \mapsto x^n$ ($x$ réel et $n$ entier) et $x \mapsto x^\alpha$ ($x$ strictement positif et $\alpha$ réel). Dérivation.

Croissance comparée des fonctions de référence $x \mapsto \exp x$, $x \mapsto x^n$, $x \mapsto \ln x$ au voisinage de $+\infty$ :

$\lim_{x \to +\infty} \frac{\exp x}{x^n} = +\infty$, $\lim_{x \to +\infty} \frac{\ln x}{x^n} = 0$ ($n$ entier naturel non nul).

L'ordre d'introduction et le mode d'exposition de ces fonctions ne sont pas imposés ; les démonstrations d'existence et de dérivation ne sont pas au programme.
Hormis les deux exemples de l'exponentielle et de la racine $n^{\text{ième}}$, l'étude des fonctions réciproques n'est pas au programme.
Selon les besoins des autres disciplines, on pourra mentionner la fonction logarithme décimal $x \mapsto \log x$, mais aucune connaissance sur ce point n'est exigible des élèves en mathématiques.
Les élèves doivent avoir une bonne pratique des représentations graphiques des fonctions étudiées dans ce paragraphe, et savoir en déduire celles des fonctions directement apparentées, telles que $t \mapsto e^{\alpha t}$ et $t \mapsto a^t$.

## TRAVAUX PRATIQUES

Programmation des valeurs d'une fonction d'une variable.
Étude du sens de variation d'une fonction, recherche de son signe, recherche des extrémums.
Recherche de la limite d'une fonction polynôme ou rationnelle en $+\infty$ ou $-\infty$.
Tracé de la courbe représentative d'une fonction.
Lecture de propriétés d'une fonction à partir de sa représentation graphique.

Dans l'ensemble des travaux pratiques, on exploitera largement des situations issues des sciences économiques.
L'étude du signe de la dérivée ne doit présenter aucune difficulté.
Pour l'étude des branches infinies, et notamment pour la mise en évidence d'asymptotes, on se limitera à des exemples très simples ; on montrera tout

Exemples d'étude graphique d'équations $f(x) = \lambda$ ou d'inéquations $f(x) \leqslant \lambda$.
Exemples d'étude de phénomènes exponentiels discrets (suites géométriques) ou continus (fonctions exponentielles) issus de situations économiques ou sociales.

Exemples de recherche de solutions approchées d'une équation numérique.

le parti qu'on peut tirer graphiquement de formes telles que $x \mapsto a + g(x)$ ou $x \mapsto ax + b + g(x)$ avec $\lim\limits_{x \to +\infty} g(x) = 0$. Pour l'obtention de telles formes toutes les indications utiles devront être fournies aux élèves.

On pourra, sur des exemples, explorer quelques méthodes élémentaires ; mais aucune connaissance sur ces méthodes n'est exigible des élèves.

## 2. *Notions de calcul intégral*

L'objectif est double :
– Familiariser les élèves avec quelques *problèmes relevant du calcul intégral* et qui, en retour, *donnent du sens à la notion d'intégrale :* calcul de grandeurs géométriques (aires, volumes, ...), de grandeurs économiques (calcul du coût total à partir du coût marginal, coût moyen, ...).
– Fournir aux élèves le *symbolisme* très efficace du calcul intégral.
On combinera les activités de *calcul exact* d'intégrales (qui mettent en œuvre le calcul de primitives) et les activités *d'encadrement* (qui, de façon complémentaire, exploitent des idées géométriques à partir d'interprétations graphiques).

### *a*) Intégrale d'une fonction sur un segment

Étant donné une fonction $f$ dérivable sur un intervalle I et un couple $(a, b)$ de points I, le nombre $\mathrm{F}(b) - \mathrm{F}(a)$, où F est une primitive de $f$, est indépendant du choix de F ; on l'appelle intégrale de $a$ à $b$ de $f$ et on le note $\int_a^b f(t)\,\mathrm{d}t$.
Dans le cas d'une fonction de signe constant, interprétation graphique de l'intégrale à l'aide d'une aire.

Aucune théorie de la notion d'aire n'est au programme : on admettra son existence et ses propriétés élémentaires.

### *b*) Propriétés de l'intégrale

Relation de Chasles.
*Linéarité :*

$$\int_a^b (\alpha f + \beta g)(t)\,\mathrm{d}t = \alpha \int_a^b f(t)\,\mathrm{d}t + \beta \int_a^b g(t)\,\mathrm{d}t.$$

*Positivité :*

si $a \leqslant b$ et $f \geqslant 0$, alors $\int_a^b f(t)\,\mathrm{d}t \geqslant 0$ ;

intégration d'une inégalité.

Il convient d'interpréter en termes d'aires certaines de ces propriétés (relation de Chasles, intégration d'inégalités, ...) afin d'éclairer leur signification.

Valeur moyenne d'une fonction.

La notion de valeur moyenne est à relier aux sciences économiques.

### *c*) Techniques de calcul

Lecture inverse de formules de dérivation : primitives des fonctions de la forme $t \mapsto f'(at + b)$, $(\exp u)\, u'$, $u^n u'$, où $n \in \mathbb{Z}$, $n \neq -1$, et $\frac{u'}{u}$ ($u$ étant à valeurs strictement positives).

Les élèves doivent savoir reconnaître si un exemple donné de fonction est de l'une de ces formes.

## TRAVAUX PRATIQUES

Exemples de calcul d'intégrales à l'aide d'une primitive.
Exemples de calcul d'aires planes à l'aide du calcul intégral.

En liaison avec l'enseignement des techniques économiques, on donnera des interprétations économiques de calculs d'aires (problème de coût, ...), mais aucune connaissance spécifique n'est exigible à ce sujet en mathématiques.

Exemples de calcul de valeurs approchées d'une intégrale au moyen d'un encadrement de la fonction.

On se limitera à des exemples très simples, et les encadrements à utiliser devront être fournis.

# 1 Problèmes du premier et du second degré

- Programmation linéaire
- Régionnement du plan
- Équations du second degré
- Signe du trinôme

## ACTIVITÉ 1 Vérifiez vos programmes

***Objectif :*** vous permettre de vérifier si vous savez correctement programmer le calcul de $f(x)$, pour une fonction $f$ donnée.

### A. Avec un tableau de valeurs

1° Soit $f$ la fonction définie par $f(x) = \frac{1}{2}x^2 - 3x + 5$.

*a) Programmer une calculatrice pour obtenir l'image de* x *par* f.
*b) Calculer* f(x) *pour les quatre premières valeurs de* x *données dans le tableau suivant. Contrôler les résultats obtenus et compléter ensuite le tableau.*

| $x$ | 0 | – 5 | – 3 | – 1 | 2 | 3 | $10^4$ |
|---|---|---|---|---|---|---|---|
| $f(x)$ | 5 | 32,5 | 18,5 | 8,5 | | | |

2° Même énoncé qu'au 1° avec $f(x) = -x^2 - x + \frac{1}{2}$ et le tableau suivant :

| $x$ | – 2 | – 1 | 0 | 1 | 4 | 20 | 100 |
|---|---|---|---|---|---|---|---|
| $f(x)$ | – 1,5 | 0,5 | 0,5 | – 1,5 | | | |

3° Même énoncé qu'au 1° avec $f(x) = -\left(x - \frac{1}{2}\right)^2$ et le tableau suivant :

| $x$ | – 3 | – 2 | $-\frac{3}{2}$ | 0 | 0,5 | 2,5 | $\frac{7}{3}$ |
|---|---|---|---|---|---|---|---|
| $f(x)$ | – 12,25 | – 6,25 | – 4 | – 0,25 | | | |

### B. Avec une courbe

On donne ci-dessous les courbes $\mathscr{C}_f$ et $\mathscr{C}_g$ représentatives des fonctions $f$ et $g$ définies par $f(x) = -\frac{1}{3}x^2 + x + 2$ et $g(x) = 2x^2 - \frac{1}{2}x - 3$.

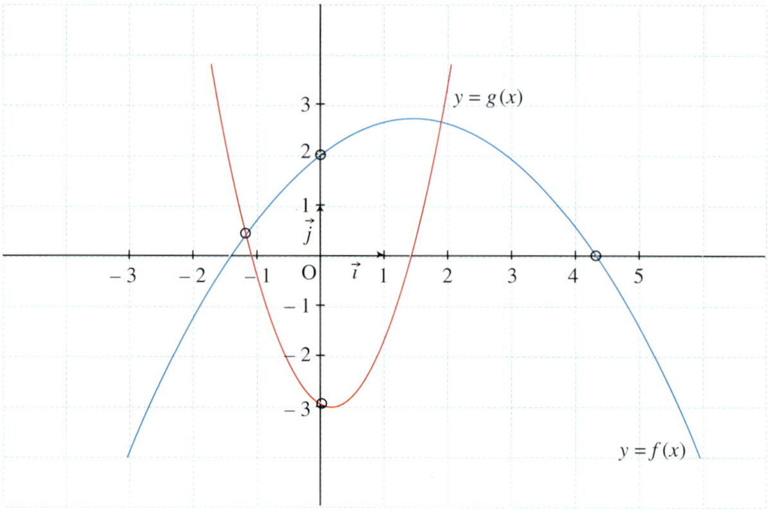


Fig. 1

1° *a) Programmer une calculatrice pour obtenir l'image de* x *par* f.

*b) Calculer* f(x) *pour différentes valeurs de* x *et contrôler en utilisant les points correspondants de la courbe* $\mathscr{C}_f$.

2° *Reprendre l'étude faite au* 1° *avec la fonction* g.

## ACTIVITÉ 2 Régionnement du plan par une droite

***Objectif :*** réviser équations de droite et régionnement du plan.

### A. Trouver la région

1° *En utilisant pour chaque question un graphique différent, représenter graphiquement les solutions des systèmes suivants (rayer les régions qui ne conviennent pas, laisser en blanc les régions représentant les solutions).*

*a)* $\begin{cases} x \geqslant 0 \\ y \geqslant 0 \\ 2y \geqslant 5x - 8 \\ y \leqslant 5 \end{cases}$ *b)* $\begin{cases} x \geqslant 0 \\ y \geqslant 0 \\ 10x + 9y \leqslant 90 \\ 8x + 10y \leqslant 86 \end{cases}$

2° *Calculer les coordonnées du point d'intersection* A *des droites d'équations* 10x + 9y = 90 *et* 8x + 10y = 86 *du* 2$^e$ *graphique.*

### B. Lecture d'un graphique

Dans le plan muni d'un repère $(O, \vec{\imath}, \vec{\jmath})$, on considère les points A (4 ; 3), B (– 2 ; 2) et C (3 ; – 2).

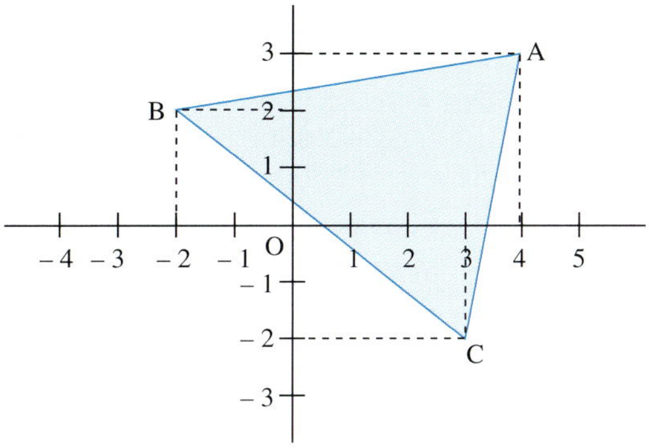


Fig. 2

1° *Trouver une équation de chacune des droites* (AB), (BC) *et* (AC).

2° *Déterminer un système d'inéquations caractérisant le triangle* ABC, *côtés compris*.

# ACTIVITÉ 3 À votre santé !

***Objectif :*** écrire des contraintes sous forme d'inéquations et en faire la représentation graphique.

Un amateur de bon vin a acheté en vrac 30 litres de bordeaux qu'il se propose de mettre en bouteilles. Il dispose pour cela de bouteilles de 1 litre et de bouteilles de $\frac{3}{4}$ de litre. Il ne veut pas utiliser plus de 20 bouteilles de 1 litre. La place disponible dans sa cave ne lui permet pas de ranger plus de 36 bouteilles.

1° On appelle $x$ et $y$ respectivement le nombre de bouteilles de 1 litre et de $\frac{3}{4}$ de litre utilisées.
*Exprimer en fonction de* x *et* y *le nombre de bouteilles utilisées, puis la quantité de vin mise en bouteille.*

2° *Traduire les contraintes du problème sous forme d'un système d'équations et d'inéquations (au moins trois).*

3° *Sur une feuille de papier millimétré ou à petits carreaux, représenter graphiquement le système obtenu. Unité graphique :* 0,5 cm *pour une bouteille.*

4° *Le problème a-t-il des solutions ? Si oui, en donner la liste.*

## ACTIVITÉ 4 Vers la programmation linéaire

■ ***A.*** Les droites (AB), (BC) et (CD) de la figure 3 ont respectivement pour équations

$20x + 3y = 3\,000$ ;
$10x + 3y = 1\,800$ ;
$5x + 6y = 2\,700$.

1° *Calculer les coordonnées de* B *et de* C.

2° *Reproduire la figure sur papier millimétré ou quadrillé.*

3° *Écrire un système d'inéquations à deux inconnues dont l'ensemble des solutions est représenté par l'intérieur du polygone* OABCD*, côtés compris (en bleu sur la figure).*

■ ***B.*** 1° *Tracer la droite* d *d'équation* $y = -\frac{15}{4}x + 150$.

2° *Construire des droites parallèles à* d *ayant pour ordonnée à l'origine par exemple :* 300 ; 450 ; 600 ; 625 ; 650 ; 700 ; 800.

3° *Repasser en rouge celles de ces droites qui n'ont aucun point commun avec le polygone* OABCD *et en bleu les autres.*

4° *Parmi toutes les parallèles à* d *qui ont au moins un point commun avec le polygone* OABCD*, quelle est celle qui a l'ordonnée à l'origine la plus grande ?*

5° *Déterminer une équation de cette droite, et son intersection avec le polygone* OABCD.

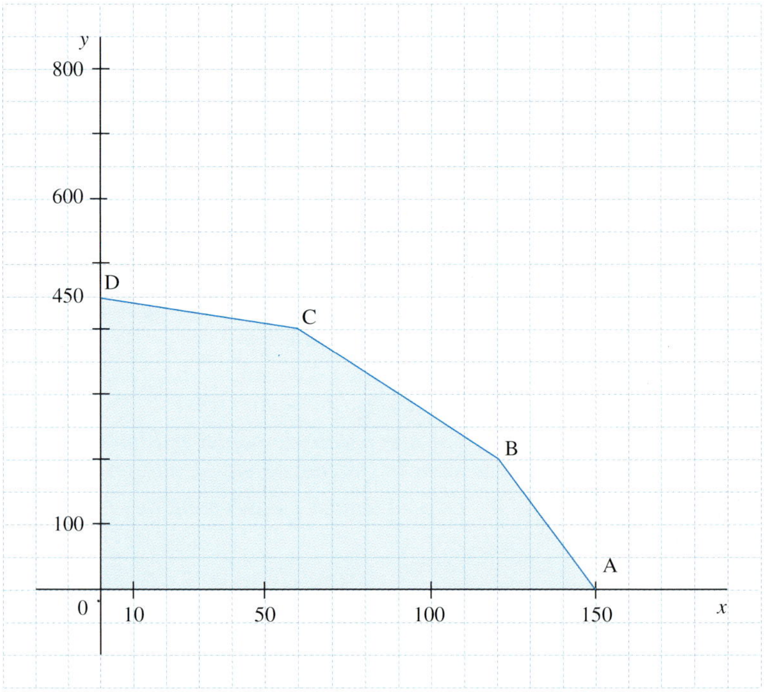


Fig. 3

# INFORMATION

## 1. Régionnement du plan par une droite

La droite D d'équation $y = ax + b$ délimite deux demi-plans ouverts $P_1$ et $P_2$.
L'ensemble des points $M(x, y)$ tels que $y = ax + b$ est la droite D.

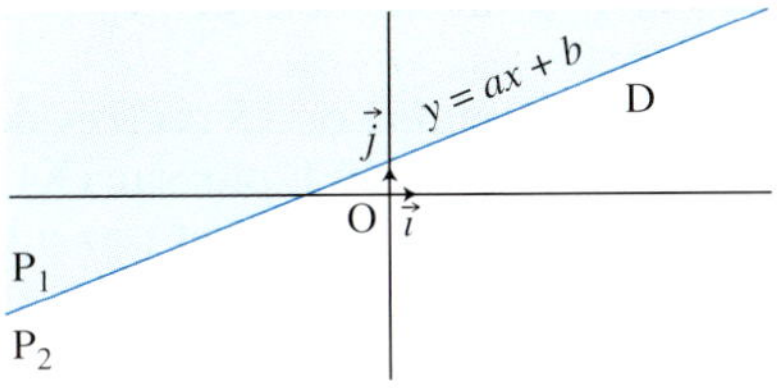


Fig. 4

L'ensemble des points tels que $y \geqslant ax + b$ est le demi-plan fermé situé **au-dessus** de la droite D.

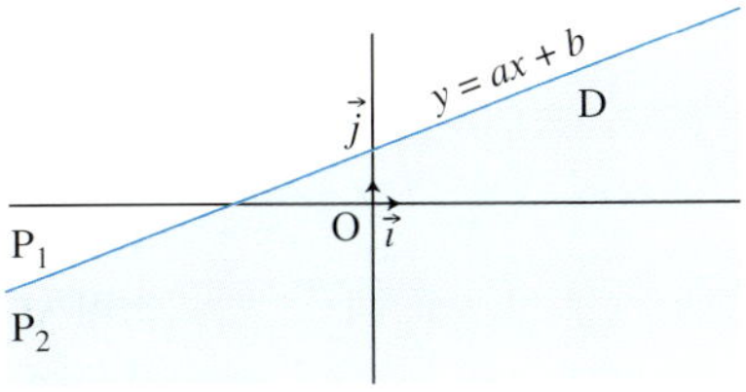


Fig. 5

L'ensemble des points tels que $y \leqslant ax + b$ est le demi-plan fermé situé **au-dessous** de la droite D.

Le demi-plan **fermé** signifie que la frontière D est comprise.

EXEMPLE

Représentons dans le plan l'ensemble des solutions de l'inéquation :

$$4x + 5y \leqslant 180.$$

Cette inéquation est équivalente à $y \leqslant -\frac{4}{5}x + 36$.

1° On trace dans un repère $(O, \vec{i}, \vec{j})$ la droite d'équation $y = -\frac{4}{5}x + 36$.

2° L'ensemble des points dont les coordonnées vérifient l'inégalité $y \leqslant -\frac{4}{5}x + 36$ est le demi-plan situé au-dessous de la droite d'équation $y = -\frac{4}{5}x + 36$, frontière comprise.

Le demi-plan solution est en bleu.

L'inégalité étant donnée ici au sens large, $P_1$ est le demi-plan fermé (la frontière est comprise).

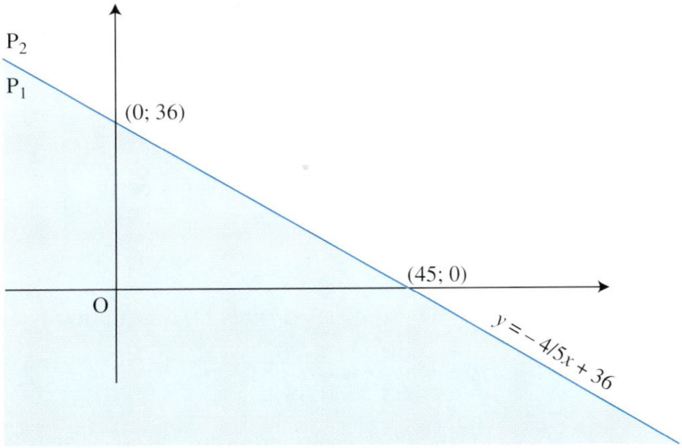


Fig. 6

# 2. Programmation linéaire

Plusieurs contraintes étant imposées dans un problème, on se propose de trouver une solution optimale. La recherche se fait graphiquement.
Les exercices proposés sont un modèle très simplifié de la réalité, les situations réelles requérant des techniques informatiques élaborées.

## EXERCICE RÉSOLU

**Un artisan fabrique des sacs de toile et de cuir de deux types différents (X) et (Y).**
**La réalisation d'un sac de type (X) demande 0,50 mètre de toile et 0,40 mètre de cuir ; celle d'un sac de type (Y) demande 0,60 mètre de toile et 0,68 mètre de cuir.**
**L'artisan dispose chaque semaine de 15 mètres de toile et 14 mètres de cuir.**
**Les profits réalisés sont alors de 40 F par sac (X) et de 60 F par sac (Y).**
**On désigne par $x$ le nombre de sacs (X) et par $y$ le nombre de sacs (Y) fabriqués chaque semaine.**

**1° Écrire les contraintes de fabrication.**

**2° Le couple $(x, y)$ représentant les coordonnées d'un point M dans un repère orthonormal $(O, \vec{i}, \vec{j})$ où l'unité est 0,5 cm, déterminer l'ensemble des points $M(x, y)$ du plan pour lesquels la fabrication est possible.**

**3° *a*) Calculer en fonction de $x$ et de $y$ le profit P réalisé par semaine.**

***b*) Utiliser le graphique pour déterminer la fabrication qui assure un profit maximal ; calculer ce profit.**

1° On dresse un tableau pour résumer clairement les données :

| | Sac (X) | Sac (Y) | Quantité disponible |
|---|---|---|---|
| Toile | 0,50 m | 0,60 m | 15 m |
| Cuir | 0,40 m | 0,68 m | 14 m |
| Profit | 40 F | 60 F | |

La quantité de toile nécessaire pour un sac (X) est de 0,50 m, pour $x$ sacs (X), elle est donc $0{,}50x$ mètres.
De même, pour $y$ sacs (Y), elle est de $0{,}60y$ mètres.
Ainsi, la contrainte sur la longueur maximale de toile disponible par semaine se traduit par : $0{,}50x + 0{,}60y \leqslant 15$.
La contrainte sur la longueur maximale de cuir disponible par semaine se traduit par : $0{,}40x + 0{,}68y \leqslant 14$.
On obtient donc le système :

On a de plus : $x \geqslant 0$ et $y \geqslant 0$.

$$\begin{cases} 0{,}5x + 0{,}6y \leqslant 15 \\ 0{,}4x + 0{,}68y \leqslant 14 \end{cases} \quad \text{qui s'écrit} \quad \begin{cases} y \leqslant -\dfrac{5}{6}x + 25 \\ y \leqslant -\dfrac{40}{68}x + \dfrac{14}{0{,}68} \end{cases}$$

2° On trace les droites $D_1$ d'équation $y = -\dfrac{5}{6}x + 25$ et $D_2$ d'équation $y = -\dfrac{40}{68}x + \dfrac{14}{0{,}68}$.

Dans la représentation graphique suivante, la partie qui reste en blanc représente l'ensemble des solutions. Il convient d'y ajouter les frontières.

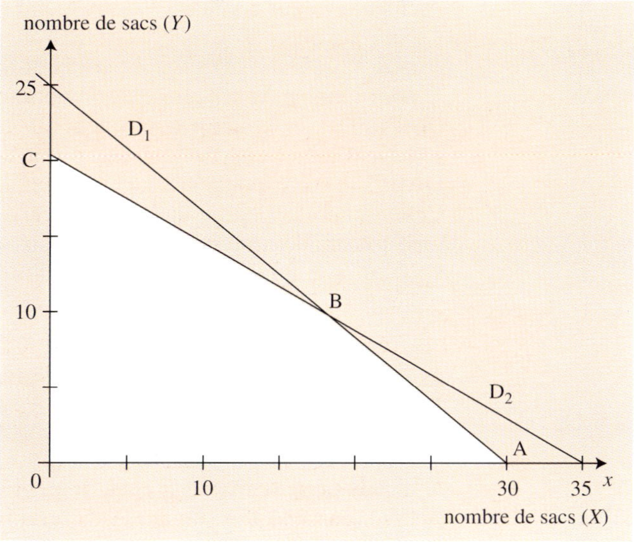


Fig. 7

3° *a*) Le profit réalisé par sac (X) est de 40 F donc pour $x$ sacs (X) il est de $40 \times x$ F.
Le profit réalisé par sac (Y) étant de 60 F, on obtient de même un profit de $60 \times y$ F pour $y$ sacs (Y).
On a alors $P = 40x + 60y$.
Par exemple, si $x = 15$ et $y = 20$, alors $P = 40 \times 15 + 60 \times 20 = 1\,800$ F.

L'équation $40x + 60y = 600$ s'écrit aussi $y = -\frac{2}{3}x + 10$.

*b*) Les points dont les coordonnées $(x, y)$ correspondent à un bénéfice de 600 F sont sur la droite d'équation $40x + 60y = 600$, et à l'intérieur du polygone OABC ou sur ses bords; ce sont donc les points (de coordonnées entières) du segment [RN].
De la même façon, pour un bénéfice de 1 200 F, on obtient le segment [SA].

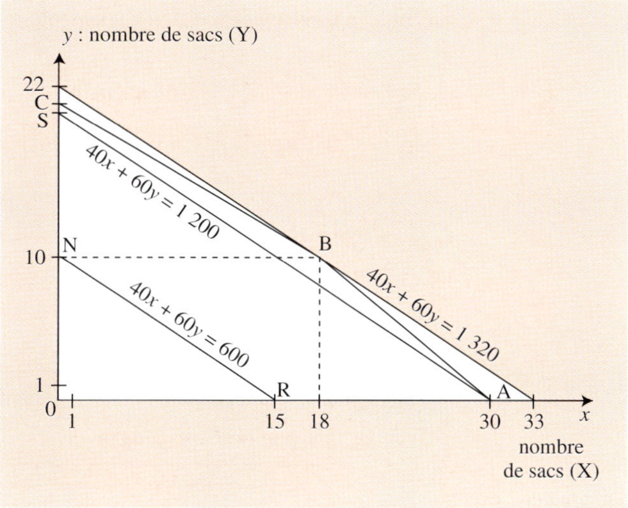


Fig. 8

**Méthode pour obtenir le bénéfice maximal :**
D'après le *a*) le bénéfice de P est lié à $x$ et $y$ par la relation :

$$40x + 60y = P \quad \text{ou encore} \quad y = -\frac{2}{3}x + \frac{P}{60}.$$

$-\frac{40}{60} = -\frac{2}{3}$

L'intersection de chacune de ces droites avec l'axe (O$y$) permet une lecture graphique du bénéfice.

À chaque valeur donnée à P correspond une droite :
– pour la valeur 600, on obtient la droite (RN) ;
– pour la valeur 1 200, on obtient la droite (SA) ;
– pour toute autre valeur de P, on obtient une droite parallèle aux droites (RN) et (SA) (elles ont le même coefficient directeur : – 2/3.
Mais celles de ces droites qui n'ont aucun point commun avec le polygone OABC ne correspondent à aucune solution.
Celle qui correspond à un bénéfice maximal est celle qui a une ordonnée à l'origine maximale, tout en ayant au moins un point commun avec le polygone. On voit sur le graphique que la droite solution est la droite parallèle à (RN) passant par le point B (18 ; 10). Son équation est donc $40x + 60y = P$ avec

$$P = 40 \times 18 + 60 \times 10 = 1\,320.$$

Conclusion : le profit maximal réalisable chaque semaine par cet artisan est de 1 320 F. Il est obtenu en fabriquant 18 sacs (X) et 10 sacs (Y).

**Conseils pour traiter ce genre de problème :**
– Faire un tableau résumant les contraintes.
– Après avoir écrit le système traduisant ces contraintes, le transcrire sous la forme $y \leqslant ax + b$ (ou $y \geqslant ax + b$).
– Tracer les droites frontières.
– Rayer les régions du plan qui ne conviennent pas, en conservant en blanc celles qui conviennent.

# 3. Trinôme du second degré

## a Résolution dans $\mathbb{R}$ de l'équation : $ax^2 + bx + c = 0$ ($a \neq 0$)

**On calcule le discriminant de l'équation : $\Delta = b^2 - 4ac$.**

**Si $\Delta > 0$, alors il y a deux solutions : $\dfrac{-b+\sqrt{\Delta}}{2a}$ ; $\dfrac{-b-\sqrt{\Delta}}{2a}$.**

**Si $\Delta = 0$, alors il y a une solution : $\dfrac{-b}{2a}$.**

**Si $\Delta < 0$, alors il n'y a pas de solution réelle.**

## b Signe du trinôme

Soit le trinôme $f(x) = ax^2 + bx + c$, avec $a \neq 0$, et soit $\Delta$ son discriminant.
On note $x_1$ et $x_2$ les racines éventuelles ($x_1 < x_2$).

En résumé :
Le trinôme est toujours du signe de $a$, sauf entre les racines (s'il y en a).

Cas où $\Delta > 0$

| $x$ | $-\infty$ | | $x_1$ | | $x_2$ | | $+\infty$ |
|---|---|---|---|---|---|---|---|
| signe de $f(x)$ | | signe de $a$ | 0 | signe de $(-a)$ | 0 | signe de $a$ | |

Cas où $\Delta = 0$

| $x$ | $-\infty$ | | $x_1 = x_2$ | | $+\infty$ |
|---|---|---|---|---|---|
| signe de $f(x)$ | | signe de $a$ | 0 | signe de $a$ | |

Cas où $\Delta < 0$

| $x$ | $-\infty$ | | $+\infty$ |
|---|---|---|---|
| signe de $f(x)$ | | signe de $a$ | |

## C Factorisation de f(x)

Si $\Delta > 0$, alors $f(x) = a(x - x_1)(x - x_2)$.

Si $\Delta = 0$, alors $f(x) = a\left(x + \dfrac{b}{2a}\right)^2$.

Si $\Delta < 0$, alors $f(x)$ ne se factorise pas.

**EXERCICES RÉSOLUS**

1 **On définit la fonction $f$ sur $\mathbb{R}$ par $f(x) = 2x^2 + 5x - 3$**

**1° Résoudre dans $\mathbb{R}$ l'équation $f(x) = 0$.**

**2° Factoriser $f(x)$.**

1° On calcule le discriminant :

$$\Delta = 5^2 - 4 \times 2 \times (-3) = 49.$$

$\Delta > 0$, donc l'équation $f(x) = 0$ a deux solutions :

$$x_1 = \frac{-5 - \sqrt{49}}{4} = \frac{-5 - 7}{4} = -3 \quad x_2 = \frac{-5 + 7}{4} = \frac{1}{2}.$$

2° On peut factoriser $f(x)$ :

$$f(x) = 2(x + 3)\left(x - \frac{1}{2}\right)$$

$$f(x) = 2\left(x - \frac{1}{2}\right)(x + 3) = (2x - 1)(x + 3).$$

Vérifier en développant qu'on retrouve bien l'expression du départ.

2 **On définit la fonction $f$ sur $\mathbb{R}$ par $f(x) = x^2 - 9x + 14$.**

**1° Étudier le signe de $f(x)$ suivant les valeurs de $x$.**

**2° Tracer la courbe représentative de la fonction $f$ et interpréter graphiquement le résultat du 1°.**

**3° Résoudre dans $\mathbb{R}$ l'inéquation $f(x) \geqslant 0$.**

1° Le discriminant $\Delta$ est strictement positif ($\Delta = 25$); les deux racines du trinôme sont :

$$x_1 = \frac{9 + \sqrt{25}}{2} = 7; \quad x_2 \frac{9 - \sqrt{25}}{2} = 2.$$

Le coefficicent $a$ de $x^2$ étant positif ($a = 1$), on obtient :

| $x$ | $-\infty$ | | 2 | | 7 | | $+\infty$ |
|---|---|---|---|---|---|---|---|
| signe de $f(x)$ | | + | 0 | − | 0 | + | |

2° Interprétation graphique :

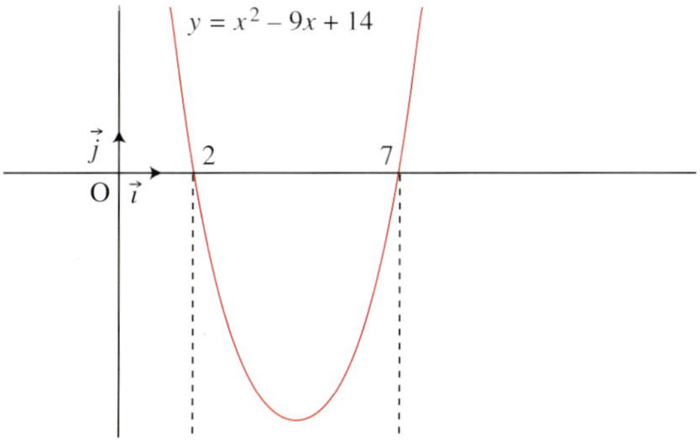


Fig. 9

| $x$ | $-\infty$ | | 2 | | 7 | | $+\infty$ |
|---|---|---|---|---|---|---|---|
| signe de $f(x)$ | | + | 0 | − | 0 | + | |

3° Le tableau de signes permet de trouver l'ensemble des solutions de l'inéquation $f(x) \geqslant 0$ :

$$\mathcal{S} = ]-\infty\ ;\ 2] \cup [7\ ;\ +\infty[\ .$$

Les points de la parabole situés au-dessus de l'axe des abscisses ou sur celui-ci ont une abscisse $x$ solution de l'inéquation :

$$x^2 - 9x + 14 \geqslant 0.$$

**3** **Résoudre dans $\mathbb{R}$ l'inéquation : $-x^2 + 2x - 3 < 0$.**

Le discriminant $\Delta$ est strictement négatif ($\Delta = -8$) et le coefficient de $x^2$ est négatif ($a = -1$).

| $x$ | $-\infty$ $+\infty$ |
|---|---|
| signe de $f(x)$ | $-$ |

Tous les réels sont solutions de l'inéquation proposée, l'ensemble des solutions est $\mathcal{S} = \mathbb{R}$.
Interprétation graphique :
Tous les points de la courbe sont au-dessous de l'axe des abscisses.

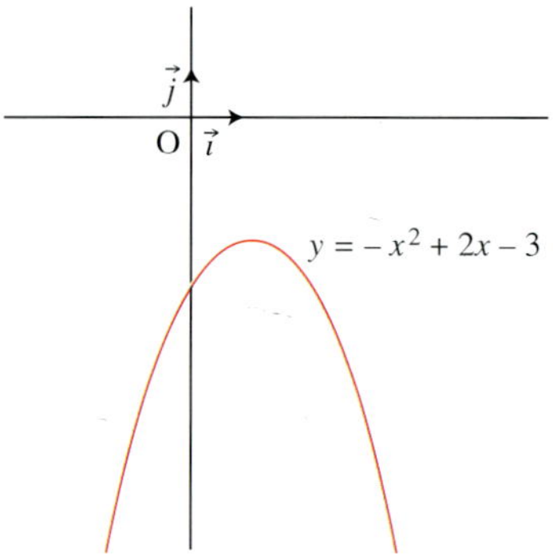


Fig. 10

# TRAVAUX PRATIQUES

**T.P.**

## Comment réaliser un bénéfice maximal ?

Une entreprise fabrique des magnétoscopes et des téléviseurs ; 140 ouvriers travaillent à la fabrication.

### A. Contraintes de coût

Le prix de revient, d'un téléviseur, pièces et main-d'œuvre est de 800 F. Il n'est que de 600 F pour un magnétoscope.
Les services comptables de l'entreprise donnent la consigne de ne pas dépasser la somme de 48 000 F par semaine, pièces et main-d'œuvre comprises.
*En une semaine, combien l'entreprise peut-elle produire de magnétoscopes, si elle fabrique* 100 *téléviseurs ?*
*Combien l'entreprise peut-elle produire de téléviseurs, si elle fabrique* 150 *magnétoscopes ?*
On désigne par $x$ et $y$ respectivement le nombre de postes de télévision et le nombre de magnétoscopes fabriqués par semaine.
*Écrire une inégalité vérifiée par* x *et par* y *et représenter graphiquement l'ensemble des points* M(x, y) *dont les coordonnées vérifient cette inégalité.*

### B. Contraintes de main-d'œuvre

Les chefs de service estiment qu'il faut 10 heures de main-d'œuvre pour fabriquer un magnétoscope et 5 heures pour un poste de télévision. Chaque ouvrier travaille 40 heures par semaine.
*Écrire l'inégalité vérifiée par* x *et* y *correspondant à ces contraintes et représenter sur le graphique précédent l'ensemble des points* M(x, y) *dont les coordonnées vérifient cette inégalité.*

### C. Contraintes commerciales

Les services commerciaux ne peuvent vendre plus de 480 postes de télévision et 480 magnétoscopes par semaine.
*Écrire deux nouvelles inégalités vérifiées par* x *et* y *et représenter graphiquement l'ensemble des points* M(x, y) *vérifiant chacune de ces inégalités.*
*Colorier la figure de façon à laisser en blanc le polygone des points* M(x, y) *pour lesquels la fabrication est possible.*

Les représentations graphiques sont à tracer dans un même repère $(O, \vec{i}, \vec{j})$.

### D. Bénéfices

Les prix de vente sont tels que l'entreprise, tous frais payés, fait un bénéfice de 480 F par poste de télévision et 320 F par magnétoscope.
*Calculer le bénéfice réalisé par l'entreprise lorsqu'elle produit* 100 *postes de télévision et* 150 *magnétoscopes.*
On note $b$ le bénéfice réalisé par semaine en fonction de $x$ et $y$.
*Écrire une égalité liant* b, x *et* y.
On obtient pour chaque valeur de $b$ une équation de droite.
*Tracer les droites correspondant aux valeurs de* b *suivantes :*
b = 83 200 ; b = 115 200 ; b = 140 800 ; b = 256 000.
*En déduire graphiquement le bénéfice maximal réalisable par l'entreprise.*

# EXERCICES ET PROBLÈMES

| **POUR SAVOIR FAIRE** **Objectifs à atteindre** | **Exercices appropriés** |
|---|---|
| Résoudre une équation du 1er degré à une inconnue | 1 à 5 |
| Résoudre un système de 2 équations à 2 inconnues | 6 à 12 |
| Résoudre graphiquement un système d'inéquations à 2 inconnues | 13 à 17 |
| Trouver un système d'inéquations caractérisant une figure | 18 et 19 |
| Résoudre une équation du second degré | 20 à 33 |
| Résoudre une inéquation du second degré avec un tableau de signes | 34 à 37 |
| Étudier le signe d'un trinôme | 38 à 49 |

| **POUR CHERCHER** **Sujets abordés** | **Exercices appropriés** |
|---|---|
| Intersection de courbes | 50 à 52<br>64 à 66 |
| Équations se ramenant au second degré | 53 et 54 |
| Étude du signe d'un polynôme ou d'une fonction rationnelle | 55 à 63 |
| Régionnement du plan | 64 à 69 |
| Programmation linéaire | 70 à 75 |

## POUR SAVOIR FAIRE

### Équations du premier degré

*Pour les exercices **1** à **5**, résoudre l'équation.*

**1** $\dfrac{2x-1}{3} = 4.$

**2** $\dfrac{\frac{2}{3}x}{5} = 3.$

**3** $\dfrac{x-1}{5} = \dfrac{2x}{3}.$

**4** $10 - \dfrac{24-8x}{30} = \dfrac{12x}{50}.$

**5** $\dfrac{8x-25}{20} - \dfrac{15x+20}{30} = -x.$

### Système de deux équations à deux inconnues

*Pour les exercices **6** à **10**, résoudre le système*

**6** $\begin{cases} x + y = 5 \\ 2x - y = 8. \end{cases}$

**7** $\begin{cases} 2x + y = 7 \\ 9x + 4y = -1. \end{cases}$

**8** $\begin{cases} 3x + \dfrac{1}{2}y = 7 \\ \dfrac{3}{4}x + y = \dfrac{1}{3}. \end{cases}$

**9** $\begin{cases} x + y = 5 \\ 2x + 2y = 11. \end{cases}$

**10** $\begin{cases} 60x + 35y = 21 \\ 20x - 5y = -18. \end{cases}$

**11** Dans le plan muni d'un repère $(O, \vec{\imath}, \vec{\jmath})$, on donne les droites $D_1$ et $D_2$ d'équations respectives $8x - 11y = 33$ et $12x + y = 17$.
Trouver les coordonnées de leur point d'intersection.

**12** Même exercice que **11** avec $15x + 28y = 740$ et $21x - 30y = -348$.

### Système d'inéquations à deux inconnues

*Pour les exercices **13** à **17**, représenter graphiquement l'ensemble des couples* (x, y) *vérifiant chacun des systèmes.*

**13** $\begin{cases} x - 2y + 2 < 0 \\ x + y + 1 < 0. \end{cases}$

**14** $\begin{cases} x \geqslant 0 \\ y \geqslant 0 \\ 5x + 2y \leqslant 20 \\ x + y \leqslant 7. \end{cases}$

**15** $\begin{cases} 0 \leqslant x \leqslant 200 \\ 0 \leqslant y \leqslant 150 \\ y \leqslant -\dfrac{11}{12}x + 220 \\ 18x + 33y \leqslant 5\,940. \end{cases}$

**16** $\begin{cases} 0 \leqslant x \leqslant 120 \\ 0 \leqslant y \leqslant 60 \\ 4x + 7y \leqslant 560. \end{cases}$

**17** $\begin{cases} 40 \leqslant x \\ 30 \leqslant y \\ 7x + 10y \geqslant 700 \\ 3x + 8y \leqslant 720. \end{cases}$

*Pour les exercices* ***18*** *et* ***19,*** *trouver un système d'inéquations à deux inconnues dont l'ensemble des solutions est représenté par la partie en bleu de la figure, frontières comprises.*

**18** *a*)

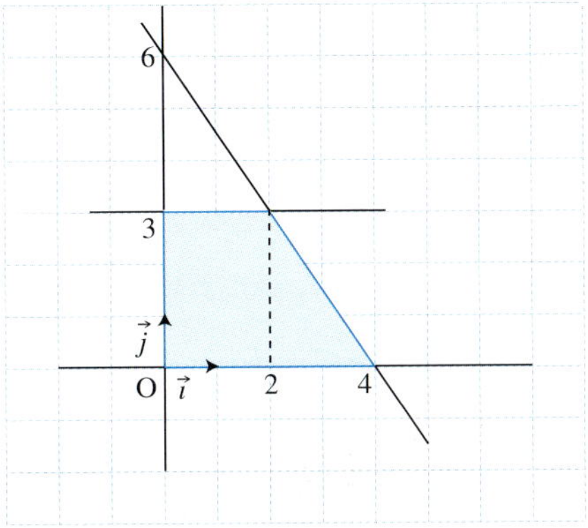


Fig. 11

*b*)

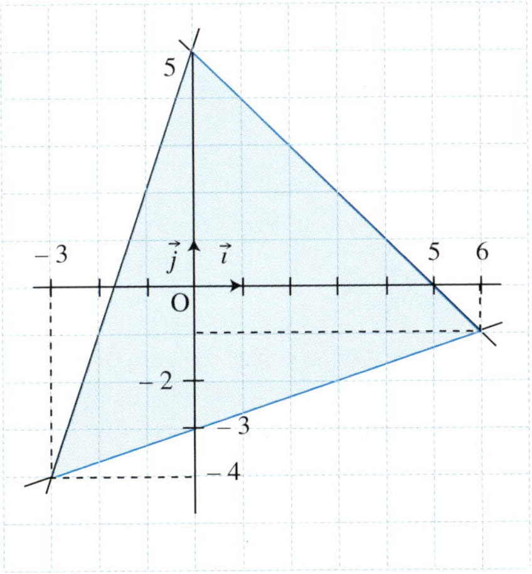


Fig. 12

**19** *a*)

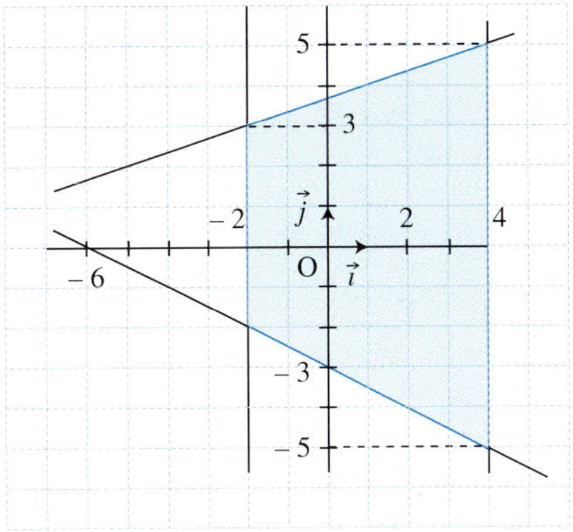


Fig. 13

*b*)

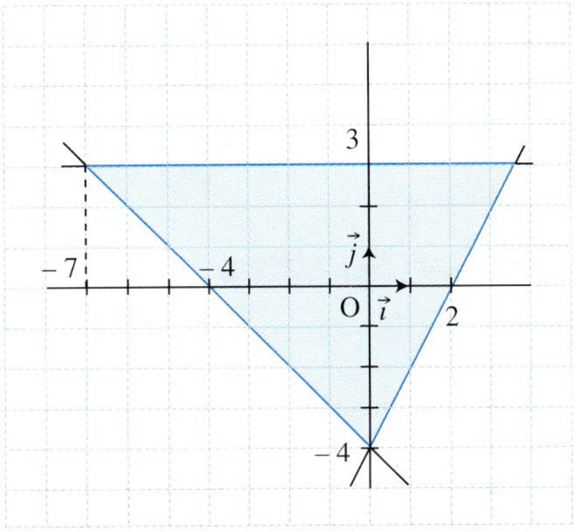


Fig. 14

## Équations du second degré

*Pour les exercices* ***20*** *à* ***25,*** *résoudre l'équation donnée (l'utilisation du discriminant est déconseillée).*

**20** $(2x - 7)(3x - 5) = 0.$

**21** $3x^2 + 1 = 0.$

**22** $2x^2 - 1 = 0.$

**23** $5x^2 - 3x = 0.$

**24** *a*) $x^2 + 2x = 0.$

*b*) $3x - x^2 = 0.$

**25** *a*) $9x = 5x^2.$

*b*) $-\dfrac{1}{2}x^2 + 3x = 0.$

$ab = 0 \Leftrightarrow a = 0$ ou $b = 0$
$a^2 - b^2 = (a - b)(a + b)$
$ax^2 + bx = x(ax + b)$

*Pour les exercices* ***26*** *à* ***30,*** *résoudre l'équation donnée.*

**26** $2x^2 + 3x - 5 = 0.$

**27** $-x^2 + 2x - 9 = 0.$

**28** $\dfrac{1}{2}x^2 - 3x - 3 = 0.$

**29** $2x^2 - 10x + \frac{25}{2} = 0.$

**30** $x(1 - 3x - 2x^2) = 0.$

*Pour les exercices **31** à **33**, factoriser* f(x).

**31** $f(x) = 3x^2 - 4x - 7.$

**32** $f(x) = -2x^2 + x + 3.$

**33** $f(x) = 3x^2 - 2x + \frac{1}{3}.$

## Tableau de signes

*Pour les exercices **34** à **37**, résoudre l'inéquation donnée en factorisant le premier membre de l'inégalité puis en utilisant un tableau de signes.*

**34** $4x^2 - 1 > 0.$

**35** $1 - x^2 \leqslant 0.$

**36** $5x^2 + 8x < 0.$

**37** $-x^2 + 3x \geqslant 0.$

## Signe d'un trinôme

*Pour les exercices **38** à **44**, étudier le signe de* f(x).

**38** $f(x) = x^2 - 4x - 5.$

**39** $f(x) = x^2 - 5x + 7.$

**40** $f(x) = -3x^2 + 4x - \frac{4}{3}.$

**41** $f(x) = 3(1 - x)(2x + 3).$

**42** $f(x) = x^2 + 9.$

**43** $f(x) = -x^2 + 3.$

**44** $f(x) = (5 - x)(2x - 1).$

*Pour les exercices **45** et **46**, résoudre l'équation donnée ainsi que les deux inéquations obtenues en remplaçant le signe = par ⩽, puis par ⩾.*

**45** $x^2 + 5x - 1 = 4x^2 + x + \frac{1}{3}.$

**46** $10\,000x^2 - 1\,010\,000x + 1\,000\,000 = 0.$

**47** Soit la fonction $f$ définie sur $\mathbb{R}$ par $f(x) = x^2 + 6x - 7.$

1° Représenter graphiquement la fonction $f$.

2° Résoudre l'équation $f(x) = 0.$

3° Résoudre l'inéquation $f(x) \geqslant 0.$
Vérifier les résultats sur le graphique.

**48** Même exercice que **47**, avec $f(x) = x^2 + 8x + 7.$

**49** Même exercice que **47**, avec $f(x) = -x^2 + 7x - 10.$

## RÉSULTATS DES EXERCICES DONT LE NUMÉRO EST EN COULEUR

$\mathcal{S}$ désigne l'ensemble des solutions de l'équation, de l'inéquation ou du système.

**1.** $\mathcal{S} = \left\{\frac{13}{2}\right\}.$  **2.** $\mathcal{S} = \left\{\frac{45}{2}\right\}.$

**6.** $\mathcal{S} = \left\{\left(\frac{13}{3}\,;\,\frac{2}{3}\right)\right\}.$  **7.** $\mathcal{S} = \{(-29\,;\,65)\}.$

**11.** $D_1$ et $D_2$ se coupent en $A\left(\frac{11}{7}\,;\,-\frac{13}{7}\right).$

**14.** L'ensemble des solutions du système est représenté par l'intérieur du polygone OABC (côtés compris) de la figure 15.

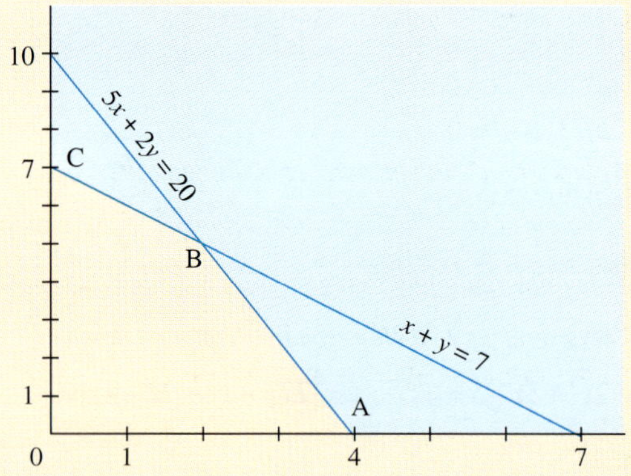

Fig. 15

**17.** L'ensemble des solutions est représenté par l'intérieur du polygone colorié (côtés compris).

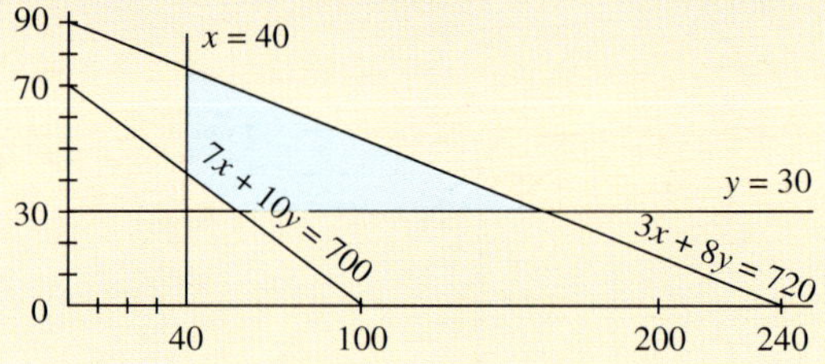

Fig. 16

**18.** *a)* $\begin{cases} 0 \leqslant x \\ 0 \leqslant y \leqslant 3 \\ y \leqslant -\frac{3}{2}x + 6 \end{cases}$  *b)* $\begin{cases} y \leqslant -x + 5 \\ y \leqslant 3x + 5 \\ y \geqslant \frac{1}{3}x - 3. \end{cases}$

**20.** $\mathcal{S} = \left\{\frac{7}{2}\,;\,\frac{5}{3}\right\}.$

**21.** Pour tout réel $x$, $3x^2 + 1 > 0$, donc $\mathcal{S} = \varnothing.$

**23.** $5x^2 - 3x = x(5x - 3).$ $\mathcal{S} = \left\{0\,;\,\frac{3}{5}\right\}$

**25.** *a)* $9x = 5x^2$ équivaut à $5x^2 - 9x = 0$, c'est-à-dire $x(5x - 9) = 0.$

$\mathcal{S} = \left\{0\,;\,\frac{9}{5}\right\}.$

**26.** $\mathcal{S} = \left\{1 ; -\frac{5}{2}\right\}$. **27.** $\mathcal{S} = \varnothing$.

**28.** $\mathcal{S} = \{3 - \sqrt{15} ; 3 + \sqrt{15}\}$.

**31.** $x_1 = \frac{7}{3}$ et $x_2 = -1$, donc $f(x) = 3\left(x - \frac{7}{3}\right)(x+1)$.

**33.** $x_1 = x_2 = \frac{1}{3}$, donc $f(x) = 3\left(x - \frac{1}{3}\right)^2$.

**34.** $4x^2 - 1 = (2x - 1)(2x + 1)$.

| $x$ | $-\infty$ | | $-\frac{1}{2}$ | | $\frac{1}{2}$ | | $+\infty$ |
|---|---|---|---|---|---|---|---|
| Signe de $2x - 1$ | | $-$ | \| | $-$ | 0 | $+$ | |
| Signe de $2x + 1$ | | $-$ | 0 | $+$ | \| | $+$ | |
| Signe de $4x^2 - 1$ | | $+$ | 0 | $-$ | 0 | $+$ | |

$\mathcal{S} = \left]-\infty ; -\frac{1}{2}\right[ \cup \left]\frac{1}{2} ; +\infty\right[$.

**37.** $-x^2 + 3x = x(-x + 3)$.

| $x$ | $-\infty$ | | 0 | | 3 | | $+\infty$ |
|---|---|---|---|---|---|---|---|
| Signe de $x$ | | $-$ | 0 | $+$ | \| | $+$ | |
| Signe de $-x + 3$ | | $+$ | \| | $+$ | 0 | $-$ | |
| Signe de $-x^2 + 3x$ | | $-$ | 0 | $+$ | 0 | $-$ | |

$\mathcal{S} = [0 ; 3]$.

**38.**

| $x$ | $-\infty$ | | $-1$ | | 5 | | $+\infty$ |
|---|---|---|---|---|---|---|---|
| $f(x)$ | | $+$ | 0 | $-$ | 0 | $+$ | |

**40.**

| $x$ | $-\infty$ | | 2/3 | | $+\infty$ |
|---|---|---|---|---|---|
| $f(x)$ | | $-$ | 0 | $-$ | |

**42.** $x^2 + 9$ est toujours positif car, pour tout réel $x$, $x^2 + 9 \geqslant 9$ (ou $\Delta < 0$).

**43.** $-x^2 + 3 = -(x - \sqrt{3})(x + \sqrt{3})$ ; le coefficient de $x^2$ est négatif.

| $x$ | $-\infty$ | | $-\sqrt{3}$ | | $\sqrt{3}$ | | $+\infty$ |
|---|---|---|---|---|---|---|---|
| $f(x)$ | | $-$ | 0 | $+$ | 0 | $-$ | |

**46.** $\{1 ; 100\}$ ; $[1 ; 100]$ ; $]-\infty ; 1] \cup [100 ; +\infty[$.

**47.** 1°

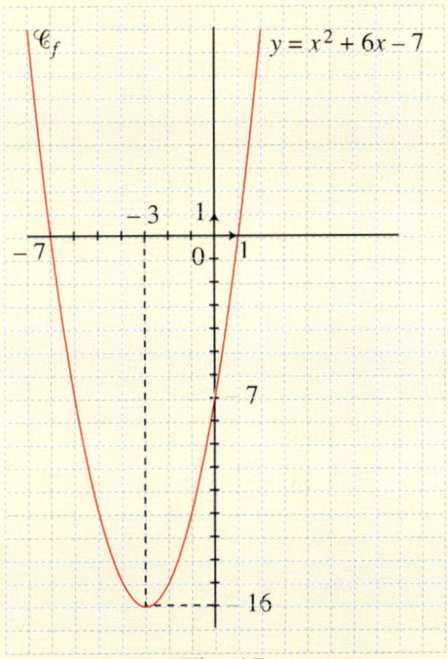


Fig. 17

2° L'équation a deux solutions : $-7$ et 1.
Comme on peut le vérifier sur la figure 17, ces deux valeurs sont bien les abscisses des points d'intersection de la courbe $\mathcal{C}_f$ avec l'axe des abscisses.

3° Le trinôme $x^2 + 6x - 7$ est positif (signe du coefficient de $x^2$) à l'extérieur de l'intervalle $]-7 ; 1[$.
L'ensemble $\mathcal{S}$ des solutions de l'inéquation $x^2 + 6x - 7 \geqslant 0$ est donc :

$\mathcal{S} = ]-\infty ; -7] \cup [1 ; +\infty[$.

Graphiquement, l'ensemble $\mathcal{S}$ est représenté par les deux demi-droites en couleur sur la figure, ce qui correspond bien aux abscisses des points de la courbe situés au-dessus de l'axe (O$x$).

# POUR CHERCHER

## Intersection de courbes

**50** *Intersection de deux paraboles*

Dans un plan rapporté à un repère $(\text{O}, \vec{\imath}, \vec{\jmath})$, soit deux paraboles d'équations respectives :

$y = 7x^2 - 2x + 3$ et $y = 4x^2 + 5x + 1$.

Se coupent-elles ? Si oui, en quels points ?

**51** *Intersection d'une hyperbole et d'une droite*

Dans un plan rapporté à un repère $(\text{O}, \vec{\imath}, \vec{\jmath})$, déterminer les points d'intersection de l'hyperbole d'équation $y = \frac{1}{x}$ et de la droite d'équation $y = \frac{1}{2}(x - 1)$.

**52** ***Intersection d'une parabole et d'une droite***

Dans le plan P rapporté à un repère $(O, \vec{\imath}, \vec{\jmath})$, soit $\mathscr{P}$ la parabole d'équation $y = -4x^2 + 3x + 1$ et $\mathscr{D}$ la droite d'équation $y = 5x - 2$.
Trouver les points d'intersection éventuels de $\mathscr{D}$ et $\mathscr{P}$.

## Équations se ramenant au second degré

**53** 1° Résoudre dans $\mathbb{R}$ l'équation $2x^2 - 3x + 1 = 0$.

2° En déduire les solutions des équations :

*a)* $2x^4 - 3x^2 + 1 = 0$.
*Indication :* poser $X = x^2$.

*b)* $\dfrac{2}{x^2} - \dfrac{3}{x} + 1 = 0$.

*Indication :* poser $X = \dfrac{1}{x}$.

*c)* $2(x-1)^2 - 3(x-1) + 1 = 0$.

**54** 1° Résoudre dans $\mathbb{R}$ l'équation $x^2 - x - 6 = 0$.

2° En déduire les solutions des équations :

*a)* $(x+3)^2 - (x+3) - 6 = 0$.
*b)* $x^4 - x^2 - 6 = 0$.

## Étude de signes

**55** Après les avoir factorisés, étudier le signe des polynômes suivants :
*a)* $x^3 + 2x^2$; *b)* $x^3 + 8x$; *c)* $x^3 - 4x$.
(On peut faire un tableau de signes).

**56** Étudier le signe des polynômes suivants :
$P(x) = (x-1)(x^2 - 7x + 12)$.
$Q(x) = (x-1)(x-2)(2x+3)$.
$R(x) = (4-x)(x^2 + 2x + 1)$.
$S(x) = x(-x^2 + 2x - 7)$.

**57** Vérifier que pour tout réel $x$,
$x^3 - 4x^2 - 17x + 60 = (x-3)(x^2 - x - 20)$.
En déduire le signe de $x^3 - 4x^2 - 17x + 60$.

*Pour les exercices **58** à **60**, indiquer pour quelles valeurs de x l'expression a un sens, réduire au même dénominateur cette expression, puis étudier son signe, éventuellement à l'aide d'un tableau.*

**58** *a)* $1 - \dfrac{1}{x}$; *b)* $x - \dfrac{1}{x}$.

**59** *a)* $x - 1 + \dfrac{1}{x+1}$; *b)* $1 - \dfrac{1}{x-2}$.

**60** *a)* $\dfrac{1}{x} - \dfrac{1}{x-1}$; *b)* $\dfrac{2}{x-1} + \dfrac{3}{x+1}$.

**61** Soit $f$ la fonction définie sur $]-\infty\,; 1[$ par :

$$f(x) = \frac{2x^2 + 5x - 3}{(x-1)^2}.$$

Montrer que $f(x)$ est du signe du numérateur. En déduire le signe de $f(x)$ suivant les valeurs de $x$.

**62** Même exercice que **61** avec la fonction $f$ définie sur $]-3\,; +\infty[$ par $f(x) = \dfrac{-5x^2 + x + 18}{(x+3)^2}$.

**63** Même exercice que **61** avec la fonction $f$ définie sur $]2\,; +\infty[$ par $f(x) = 1 - \dfrac{1}{(x-2)^2}$.

## Régionnement du plan et intersection de courbes

**64** 1° Trouver un système d'inéquations dont les solutions sont représentées par la région en bleu (frontières comprises).

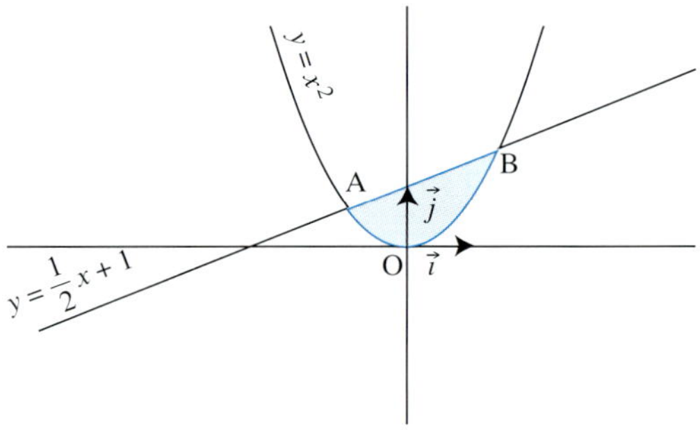


Fig. 18

2° Calculer les coordonnées des points d'intersection A et B.

**65** Même exercice que **64** avec la figure ci-dessous et les points A, B, C, D.

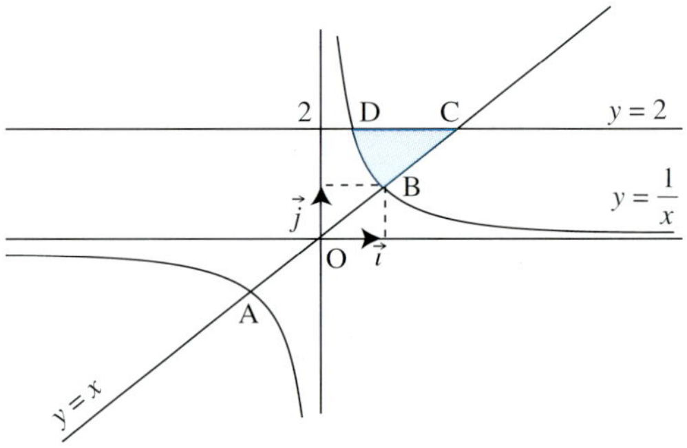


Fig. 19

**66** Même exercice que **64** avec la figure ci-dessous et les points A, B, C, D.

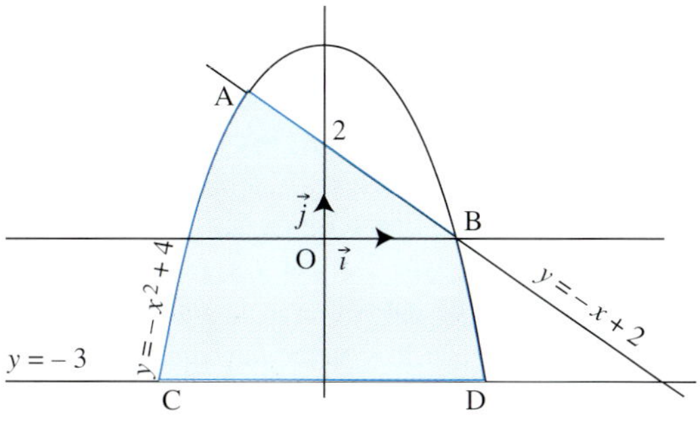


Fig. 20

## Résolution graphique de systèmes

**67** 1° Représenter graphiquement la région du plan vérifiant :

$$\begin{cases} 3x + 2y \leqslant 14 \\ x \geqslant 0 \quad \text{et} \quad y \geqslant 0 \\ 10x + 3y \leqslant 30 \\ y = 0{,}5x + 2. \end{cases}$$

2° Parmi les solutions, donner la liste des points dont les coordonnées sont des nombres entiers.

**68** 1° Reproduire le graphique ci-dessous.

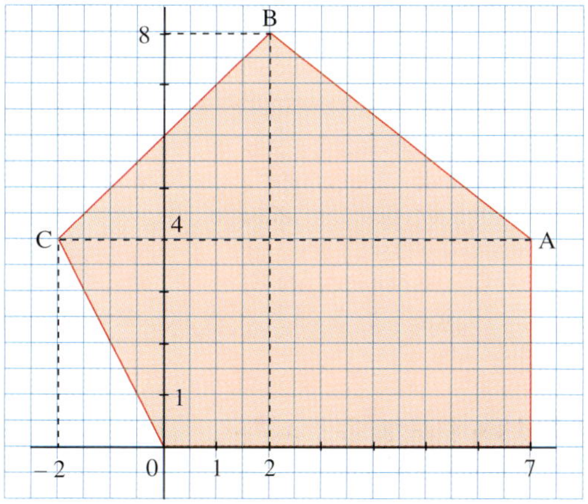


Fig. 21

On appelle R la région en rouge, frontières comprises.
Tracer la droite $d$ d'équation $y = -x + 5$.
Si M est un point de $d$, combien vaut la somme de ses deux coordonnées ?

2° Repasser en rouge l'ensemble des points de R dont la somme des coordonnées vaut 8.

3° Existe-t-il des points de R dont la somme des coordonnées vaut 9,5 ? 10, 5 ?

4° Pour quels points de R la somme des coordonnées est-elle maximale ?

**69** Le plan est muni d'un repère orthonormal $(O, \vec{\imath}, \vec{\jmath})$ (unité graphique : 1 cm).
Les droites D et D′ ont pour équations respectives :
$5x - 2y + 12 = 0 \quad -5x + 9y + 16 = 0$
où $x$ et $y$ sont les coordonnées d'un point M.

*Partie A*

*a*) Vérifier que les points C (0 ; 6) et C′(– 6 ; – 9) appartiennent à la droite D.

*b*) Vérifier que les points B (5 ; 1) et B′ $\left(\frac{16}{5} ; 0\right)$ appartiennent à la droite D′.

*c*) Déterminer une équation de la droite (BC).

*d*) Construire sur le même graphique les droites D, D′ et (BC).

*e*) À l'aide du graphique, déterminer les coordonnées du point A intersection des droites D et D′.

*Partie B*

Dans cette partie, on utilisera le graphique construit précédemment en A.
On considère le système :

$$(1) \quad \begin{cases} x + y - 6 < 0 \\ -5x + 2y - 12 < 0 \\ -5x + 9y + 16 > 0. \end{cases}$$

dont les solutions sont les couples de nombres réels $(x ; y)$ qui vérifient (1).

*a*) Le couple (0 ; 0) est-il une solution de ce système ?
Le couple (2 ; 4) est-il une solution de ce système ?

*b*) Sur le graphique, colorier la région du plan contenant les points M dont les coordonnées $(x ; y)$ sont les solutions du système (1).

*c*) À l'aide du graphique, déterminer les points M dont les coordonnées $(x ; y)$ sont des nombres entiers, solutions du système (1). Écrire les coordonnées de ces points.

*d*) On choisit au hasard un point parmi les points M qui ont été déterminés en *c*). Calculer la probabilité de l'événement : « Un point M a pour coordonnées deux nombres entiers positifs ou nuls ».

## Programmation linéaire

**70** ***Les gâteaux de la récré***

Pour le foyer de son école, Laurent s'occupe d'acheter des gâteaux et de les revendre à la récréation.
Les chocolatines lui coûtent 1,20 F et il les revend 2 F.
Les chaussons aux pommes lui coûtent 2 F et il les revend 3 F.
Il sait d'expérience qu'il ne pourra pas vendre plus de 70 gâteaux, et il ne doit pas engager plus de 120 F par jour dans l'achat de ses pâtisseries.

On suppose qu'il achète (et revend) $x$ chocolatines et $y$ chaussons par jour.

1° Traduire en inéquations les contraintes du problème.

2° Représenter graphiquement les solutions du système obtenu.

3° Exprimer en fonction de $x$ et de $y$ le bénéfice $b$ réalisé chaque jour. Tracer les droites d'équations $0{,}8x + y = 50$ et $0{,}8x + y = 80$.
À l'aide du graphique, déterminer $x$ et $y$ pour que le bénéfice réalisé par le foyer soit maximal. Quel sera ce bénéfice ?

## 71 *Restaurant scolaire*

Le responsable d'une cantine scolaire doit acheter au minimum 70 assiettes plates et 40 assiettes creuses.
Deux grossistes proposent :
– l'un, le lot A de 10 assiettes plates et 10 assiettes creuses pour 100 F,
– l'autre, le lot B de 20 assiettes plates et 10 assiettes creuses pour 125 F.
On se propose dans les questions suivantes de déterminer le nombre $x$ de lots A et le nombre $y$ de lots B que le responsable doit acheter pour que la dépense soit minimale.

1° Traduire les contraintes sous la forme d'un système d'inéquations.

2° Le plan est rapporté à un repère orthonormé $(O, \vec{\imath}, \vec{\jmath})$ (unité graphique : 2 cm).
Déterminer graphiquement l'ensemble des points M du plan dont les coordonnées $x$ et $y$ vérifient le système :

$$\begin{cases} x \geqslant 0 \\ y \geqslant 0 \\ x + 2y \geqslant 7 \\ x + y \geqslant 4. \end{cases}$$

(hachurer la partie du plan qui ne convient pas).

3° En utilisant le graphique, expliquer pourquoi, pour couvrir les besoins de la cantine, le responsable peut ou ne peut pas acheter :
*a*) Deux lots A et deux lots B.
*b*) Trois lots A et deux lots B.
*c*) Six lots A et un lot B.

4° *a*) Exprimer, en fonction de $x$ et $y$, la dépense C occasionnée par l'achat de $x$ lots A et $y$ lots B.
*b*) Les couples $(x ; y)$ occasionnant une même dépense C sont représentés par des points appartenant à une droite $\Delta_C$. Tracer cette droite pour C = 125.
*c*) Déterminer graphiquement un point par lequel doit passer la droite $\Delta_C$ pour que la dépense C soit minimale.
En déduire le nombre de lots A et le nombre de lots B correspondants.
Quelle est alors cette dépense minimale ?

## 72 *Les palettes*

Un atelier de fabrication de palettes de manutention produit 2 types de palettes comportant les éléments suivants :
– Pour une palette de type 1 : 0,05 $m^3$ de bois et 100 clous.
– Pour une palette de type 2 : 0,03 $m^3$ de bois et 150 clous.
L'atelier peut produire au maximum 1 600 palettes par jour, et dispose quotidiennement d'un stock de 69 $m^3$ de bois et de 210 000 clous. À la vente, les bénéfices sont les suivants :
– Palette type 1 : 30 F.
– Palette type 2 : 20 F.
Dans la suite de l'exercice on désignera par $x$ le nombre de palettes de type 1 et par $y$ le nombre de palettes de type 2 produites par jour.

1° Montrer que le système des contraintes concernant la production de palettes, la quantité de bois et le nombre de clous peut se traduire par le système d'inéquations linéaires suivant :

$$\begin{cases} (P_1) \quad x + y \leqslant 1\,600 \\ (P_2) \quad 5x + 3y \leqslant 6\,900 \\ (P_3) \quad 2x + 3y \leqslant 4\,200 \\ x \geqslant 0 \quad \text{et} \quad y \geqslant 0. \end{cases}$$

2° *a*) Représenter graphiquement ce système sur un papier millimétré en prenant 1 cm pour 100 palettes en abscisse et en ordonnée.
Dans toute la suite, on notera $D_1$, $D_2$, $D_3$ les droites limitant les demi-plans $P_1$, $P_2$, $P_3$, respectivement définis par les 3 premières inégalités de ce système.
*b*) Déterminer les coordonnées du point d'intersection I des droites $D_1$ et $D_2$.

3° On note B le bénéfice obtenu chaque jour par la vente de la totalité de la production de l'atelier.
*a*) Exprimer B en fonction de $x$ et $y$.
*b*) Représenter graphiquement la droite D correspondant au cas particulier où B = 40 000 F.

4° *a*) Déterminer à l'aide du graphique le nombre de palettes de chaque type à produire chaque jour pour obtenir un bénéfice maximal $B_m$. (On expliquera la méthode utilisée.)
*b*) Calculer ce bénéfice $B_m$.
*c*) Reste-t-il alors du bois ou des clous ? Et en quelle quantité ?

## 73 *Assiettes et vases*

*Partie A*

Le plan est rapporté à un repère orthonormal $(O, \vec{\imath}, \vec{\jmath})$ (unité graphique : 0,5 cm).
Déterminer graphiquement l'ensemble des points M du plan dont les coordonnées $x$ et $y$ vérifient le système :

$$\begin{cases} x \geqslant 0 \\ x \leqslant 30 \\ y \geqslant 0 \\ 2x + 3y \leqslant 96 \\ 0{,}5x + 2y \leqslant 49. \end{cases}$$

*Partie B*

Une entreprise fabrique des assiettes et des vases décorés à la main.

Le temps de fabrication est de 2 heures pour une assiette et de 3 heures pour un vase.
Le temps de décoration est d'une demi-heure pour une assiette et de 2 heures pour un vase.
La production journalière d'assiettes est limitée à 30.
L'atelier de fabrication comporte 12 ouvriers qui travaillent 8 heures par jour.
L'atelier de décoration comporte 7 ouvriers qui travaillent 7 heures par jour.
On désigne par $x$ le nombre d'assiettes et par $y$ le nombre de vases fabriqués par jour.

1° Écrire les inéquations traduisant les contraintes de production.

2° Le bénéfice net est de 70 F pour une assiette et de 160 F pour un vase.
Déterminer la production qui assure le bénéfice maximal.
Préciser alors ce bénéfice.

### 74 *Cartes à puces*

Une entreprise d'électronique fabrique des cartes de deux types A et B pour équiper des ordinateurs. Celles-ci utilisent deux sortes de mémoires $M_1$ et $M_2$. Les quantités de ces mémoires nécessaires à la fabrication figurent dans le tableau suivant :

| | A | B |
|---|---|---|
| $M_1$ | 4 | 2 |
| $M_2$ | 3 | 3 |

En raison d'une pénurie de composants, l'entreprise ne peut disposer par jour que de 24 mémoires de type $M_1$ et de 27 mémoires de type $M_2$.
De plus, la capacité de production est limitée à 8 cartes de type A et 7 cartes de type B.
On suppose que cette production, très spécialisée, est entièrement vendue et que chaque carte A apporte un bénéfice de 15 000 F et chaque carte B apporte un bénéfice de 10 000 F.

1° Écrire les contraintes de ce problème sous la forme d'un système d'inéquations, en notant $x$ le nombre de cartes de type A produites, et $y$ le nombre de cartes de type B.

2° En donner une représentation graphique (unité graphique 1 cm).

3° Exprimer le bénéfice réalisé Z en fonction du nombre de cartes A et B fabriquées.

4° En expliquant la méthode, déterminer graphiquement puis calculer la production journalière de cartes A et B qui maximise le bénéfice. Calculer ce bénéfice.

### 75 *Les fleurs*

Il faut pour fleurir un parc, au minimum : 1 200 jacinthes, 3 200 tulipes, 3 000 narcisses.
Deux pépiniéristes proposent :
l'un le lot A : 30 jacinthes, 40 tulipes et 30 narcisses pour 75 F ;
l'autre le lot B : 10 jacinthes, 40 tulipes et 50 narcisses pour 60 F.
Le but de l'exercice est de déterminer le nombre $x$ de lots A et le nombre $y$ de lots B que l'on doit acheter pour que la dépense soit minimale.

1° On achète $x$ lots A et $y$ lots B. Traduire les besoins de plantation par des inégalités faisant intervenir $x$ et $y$.

2° $(x;\ y)$ représentant les coordonnées d'un point M dans le plan rapporté à un repère orthonormal $(O, \vec{i}, \vec{j})$ (unité 1 mm), déterminer l'ensemble S des points M pour lesquels $x$ et $y$ vérifient les inégalités précédentes.

3° Calculer en fonction de $x$ et $y$ la dépense D occasionnée par l'achat de $x$ lots A et $y$ lots B.

4° Déterminer graphiquement le couple $(x;\ y)$ pour lequel la dépense sera minimale.
Quelle est la valeur de cette dépense ?

# 2 Fonctions dérivées

- Approximation d'une fonction par une fonction affine
- Équation de la tangente à une courbe en un point
- Dérivées des fonctions usuelles
- Dérivée d'une somme, d'un produit et d'un quotient de fonctions
- Dérivée et coût marginal

## ACTIVITÉ 1 Tangente et nombre dérivé

***Objectif :*** redécouvrir le lien entre nombre dérivé et coefficient directeur de la tangente.

La parabole de la figure ci-dessous représente la fonction $f$ définie par

$$f(x) = \frac{1}{2}x^2 - x + 1.$$

Les droites $d_1$, $d_2$ et $d_3$ ont pour équation :

$$d_1 : y = 4x - 11 ; \quad d_2 : y = 3x - 7 ; \quad d_3 : y = 2x - 3.$$

Ces trois droites sont concourantes au point A de la parabole.

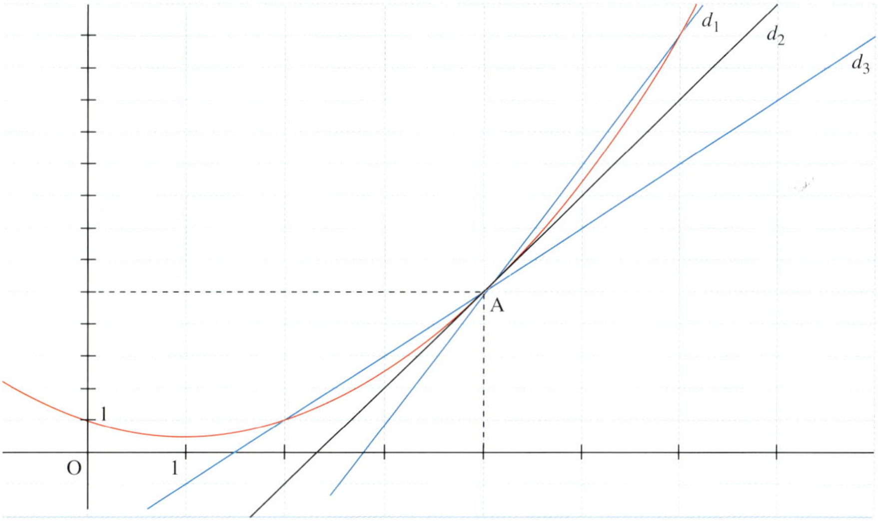


Fig. 1

*Déterminer par le calcul les coordonnées de* A.
*Indiquer le coefficient directeur de chacune des droites* $d_1$, $d_2$, $d_3$.
*Parmi ces trois droites, quelle est celle qui est tangente à la parabole ?*
*Calculer le nombre dérivé de* f *en* a, *abscisse de* A.
*Quel est le lien entre ce nombre dérivé et le coefficient directeur de la tangente en* A *à la parabole ?*

## ACTIVITÉ 2 Limite en 0

***Objectif :*** donner une première idée de la notion de limite en 0.

1° Soit la fonction $f$ définie sur $]-2\,;+\infty[$ par $f(x) = \dfrac{1+x}{2+x}$.

*Compléter les tableaux :*

| $x$ | 1 | 0,5 | 0,1 | 0,01 |
|---|---|---|---|---|
| $f(x)$ | | | | |

et

| $x$ | – 1 | – 0,5 | – 0,1 | – 0,01 |
|---|---|---|---|---|
| $f(x)$ | | | | |

On constate que lorsque $x$ se rapproche de 0, $f(x)$ se rapproche de $\dfrac{1}{2}$. On dit que, lorsque $x$ tend vers 0, $f(x)$ tend vers $\dfrac{1}{2}$, et on écrit : $\lim\limits_{x \to 0} f(x) = \dfrac{1}{2}$.

2° Soit la fonction $g$ définie sur $]0\,;+\infty[$ par $g(x) = \dfrac{2}{x}$.

*Calculer* g(1), g(0,2), g(0,02), g(0,001), …
*Est-ce que* g(x) *a une limite finie quand* x *tend vers* 0 ?

## ACTIVITÉ 3 Approximation affine

***Objectif :*** préparer l'introduction de la 2e définition du nombre dérivé.

Pour cette activité, il est nécessaire d'utiliser du papier quadrillé.

### A. Une fonction « carré »

Soit la fonction $f$ définie sur $\mathbb{R}$ par $f(x) = (1+x)^2$.

1° *Développer* $(1 + x)^2$.

2° Soit $g$ la fonction affine définie sur $\mathbb{R}$ par $g(x) = 1 + 2x$.
*Tracer dans un repère* $(O, \vec{\imath}, \vec{\jmath})$ *la courbe* $\mathscr{C}$ *représentant la fonction* f *et la droite* $\mathscr{D}$ *représentant la fonction* g *(unité graphique :* 1 cm*).*
*Calculer les coordonnées du point d'intersection* A *de* $\mathscr{C}$ *et* $\mathscr{D}$.
*Quel rôle joue* $\mathscr{D}$ *pour la courbe* $\mathscr{C}$ *? Quel est le nombre dérivé de* f *en* 0 ?

Si vous avez la chance de disposer d'un ordinateur, l'effet de zoom donne un résultat spectaculaire sur l'écran.

3° *Construire sur un nouveau graphique la courbe* $\mathscr{C}$ *et la droite* $\mathscr{D}$ *pour* $x \in [-1\,;1]$ *(unité graphique :* 5 cm*).*
*Que peut-on dire des courbes* $\mathscr{C}$ *et* $\mathscr{D}$ *au voisinage de* A ?

4° *Si l'on remplace* f(x) *par* g(x), *quelle erreur commet-on ?*
*Calculer cette erreur pour* x = 1, x = 0,1, x = 0,01, x = 0,001.

### B. Une fonction « cube »

Reprendre le **A**, avec la fonction $f$ telle que $f(x) = (1+x)^3$ et la fonction affine $g$ telle que $g(x) = 1 + 3x$. Ajouter la question suivante :

5° *Montrer que* $(1 + h)^3$ *peut s'écrire sous la forme* $1 + 3h + h \times \varphi(h)$. *Calculer* $\varphi(h)$.
*Que vaut* $\lim\limits_{h \to 0} \varphi(h)$ *?*

# 1. Nombre dérivé et tangente (rappel)

## a Nombre dérivé (première approche)

*Définitions*

**On appelle nombre dérivé d'une fonction $f$ en $a$ le coefficient directeur de la tangente à la courbe représentative de $f$ au point d'abscisse $a$.**
**On note ce nombre $f'(a)$.**
**Si une fonction admet en $a$ un nombre dérivé, on dit qu'elle est dérivable en $a$.**

## b Équation de la tangente

Soit $f$ une fonction dérivable en $a$, et soit $\mathscr{C}$ la courbe représentative de $f$ dans un repère $(O, \vec{i}, \vec{j})$.

**Une équation de la tangente à $\mathscr{C}$ en A $(a, f(a))$ est**

$$y = f'(a)x + b.$$

**On détermine $b$ en remplaçant $x$ et $y$ par les coordonnées de A.**

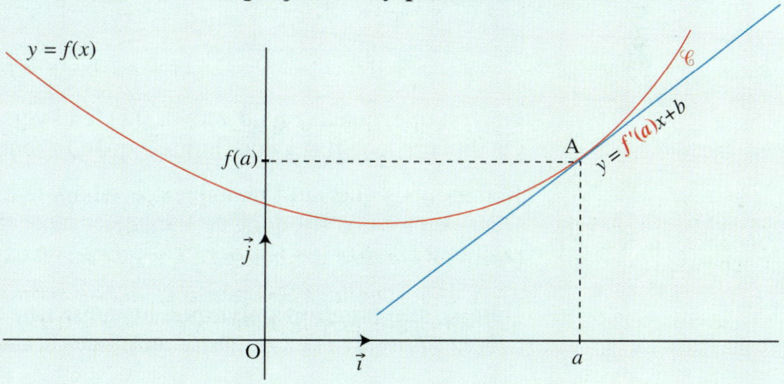


Fig. 2

EXEMPLE

Soit $\mathscr{C}$ la courbe représentative de la fonction $f$ définie par $f(x) = x^2 + 2$. Trouvons une équation de la tangente à $\mathscr{C}$ au point A $(1, f(1))$.
Nous avons vu en Première que la fonction $f$ a pour dérivée $f'$ telle que $f'(x) = 2x$.
Alors $f'(1) = 2$. Une équation de T est : $y = 2x + b$.

Les coordonnées de A sont $x = 1$ et $y = f(1) = 3$.
Elles vérifient l'équation de T, donc :
$3 = 2 \times 1 + b$, soit $b = 1$.
T a pour équation : $y = 2x + 1$.

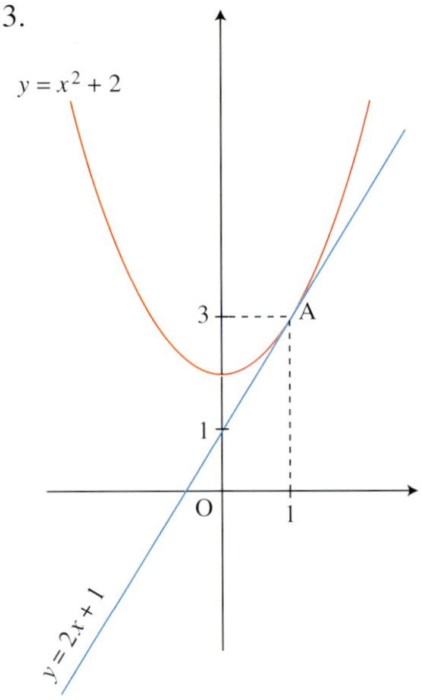


Fig. 3

## 2. Limite d'une fonction en 0

EXEMPLE

Soit la fonction $f$ définie sur $\left]-\frac{1}{2}\,;+\infty\right[$ par $f(x) = \dfrac{x+3}{2x+1}$.

Un tableau de valeurs permet de se faire une idée du comportement de $f(x)$ quand $x$ tend vers 0 :

| $x$ | – 0,4 | – 0,1 | – 0,01 | – 0,002 | … | 0,002 | 0,01 | 0,1 | 0,5 |
|---|---|---|---|---|---|---|---|---|---|
| $f(x)$ | 13 | 3,63 | 3,05 | 3,01 | … | 2,99 | 2,95 | 2,58 | 1,75 |

On voit que, quand $x$ tend vers 0, $f(x)$ tend vers 3.

Voir aussi l'activité 2.

On dit aussi que $f(x)$ a pour limite 3 quand $x$ tend vers 0, et on écrit : $\lim\limits_{x \to 0} f(x) = 3$.

Remarquons que, sur l'exemple précédent, la limite de $f$ en 0 n'est autre que $f(0)$. Dans ce cas, il suffit donc de remplacer $x$ par 0 pour obtenir la limite. Plus généralement :

**Pour une fonction polynôme ou pour une fonction rationnelle définie en 0, la limite de $f(x)$, quand $x$ tend vers 0, est $f(0)$.**

EXEMPLES

Soit la fonction polynôme $f$ telle que $f(x) = x^2 + 3x - 5$. On a : $\lim\limits_{x \to 0} f(x) = f(0)$, c'est-à-dire $\lim\limits_{x \to 0} f(x) = 0^2 + 3 \times 0 - 5 = -5$.

Soit la fonction $g$ définie sur $]-2\,;+\infty[$ par $g(x) = \dfrac{x^2-1}{x+2}$.

▶ Est-ce que $\dfrac{1}{x^2}$ a une limite finie quand $x$ tend vers 0 ?

$g$ est une fonction rationnelle définie en 0, donc $\lim\limits_{x \to 0} g(x) = g(0) = \dfrac{-1}{2}$.

## 3. Nombre dérivé (nouvelle définition)

Voir l'activité 3.

EXEMPLE

Soit la fonction $f$ définie sur $\mathbb{R}$ par $f(x) = x^2$.

On a : $f(1 + h) = (1 + h)^2 = 1 + 2h + h^2$.

Si $h$ est voisin de 0, $(1 + h)^2$ est voisin de $1 + 2h$, car $h^2$ est négligeable par rapport à $2h$.

On peut écrire aussi :

$(1 + h)^2 = 1 + 2h + h \times \varphi(h)$, avec $\varphi(h) = h$.

Ou encore : $f(1 + h) = f(1) + 2h + h \times \varphi(h)$, avec $\lim_{h \to 0} \varphi(h) = 0$.

Dans l'exemple ci-dessus, $a = 1$ et $A = 2$.

On sait que A se note aussi $f'(a)$. Ici : $f'(1) = 2$.

***Définition***

**Soit une fonction $f$ définie sur un intervalle I et soit $a \in$ I. Dire que $f$ admet un nombre dérivé A en $a$ signifie que, au voisinage de $a$, $f(a + h)$ peut s'écrire sous la forme : $f(a + h) = f(a) + Ah + h \times \varphi(h)$, avec $\lim_{h \to 0} \varphi(h) = 0$.**

EXEMPLE

$(a + h)^2 = a^2 + 2ah + h \times h$ ; $\varphi(h) = h$.

$\lim_{h \to 0} \varphi(h) = 0$ donc la fonction $f : x \mapsto x^2$ a pour nombre dérivé $2a$ en $a$ : $f'(a) = 2a$.

## 4. Dérivées des fonctions usuelles

Si $f(x) = x^2$, alors $f'(x) = 2x$.

***Définition***

**Si une fonction $f$ est dérivable en tout point d'un intervalle I, la fonction dérivée de $f$ est la fonction $f'$ qui, à tout $x$ de I, associe $f'(x)$, nombre dérivé de $f$ en $x$.**

Nous rappelons ici les résultats établis en Première sur les dérivées des fonctions usuelles, résultats qu'on peut démontrer avec la définition précédente.

| $f(x)$ | $f'(x)$ | $f'(x)$ défini sur |
|---|---|---|
| $ax + b$ | $a$ | $\mathbb{R}$ |
| $a$ (constante) | $0$ | |
| $x$ | $1$ | |
| $x^n$ ($n \in \mathbb{N}^*$) | $nx^{n-1}$ | |
| $\frac{1}{x}$ | $-\frac{1}{x^2}$ | $\mathbb{R}^*$ |

EXEMPLES

Si $f$ est la fonction constante telle que $f(x) = 2$, alors $f'(x) = 0$.

Si $f$ est la fonction définie par $f(x) = x^3$, alors $f'(x) = 3x^2$.

## 5. Opérations sur les fonctions dérivables

Dans les parties *a*), *b*) et *c*) de ce paragraphe, $u$ et $v$ sont deux fonctions dérivables sur un intervalle E.

### a Addition

**$u + v$ est dérivable sur E et $(u + v)' = u' + v'$. (1)**

EXEMPLE

Calcul de la dérivée de la fonction $f$ telle que $f(x) = x^3 + x^2$.
Si $u(x) = x^3$ et $v(x) = x^2$,
alors $u'(x) = 3x^2$ et $v'(x) = 2x$.
D'où $f'(x) = 3x^2 + 2x$.

### b Multiplication

**$uv$ est dérivable sur E et $(uv)' = u'v + uv'$. (2)**

EXEMPLE

Calcul de la dérivée de la fonction $f$ telle que $f(x) = (2x + 1)(3x - 4)$.
Si $u(x) = 2x + 1$ et $v(x) = 3x - 4$,
alors $u'(x) = 2$ et $v'(x) = 3$.
On obtient $f'(x) = 2(3x - 4) + (2x + 1) \times 3$,
soit $f'(x) = 6x - 8 + 6x + 3 = 12x - 5$.

Retrouver $f'(x)$ en développant d'abord $f(x)$.

- **Cas où $v(x) = k$ (constante)**

**$(ku)' = ku'$. (3)**

EXEMPLE

Calcul de la dérivée de la fonction $f$ telle que $f(x) = 2x^5$.
On pose $k = 2$ et $u(x) = x^5$ ; on a alors $u'(x) = 5x^4$.
On obtient $f'(x) = 2 \times 5x^4 = 10x^4$.

- **Cas où $u = v$**

**$(u^2)' = 2uu'$.**

Cette formule se généralise :

**Pour tout $n \in \mathbb{N}^*$, $(u^n)' = nu^{n-1}u'$. (4)**

$(u^3)' = 3u^2u'$.

EXEMPLE

Calcul de la dérivée de la fonction $f$ définie par $f(x) = (2x + 1)^3$.
On pose $u(x) = 2x + 1$ ; alors $u'(x) = 2$.
On obtient $f'(x) = 3 \times (2x + 1)^2 \times 2 = 6(2x + 1)^2$.

## C *Division*

- **Dérivée de l'inverse d'une fonction**

Soit une fonction $v$ définie et dérivable sur un intervalle E, telle que pour tout $x$ de E, $v(x) \neq 0$.
On démontre que :

$$\frac{1}{v} \text{ est dérivable sur E et } \left(\frac{1}{v}\right)' = \frac{-v'}{v^2}. \quad (5)$$

EXEMPLE

Calcul de la dérivée de la fonction $f$ définie sur $\mathbb{R}$ par $f(x) = \dfrac{1}{x^2+3}$.

On pose $v(x) = x^2 + 3$ ; alors $v'(x) = 2x$.
La fonction $f$ est dérivable sur $\mathbb{R}$ car, quel que soit le réel $x$, $x^2 + 3 \neq 0$.

On obtient $f'(x) = \dfrac{-2x}{(x^2+3)^2}$.

- **Dérivée d'un quotient**

$$\left(\frac{u}{v}\right)' = \frac{u'v - uv'}{v^2}. \quad (6)$$

EXEMPLE

Calcul de la dérivée de la fonction définie sur $]3\,;+\infty[$ par $f(x) = \dfrac{x^2-1}{x-3}$.

On pose $u(x) = x^2 - 1$ et $v(x) = x - 3$.
On a alors $u'(x) = 2x$ et $v'(x) = 1$.

On obtient : $f'(x) = \dfrac{2x \times (x-3) - (x^2-1) \times 1}{(x-3)^2}$.

D'où $f'(x) = \dfrac{2x^2 - 6x - x^2 + 1}{(x-3)^2} = \dfrac{x^2 - 6x + 1}{(x-3)^2}$.

Conseil : On sait que, très souvent, c'est le signe de la dérivée que l'on recherche ; il est donc souhaitable de ne jamais développer le dénominateur ($v^2$) qui est **positif.**

Pour trouver le signe de $\left(\dfrac{u}{v}\right)'$, il suffit alors de trouver le signe du numérateur $u'v - uv'$.

# TRAVAUX PRATIQUES

## T.P. 1 Approximation affine de $\dfrac{1}{1+x}$

***Objectif :*** utiliser le calcul des dérivées pour obtenir une valeur approchée.

Soit la fonction $f$ définie sur $]-1\,;+\infty[$ par $f(x)=\dfrac{1}{1+x}$.

**Équation d'une tangente**

*Calculer la dérivée* f′ *de* f.
Soit $\mathscr{C}$ la courbe représentative de la fonction $f$ dans un repère $(O, \vec{\imath}, \vec{\jmath})$.
*Écrire une équation de la tangente* $\mathscr{D}$ *à* $\mathscr{C}$ *au point* A (0 ; f(0)).
*Tracer* $\mathscr{C}$ *et* $\mathscr{D}$ *sur le même graphique (unité :* 1 cm*).*

**Effet de zoom**

*Construire sur un nouveau graphique la courbe* $\mathscr{C}$ *et la droite* $\mathscr{D}$ *pour* $x \in [-1; 1]$ *(unité graphique :* 5 cm*).*
Compte tenu de l'épaisseur des traits, on voit sur le graphique que l'on peut confondre la courbe $\mathscr{C}$ et sa tangente en A lorsque $x$ est dans un certain intervalle.
*Déterminer cet intervalle (qui dépend de l'épaisseur des traits).*

**Approximation**

*Montrer que l'erreur commise en remplaçant* f(x) *par* $1-x$ *est* $\dfrac{x^2}{1+x}$.
*Calculer cette erreur pour* $x = 1$, $x = 0{,}1$, $x = 0{,}01$, $x = 0{,}001$.
*Vérifier que* $\dfrac{1}{1+x}$ *peut s'écrire sous la forme* $1 - x + x\varphi(x)$ *(calculer* $\varphi(x)$*). Que vaut* $\lim\limits_{x \to 0} \varphi(x)$ ?

## T.P. 2 Les marginaux

***Objectif :*** présenter une application du calcul des dérivées dans le domaine économique.

### A. Coût marginal

Dans une entreprise, le coût de fabrication d'une quantité $x$ d'un certain produit est :

$$C(x) = 1\,200 + 80x - 0{,}01x^2.$$

Le supplément de dépense nécessaire pour fabriquer une unité supplémentaire est appelé coût marginal. Pratiquement on prend $C'(x)$ comme valeur du coût marginal.
*Justifier ce choix en calculant* $C(x+1)$, $C(x)$ et $C'(x)$.
*Quelle est l'erreur commise en prenant* $C'(x)$ *comme coût marginal ? Évaluer cette erreur pour* $x = 1\,000$.

## B. Recette marginale

Un sous-traitant de l'industrie automobile fabrique des pièces en plastique. Par contrat, un important constructeur lui achète chaque mois une part de sa production comprise entre 1 000 et 3 000 pièces, le prix de vente unitaire étant fixé à $(600 - 0{,}05q)$ francs pour une commande mensuelle de $q$ unités.

1° *Quel prix l'entreprise vend-elle chaque pièce si on lui en achète* 1 000 ? 3 000 ?

2° *Calculer la recette* R(q) *perçue par l'entreprise pour* q *unités vendues.*

3° *Définir la recette marginale* (voir **A.**).
*Calculer la recette marginale à la* 2 000$^{e}$ *unité :*
*a*) *directement :* R(2 001) – R(2 000) ;
*b*) *en utilisant la dérivée.*

## C. Bénéfice marginal

La fonction bénéfice pour la vente d'une quantité $x$ d'un certain produit est

$$B(x) = 2x + 0{,}01x^2 - \frac{100}{x} - 800.$$

*Définir le bénéfice marginal* (voir A.)
*Quelle erreur commet-on en prenant* $B'(x)$ *comme valeur du bénéfice marginal ?*
*Évaluer cette erreur pour* $x = 500$ *et* $x = 900$.

# EXERCICES ET PROBLÈMES

| **POUR SAVOIR FAIRE**<br>**Objectifs à atteindre** | **Exercices appropriés** |
|---|---|
| Calculer la limite en 0 d'une fonction | 1 à 4 |
| Calculer le nombre dérivé à partir de la définition | 5 et 6 |
| Calculer la dérivée d'une fonction polynôme ou rationnelle | 7 à 34 |
| Déterminer la tangente à une courbe en un point | 35 à 41 |

| **POUR CHERCHER**<br>**Sujets abordés** | **Exercices appropriés** |
|---|---|
| Calcul de dérivées | 42 à 46 |
| Calcul d'une dérivée et étude de son signe | 47 à 52 |
| Équation d'une tangente | 53 à 55 |
| Esquisse d'une courbe | 56 et 57 |
| Approximation affine | 58 et 59 |

## POUR SAVOIR FAIRE

### Limite en 0

*Pour les exercices **1** à **4**, déterminer la limite de* f(x) *quand* x *tend vers* 0.

**1** $f(x) = 2x - 3$.

**2** $f(x) = \dfrac{x}{x+2}$.

**3** $f(x) = \dfrac{2x+5}{x^2+1}$.

**4** $f(x) = -\dfrac{5}{2x^2}$.

### Nombre dérivé

**5** Une fonction $f$ vérifie sur $\mathbb{R}$ :

$$f(3+h) = f(3) + 5h + h \times \varphi(h),$$

avec $\lim\limits_{x \to 0} \varphi(h) = 0$.

Quel est le nombre dérivé de $f$ en $a = 3$ ?

**6** Soit la fonction $f$ définie sur $\mathbb{R}$ par $f(x) = x^3$.
Vérifier que

$$(2+h)^3 = 2^3 + 12h + h\,(6h + h^2)$$

et calculer $\lim\limits_{h \to 0} (6h + h^2)$.

En déduire le nombre dérivé de $f$ en $a = 2$.

### Calcul de dérivées

*Pour les exercices **7** à **34**, calculer la dérivée de la fonction* f *sur* $\mathbb{R}$*, si rien n'est précisé, sinon sur l'intervalle* I.

**7** $f(x) = x^3 - x + 2$.

**8** $f(x) = \dfrac{x^2}{2} + \dfrac{x}{3} + 5$.

**9** $f(x) = \dfrac{x^2 + 5x - 1}{8}$.

**10** $f(x) = x^4 - 5x^2 + 3$.

**11** $f(x) = \dfrac{1}{3}x^3 + x^2 - 3x + 1$.

**12** $f(x) = x(3x - 1)$.

**13** $f(x) = x^2(3x + 4)$.

**14** $f(x) = (x^2 + 3)(x - 2)$.

**15** $f(x) = \dfrac{1}{3x+2}$ ; $\mathrm{I} = \left]-\dfrac{2}{3}\,; +\infty\right[$.

**16** $f(x) = x^2 + 3x - \dfrac{2}{x}$ ; $\mathrm{I} = ]-\infty\,; 0[$.

**17** $f(x) = \dfrac{1}{x^2}$ ; $\mathrm{I} = ]0\,; +\infty[$.

**18** $f(x) = \frac{1}{x^3}$ ; $I = ]0 ; +\infty[$.

**19** $f(x) = \frac{-3}{x^2}$ ; $I = ]0 ; +\infty[$.

**20** $f(x) = \frac{x}{2} - \frac{1}{4} + \frac{4}{2x-1}$ ; $I = \left]\frac{1}{2} ; +\infty\right[$.

**21** $f(x) = \frac{1}{x-1} - \frac{9}{x+3}$ ; $I = ]-3 ; 1[$.

**22** $f(x) = 1 + \frac{1}{x-1}$ ; $I = ]-\infty ; 1[$.

**23** $f(x) = -\frac{x}{2} + 3 - \frac{2}{x+1}$ ; $I = ]-1 ; +\infty[$.

**24** $f(x) = x + 2 + \frac{1}{x+3}$ ; $I = ]-3 ; +\infty[$.

**25** $f(x) = x - 4 + \frac{4}{x}$ ; $I = ]0 ; +\infty[$.

**26** $f(x) = -x + 2 - \frac{3-7x}{x^2}$ ; $I = ]-\infty ; 0[$.

**27** $f(x) = \frac{x^2+3}{x-1}$ ; $I = ]1 ; +\infty[$.

**28** $f(x) = \frac{x^2-2x+3}{x-1}$ ; $I = ]1 ; +\infty[$.

**29** $f(x) = \frac{x^2+x-2}{x+1}$ ; $I = ]-1 ; +\infty[$.

**30** $f(x) = \frac{-2x^2+5x+1}{3-x}$ ; $I = ]-\infty ; 3[$.

**31** $f(x) = \frac{x^2+2x+2}{x+1}$ ; $I = ]-1 ; +\infty[$.

**32** $f(x) = \frac{x-1}{x^2-2x+2}$.

**33** $f(x) = (3x-1)^3$.

**34** $f(x) = 3(1-2x)^3$.

## Tangente

**35** Soit la fonction $f$ définie sur $\mathbb{R}$ par $f(x) = (x-1)^2$ et P sa courbe représentative.
A désignant un point de P, compléter le tableau :

| Abscisse de A | $-1$ | $0$ | $1$ | $\frac{1}{2}$ | $2$ | $\frac{5}{2}$ |
|---|---|---|---|---|---|---|
| Ordonnée de A | | | | | | |
| Coefficient directeur de la tangente en A | | | | | | |

Construire les tangentes, sans chercher leur équation, puis tracer P.

*Pour les exercices **36** à **40**, écrire une équation de la tangente à la représentation graphique de la fonction* f, *au point d'abscisse* a.

**36** $f(x) = x^2 - 2x + 4$ ; pour $a = 2$.

**37** $f(x) = x^3 - 3x + 2$ ; pour $a = 0$ ; $a = 1$.

**38** $f(x) = \frac{1}{2}x^4 - x^2 + 3$ ; pour $a = 2$ ; $a = -2$.

**39** $f(x) = -\frac{3}{x}$ ; pour $a = 1$ ; $a = -2$ ; $a = 3$.

Tracer les trois tangentes et la représentation graphique $\mathscr{C}$ de $f$.

**40** $f(x) = \frac{2x+1}{x-3}$ ; pour $a = 0$ ; $a = 2$ ; $a = -1$.

**41** 1° Tracer la représentation graphique (P) de la fonction $f$ définie sur $\mathbb{R}$ par
$f(x) = (x+1)^2$.

2° Trouver les équations des tangentes à (P) aux points de (P) d'abscisses $-3$, $-2$, $-1$, $0$, $1$, et les construire sur le même graphique que (P).

## RÉSULTATS DES EXERCICES DONT LE NUMÉRO EST EN COULEUR

**2.** $\lim_{x \to 0} f(x) = f(0) = \frac{0}{2} = 0.$

**4.** La fonction $f$ n'a pas de limite finie en 0 : $\lim_{x \to 0} f(x) = -\infty.$

**5.** $f'(3) = 5$ (voir définition § 3).

**6.** $f(2+h) = f(2) + 12h + h\varphi(h)$, avec $\lim_{h \to 0} \varphi(h) = 0$, donc $f'(2) = 12.$

**7.** $f'(x) = 3x^2 - 1.$

**9.** $f'(x) = \frac{1}{4}x + \frac{5}{8}.$

**12.** $f'(x) = 6x - 1.$

**14.** $f'(x) = 3x^2 - 4x + 3.$

**15.** $f'(x) = \frac{-3}{(3x+2)^2}.$

**17.** $f'(x) = \frac{-2}{x^3}.$

**20.** $f'(x) = \frac{1}{2} - \frac{8}{(2x-1)^2}.$

**24.** $f'(x) = 1 - \frac{1}{(x+3)^2}.$

**26.** $f'(x) = -1 + \frac{6}{x^3} - \frac{7}{x^2}.$

**29.** $f'(x) = \frac{x^2+2x+3}{(x+1)^2}.$

**30.** $f'(x) = \frac{2x^2-12x+16}{(3-x)^2}.$

**32.** $f'(x) = \frac{-x^2+2x}{(x^2-2x+2)^2}.$

**33.** $f'(x) = 9(3x-1)^2.$

**36.** $f'(x) = 2x - 2 ; f'(2) = 2 ; f(2) = 4.$
On trouve : $y = 2x.$

**40.** $f'(x) = \frac{-7}{(x-3)^2}.$

Pour $a = 0$ : $y = -\frac{7}{9}x - \frac{1}{3}.$

## POUR CHERCHER

### Calcul de dérivées

**42** Calculer la dérivée de la fonction $f$ définie sur $\mathbb{R}$ par :
*a)* $f(x) = (3x^2 - 4)^3.$
*b)* $f(x) = (2x^2 - x)^2.$

*Pour les exercices **43** à **46**, calculer la dérivée de la fonction* f *définie sur l'intervalle* I.

**43** $f(x) = \frac{3x^2 - x - 2}{x^2 - x - 2}$ sur $I = ]-1 ; 2[.$

**44** $f(x) = \frac{-4x^2 - 12x - 5}{4(3x+2)}$ sur $I = [0 ; +\infty[.$

**45** $f(x) = \frac{1}{(2x-3)^2}$ sur $I = \left]-\infty ; \frac{3}{2}\right[.$

**46** $f(x) = \frac{-2}{(3x-2)^2}$ sur $I = \left]\frac{2}{3} ; +\infty\right[.$

### Étude du signe d'une dérivée

**47** Soit $f$ la fonction de $\mathbb{R}$ dans $\mathbb{R}$ définie par :
$f(x) = x^3 + x^2 - 4x + 1.$

1° Déterminer la fonction $f'$ dérivée de $f$.

2° Étudier le signe de $f'$.

**48** Même exercice que le **47.** avec
$f(x) = 2x^2 - 5x + \sqrt{2}.$

**49** Même exercice que le **47.** avec $f(x) = \frac{1}{x^2+1}.$

**50** Soit $f$ la fonction définie sur l'intervalle
$I = ]-1 ; +\infty[$ par $f(x) = \frac{2x-3}{x+1}.$

1° Déterminer la dérivée $f'$ de $f$.

2° Étudier le signe de $f'$.

**51** Même exercice que le **50.** avec $I = ]-\infty, 0[$ et $f(x) = x + \frac{1}{x}.$

**52** Même exercice que le **50.** avec $I = \left]\frac{2}{3} ; +\infty\right[$ et

$f(x) = \frac{2}{(2x-3)^2}.$

## Tangente

**53** La courbe $\mathscr{C}$ de la figure 4 représente la fonction $f$ définie sur $\mathbb{R}$ par

$$f(x) = \frac{x(x-1)}{x^2+2}.$$

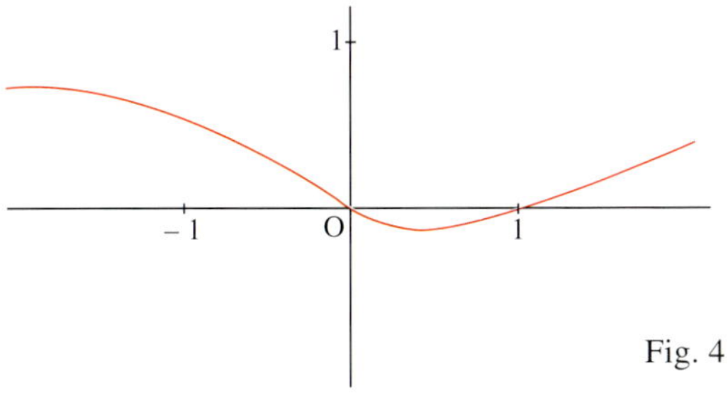


Fig. 4

1° Reproduire cette courbe en utilisant du papier calque.

2° Calculer la dérivée $f'$ de $f$.

3° Déterminer une équation de la tangente à $\mathscr{C}$ aux points $O(0;0)$, $A(1;0)$ et $C\left(-1;\frac{2}{3}\right)$.

Construire ces trois tangentes.

**54** La représentation graphique de la fonction $f: x \mapsto \frac{x^2-3}{x}$ admet-elle une tangente de coefficient directeur égal à $-1$ ? Si oui, laquelle ?

**55** 1° Tracer la courbe (H) d'équation $y = \frac{-2}{x-3}$.

2° (H) admet-elle des tangentes parallèles à la droite D d'équation $y = \frac{1}{2}x + 1$ ? Si oui, trouver leur équation et les tracer.

**56** Soit une fonction $f$ définie sur $\mathbb{R}$, de dérivée $f'$. Tracer une représentation graphique de $f$ vérifiant les données du tableau ci-dessous.

| $x$ | $-2$ | $0$ | $3$ | $6$ |
|---|---|---|---|---|
| $f(x)$ | $1$ | $-1$ | $2$ | $4$ |
| $f'(x)$ | $-3$ | $0$ | $0$ | $4$ |

**57** Même question qu'au **56.** avec le tableau suivant :

| $x$ | $-3$ | $-2$ | $-1$ | $0$ | $1$ |
|---|---|---|---|---|---|
| $f(x)$ | $1$ | $5$ | $3$ | $1$ | $5$ |
| $f'(x)$ | $9$ | $0$ | $-3$ | $0$ | $9$ |

## Approximation affine

**58** Soit la fonction $f$ définie sur $\mathbb{R}$ par $f(x) = x^3 - 3x + 1$.

1° Tracer la courbe $\mathscr{C}$ représentative de $f$ sur l'intervalle $[-1;1]$. Unité graphique : 5 cm sur chaque axe.

2° Trouver une équation de la tangente T à $\mathscr{C}$ au point $A(0; f(0))$. Tracer T sur le graphique.

3° Quelle est l'erreur commise en remplaçant $f(x)$ par $1 - 3x$ ? Trouver un intervalle sur lequel cette erreur est inférieure à 0,001.

**59** Soit la fonction $f$ définie sur $\mathbb{R}$ par $f(x) = x^2 - 4x + 1$.

1° Tracer la représentation graphique $\mathscr{C}$ de $f$ sur l'intervalle $[-1;4]$. Unité graphique : 2,5 cm sur chaque axe.

2° Calculer les réels $a$ et $b$ tels que $y = ax + b$ soit une équation de la tangente T à $\mathscr{C}$ au point A d'abscisse 3. Tracer T sur le graphique.

3° Montrer que l'erreur commise en remplaçant $f(x)$ par $ax + b$ est $(x-3)^2$. Trouver un intervalle de centre 3 sur lequel cette erreur est inférieure à 0,0025.

# 3 Variation des fonctions

- Sens de variation d'une fonction
- Résolution d'équations $f(x) = m$

## ACTIVITÉ 1 Signe de $f'$ et sens de variation de $f$

***Objectif :*** revoir le lien existant entre signe de la dérivée et sens de variation de la fonction. Apprendre à bien distinguer le signe de $f$ et le signe de $f'$.

### A. Avec une première fonction

On considère la fonction $f$ définie et dérivable sur l'intervalle $[-3.\ 4]$ dont la représentation graphique $\mathscr{C}_f$ est donnée ci-dessous :

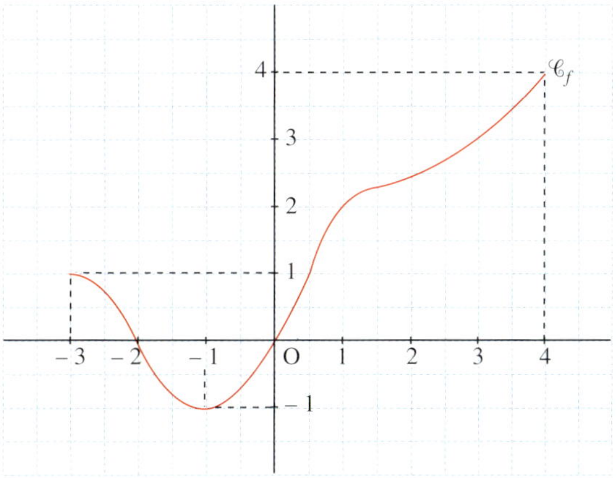


Fig. 1

1° *Indiquer sur quel(s) intervalle(s) la dérivée* f′ *est positive, négative.*

2° *Dresser le tableau de variation de* f.

3° *Résoudre les équations et inéquations suivantes :*

*a*) $f(x) = 0$ ; *b*) $f(x) \geqslant 0$ ; *c*) $f(x) \leqslant 0$ ;

*d*) $f'(x) = 0$ ; *e*) $f'(x) \geqslant 0$ ; *f*) $f'(x) \leqslant 0$.

### B. Avec d'autres fonctions

*Reprendre l'activité précédente avec les courbes suivantes.*

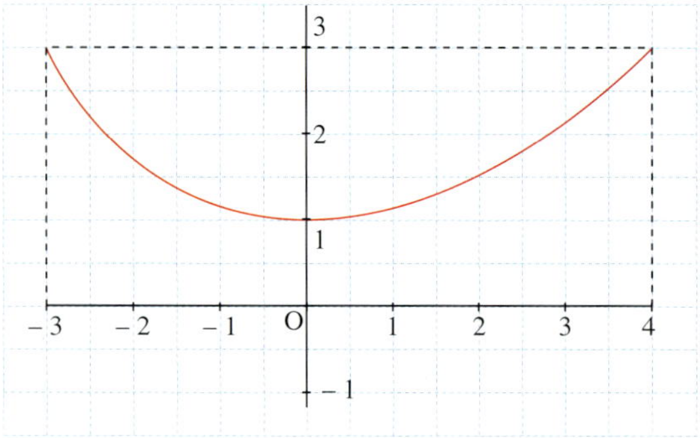


Fig. 2

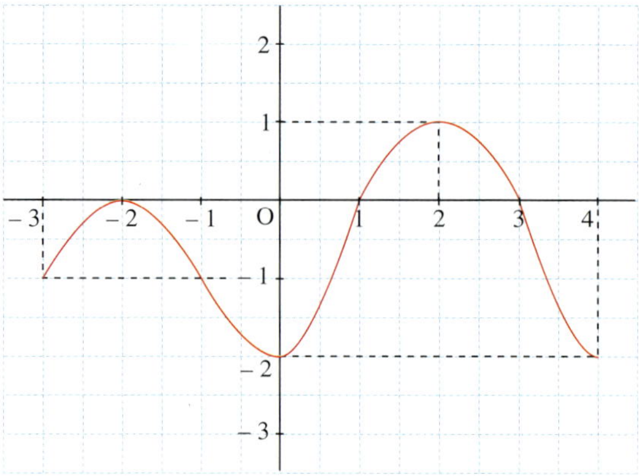


Fig. 3

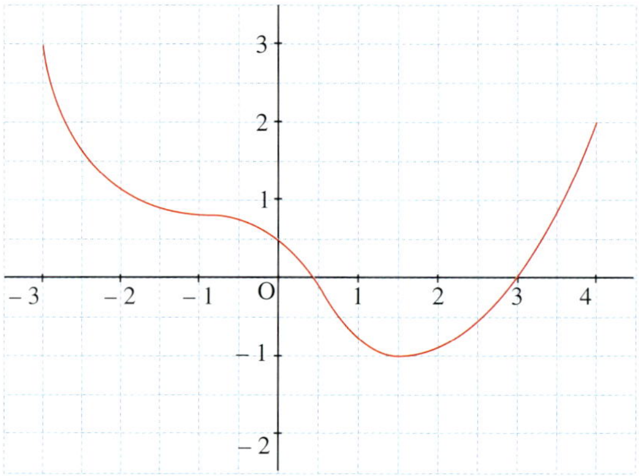


Fig. 4

## ACTIVITÉ 2 Cherchez la solution

***Objectif :*** apprendre à discuter graphiquement une équation.

### A. Avec un graphique

On donne la représentation graphique d'une fonction $f$ définie sur [– 4 ; 6].

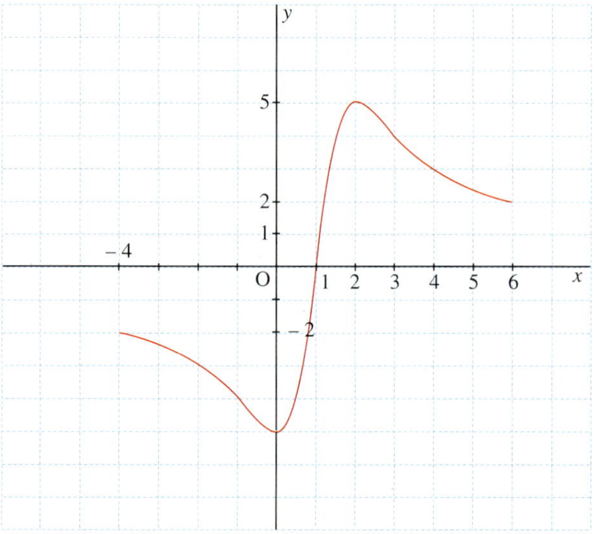


Fig. 5

1° *À l'aide du graphique, résoudre les équations* f(x) = 0, f(x) = – 3, f(x) = 5 et f(x) = 6, *en donnant au besoin une valeur approchée des solutions.*

2° *Combien l'équation* f(x) = m *a-t-elle de solutions :*

*a)* *lorsque* m = 3 ?

*b)* *lorsque* m = 1 ?

*c)* *lorsque* m > 5 ?

*d)* *lorsque* m ∈ ]– 5 ; – 2[ ?

3° *Pour quelles valeurs de* m *l'équation* f(x) = m *a-t-elle*

*a)* *une solution unique ?*

*b)* *une solution négative ?*

### B. Avec un tableau de variation

On donne le tableau de variation d'une fonction $g$ définie et dérivable sur l'intervalle [– 5 ; 2].

| $x$ | – 5 | | – 3 | | 1 | | 2 |
|---|---|---|---|---|---|---|---|
| $g(x)$ | – 4 | ↗ | 2 | ↘ | – 1 | ↗ | 0 |

1° *Indiquer combien les équations suivantes ont de solutions :*

g(x) = 3 ; g(x) = – 3 ; g(x) = 1.

2° *Pour quelles valeurs de* m *l'équation* g(x) = m *a-t-elle :*

*a)* *zéro solution ?*

*b)* *deux solutions ?*

## ACTIVITÉ 3 Vérifiez le programme

***Objectif :*** vous permettre de vérifier si vous savez programmer votre calculatrice pour le calcul des valeurs d'une fonction.

*Programmez votre calculatrice pour effectuer le calcul de chacune des expressions du tableau suivant. Vérifiez votre programme en donnant à* x *les mêmes valeurs que celles fournies dans les quatre premières lignes du tableau et complétez les trois dernières.*

| $x$ | $-3x^2+8x-1$ | $\dfrac{3x}{x+1}$ | $x-2+\dfrac{2}{x-3}$ | $\dfrac{3}{(x-2)^2}$ | $\dfrac{2x}{x^2+1}$ |
|---|---|---|---|---|---|
| – 10 | – 381 | 3,333… | – 12,153 846 | 0,020 833… | – 0,198 019 8 |
| – 2 | – 29 | 6 | – 4,4 | 0,187 5 | – 0,8 |
| – 1 | – 12 | ERROR | – 3,5 | 0,333… | – 1 |
| 0 | – 1 | 0 | – 2,66… | 0,75 | 0 |
| 1 | | | | | |
| 2 | | | | | |
| 3 | | | | | |

# INFORMATION

## 1. Signe de la dérivée et sens de variation

Rappelons le théorème fondamental déjà utilisé en classe de Première :

I peut être un intervalle du type :
$[a, b]$, $]a, b]$...
ou un intervalle du type :
$[a, +\infty[$, $\mathbb{R}$...

***Théorème***

**Soit une fonction $f$ dérivable sur un intervalle I.**

- **Si $f' > 0$ sur I, alors $f$ est strictement croissante sur I ;**
- **Si $f' < 0$ sur I, alors $f$ est strictement décroissante sur I ;**
- **Si $f' = 0$ sur I, alors $f$ est constante sur I ;**

De plus, si la dérivée est positive ou nulle sur I, alors $f$ est croissante sur I.
Si la dérivée est négative ou nulle sur I, alors $f$ est décroissante sur I.

**EXERCICE RÉSOLU**

**Étudier le sens de variation de la fonction $f$ définie sur $\mathbb{R}$ par $f(x) = -x^2 + 3x + 1$.**

La fonction $f$ est dérivable sur $\mathbb{R}$ et $f'(x) = -2x + 3$.

La dérivée est nulle lorsque $-2x + 3 = 0$, c'est-à-dire $3 = 2x$, et donc $x = \frac{3}{2}$.

- Si $x > \frac{3}{2}$, alors $2x > 3$, d'où $0 > -2x + 3$. On en déduit que, si $x > \frac{3}{2}$, alors $f'(x) < 0$.
- De même si $x < \frac{3}{2}$, alors $f'(x) > 0$.

Donc la fonction $f$ est strictement décroissante sur l'intervalle $\left]\frac{3}{2} ; +\infty\right[$ et strictement croissante sur l'intervalle $\left]-\infty ; \frac{3}{2}\right[$.

On résume ceci dans le tableau de variation :

| $x$ | $-\infty$ | | 1,5 | | $+\infty$ |
|---|---|---|---|---|---|
| $f'(x)$ | | + | 0 | − | |
| $f(x)$ | | ↗ | 3,25 | ↘ | |

La fonction $f$ admet en $x = \frac{3}{2}$ un maximum égal à $f\left(\frac{3}{2}\right)$, c'est-à-dire 3,25.

# 2. Étude d'une fonction

## a Plan d'étude

Le cas échéant on peut signaler qu'elle est paire ou impaire.

**Étudier une fonction, c'est le plus souvent :**

- **calculer sa dérivée ;**
- **étudier le signe de la dérivée ;**
- **dresser le tableau de variation de la fonction ;**
- **faire sa représentation graphique.**

## b Étude d'une fonction polynôme

**EXERCICE RÉSOLU**

Soit la fonction $f$ définie sur $\left]-\frac{5}{2}\,;\,\frac{5}{2}\right[$ par $f(x) = x^3 - 3x$.

**1° Étudier les variations de la fonction $f$.**

**2° Soit $\mathcal{C}$ sa courbe représentative dans un repère $(O, \vec{\imath}, \vec{\jmath})$. Trouver une équation des tangentes à $\mathcal{C}$ au point A d'abscisse 2 et au point O.**

**3° Tracer les tangentes en A et en O, puis la courbe $\mathcal{C}$.**

1° **Dérivée :** pour tout réel $x \in I$, $f'(x) = 3x^2 - 3$.

**Signe de la dérivée :**
Lorsque c'est possible, on factorise la dérivée :

$$f'(x) = 3(x^2 - 1) = 3(x - 1)(x + 1).$$

Le signe de $f'(x)$ peut aussi être obtenu à l'aide d'un tableau de signes.

La dérivée s'annule pour $x = 1$ ou $x = -1$. C'est un polynôme du 2e degré ; le coefficient de $x^2$ est positif. Donc $f'(x)$ est positif sauf entre les racines.

**Tableau de variation :**

| $x$ | $-2,5$ | | $-1$ | | $1$ | | $2,5$ |
|---|---|---|---|---|---|---|---|
| $f'(x)$ | | + | 0 | – | 0 | + | |
| $f(x)$ | $-8,125$ | ↗ | 2 | ↘ | $-2$ | ↗ | 8,125 |

2° Soit $\mathcal{T}_A$ la tangente en A à $\mathcal{C}$.
La tangente a une équation de la forme $y = ax + b$, avec

$$a = f'(2) = 3 \times 4 - 3 = 9.$$

L'équation de $\mathcal{T}_A$ est donc : $y = 9x + b$.
La tangente passe par $A(2\,;\,2)$ ; pour calculer $b$, on remplace $x$ et $y$ par les coordonnées de A dans l'équation ci-dessus :

$$2 = 9 \times 2 + b$$
$$-16 = b.$$

$\mathcal{T}_A$ a donc pour équation : $y = 9x - 16$.
De même, on trouve que la tangente en O a pour équation : $y = -3x$.

3° **Représentation graphique :**
La fonction $f$ étant impaire, sa courbe représentative est symétrique par rapport à l'origine du repère.

Il existe deux points de la courbe où la tangente est parallèle à l'axe des abscisses : ce sont les points correspondant aux extrémums, de coordonnées (– 1 ; 2) et (1 ; – 2).

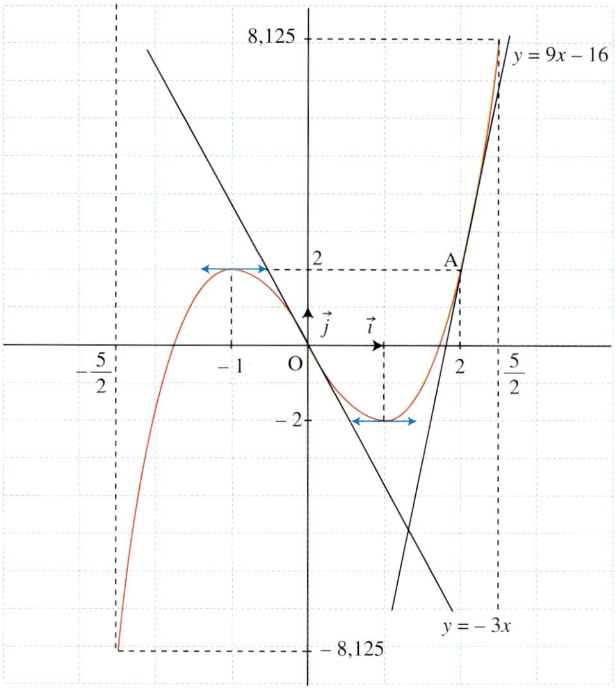


Fig. 6

## C Étude d'une fonction du type $x \mapsto \dfrac{ax+b}{cx+d}$

**EXERCICE RÉSOLU**

**Soit la fonction définie sur l'intervalle I = ]1 ; + ∞[ par $f(x) = \dfrac{2x-3}{x-1}$.**

**1° Vérifier que, pour tout $x$ de I :**

$$f(x) = 2 - \frac{1}{x-1}.$$

**2° Étudier les variations de $f$.**

**3° Soit $\mathscr{C}$, la courbe représentative de $f$ et $\mathscr{D}$, la droite d'équation $y = 2$.**
**Montrer que, pour tout $x$ de I, $f(x) < 2$.**
**Comment se traduit graphiquement cette propriété ?**

**4° Tracer la représentation graphique $\mathscr{C}$ de $f$ et la droite $\mathscr{D}$.**

1° On réduit au même dénominateur. Pour $x \in$ I :

$$2 - \frac{1}{x-1} = \frac{2(x-1)-1}{x-1} = \frac{2x-2-1}{x-1} = \frac{2x-3}{x-1}.$$

On a donc bien :

pour tout $x$ de I, $f(x) = 2 - \dfrac{1}{x-1}$.

2° Dérivée de $f$ : $\left(\frac{1}{u}\right)' = \frac{-u'}{u^2}$ et $f(x) = 2 - \frac{1}{x-1}$,

donc : $f'(x) = \frac{1}{(x-1)^2}$.

Cette dérivée est positive pour tout $x$ de I, d'où le tableau de variation :

| $x$ | 1 | $+\infty$ |
|---|---|---|
| $f'(x)$ | ‖ | + |
| $f(x)$ | ‖ | ↗ |

3° $f(x) - 2 = \frac{-1}{x-1}$.

On a $x > 1$, donc $x - 1 > 0$, et $\frac{-1}{x-1} < 0$.

Par conséquent, $f(x) - 2 < 0$ et $f(x) < 2$.

La courbe $\mathscr{C}$ est au-dessous de $\mathscr{D}$.

4° Représentation graphique :

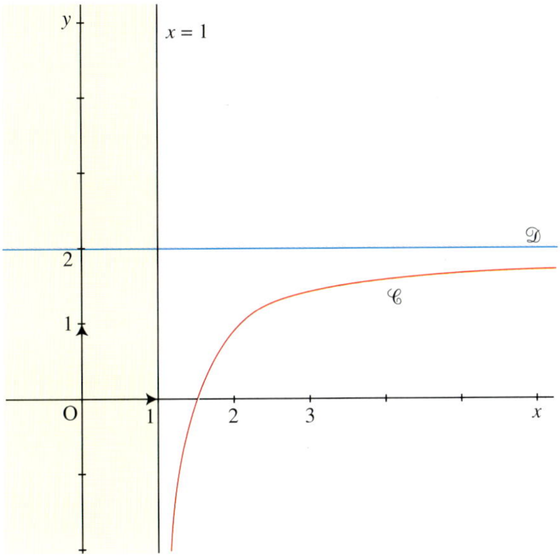


Fig. 7

Les droites d'équation $x = 1$ et $y = 2$ sont dites *asymptotes* à la courbe $\mathscr{C}$ (voir chapitre suivant).

# 3. Résolution d'équations $f(x) = m$

Rappelons le théorème vu en classe de Première :

Énoncer le théorème analogue si $f$ est strictement décroissante et l'illustrer graphiquement

**Soit $f$ une fonction dérivable sur $[a ; b]$.**
**Si $f$ est strictement croissante sur $[a ; b]$**
**et si $f(a)$ et $f(b)$ sont de signes contraires,**
**alors l'équation $f(x) = 0$ a une solution et une seule dans $[a ; b]$.**

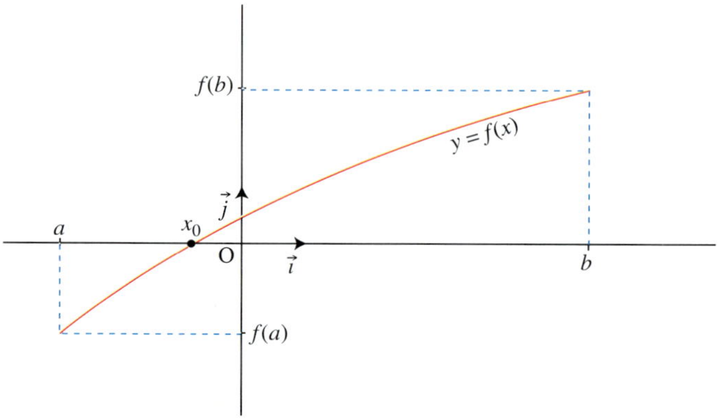


Fig. 8

L'équation $f(x) = 0$ a une solution unique $x_0$ sur l'intervalle $[a, b]$.

## EXERCICES RÉSOLUS

On sait résoudre les équations de degré 1 ou 2, mais l'équation ci-contre est du 3e degré... D'autre part, aucune factorisation simple n'est visible.

**1 Encadrement d'une solution**

**Soit l'équation $x^3 - 3x^2 - 1 = 0$ (E).**

**Indiquer le nombre de solutions de l'équation (E), et donner un encadrement de diamètre 0,001 de chacune de ces solutions.**

Étudions la fonction définie sur $\mathbb{R}$ par $f(x) = x^3 - 3x^2 - 1$.
Elle est dérivable :

$$f'(x) = 3x^2 - 6x = 3x(x - 2).$$

La dérivée est un trinôme du second degré qui s'annule pour $x = 0$ et $x = 2$ ; le coefficient de $x^2$ étant positif (c'est 3), le signe de $f'(x)$ est donné par le schéma suivant :

On en déduit le tableau de variation de la fonction $f$ :

| $x$ | $-\infty$ | | $0$ | | $2$ | | $+\infty$ |
|---|---|---|---|---|---|---|---|
| $f'(x)$ | | $+$ | $0$ | $-$ | $0$ | $+$ | |
| $f(x)$ | ↗ | | $-1$ | ↘ | $-5$ | ↗ | |

**Représentation graphique :**

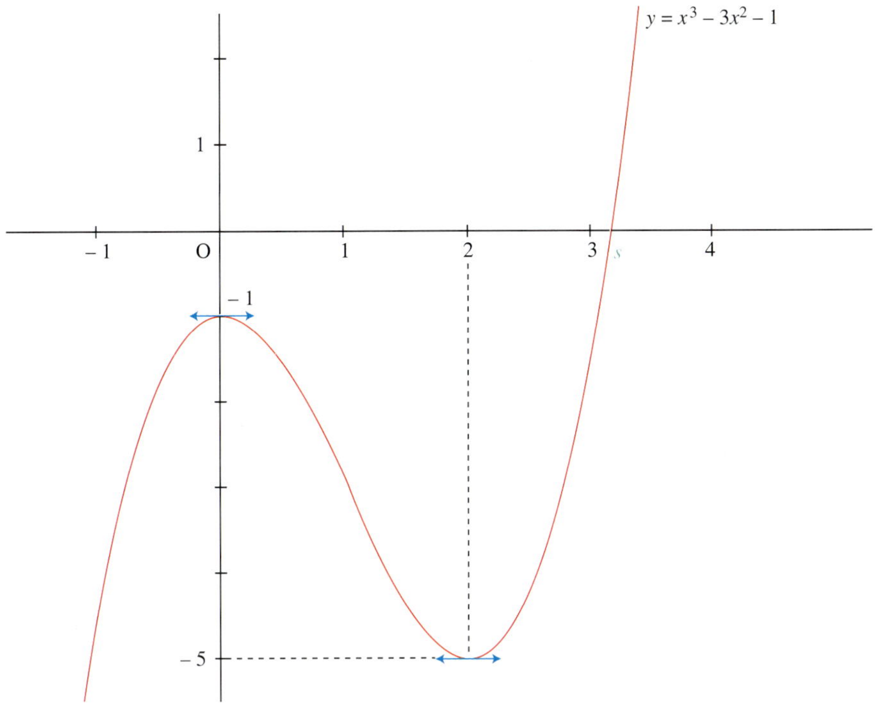


Fig. 9

On voit sur la figure que l'équation $f(x) = 0$ a une seule solution $s$, car la courbe coupe l'axe des abscisses en un seul point.
Cette solution $s$ est comprise entre 3 et 4 ; $f$ est strictement croissante sur $[3\,;4]$ et :

$$\begin{cases} f(3) = -1 & \text{donc} \quad f(3) < 0, \\ f(4) = 15 & \text{donc} \quad f(4) > 0. \end{cases}$$

Pour encadrer $s$ avec plus de précision, on peut utiliser un tableau :

| $x$ | 3 | | $s$ | | 4 |
|---|---|---|---|---|---|
| $f(x)$ | – 1 | | 0 | | 15 |

On place
à gauche de $s$ les réels $x$ tels que $f(x) < 0$
à droite de $s$ les réels $x$ tels que $f(x) > 0$.
Après plusieurs essais, on obtient par exemple :

| $x$ | 3 | 3,10 | 3,102 | 3,103 | … | $s$ | … | 3,104 | 3,11 | 3,2 | 4 |
|---|---|---|---|---|---|---|---|---|---|---|---|
| $f(x)$ | – 1 | – 0,039 | – 0,019 | – 0,008 | … | 0 | … | 0,002 | 0,064 | 1,048 | 15 |

On a donc successivement :

$$3 < s < 4$$
$$3{,}1 < s < 3{,}2$$
$$3{,}10 < s < 3{,}11$$
$$\boxed{3{,}103 < s < 3{,}104}$$

## 2 Discussion graphique

**Discuter, suivant les valeurs de $m$ le nombre de solutions dans $\mathbb{R}$ de l'équation $x^3 - 3x^2 = m + 1$.**

Cette équation est équivalente à $x^3 - 3x^2 - 1 = m$ c'est-à-dire $f(x) = m$ (voir exercice résolu 1).
Les solutions de l'équation $f(x) = m$ sont **les abscisses** des points d'intersection de la courbe $\mathscr{C}$ et de la droite d'équation $y = m$.

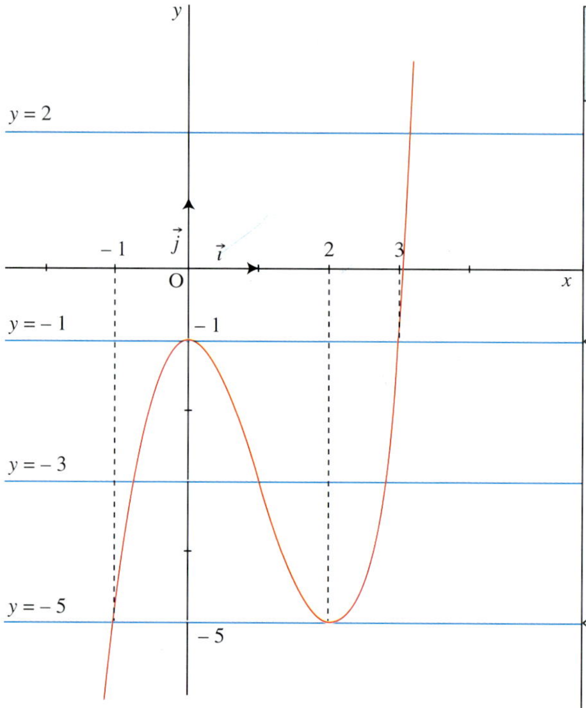


| Nombre de solutions de $f(x) = m$ | Valeurs *de m* |
|---|---|
| 1 | $m > -1$ |
| 2 | $m = -1$ |
| 3 | $-5 < m < -1$ |
| 2 | $m = 5$ |
| 1 | $m < -5$ |

Fig. 10

On voit par exemple que l'équation $f(x) = 2$ a une solution, que l'équation $f(x) = -3$ a trois solutions, etc.

**En résumé :**

si $m < -5$, l'équation $f(x) = m$ a une seule solution ;
si $m = -5$, l'équation $f(x) = m$ a deux solutions : $-1$ et $2$ ;
si $-5 < m < -1$, l'équation $f(x) = m$ a trois solutions ;
si $m = -1$, l'équation $f(x) = m$ a deux solutions : $0$ et $3$ ;
si $m > -1$, l'équation $f(x) = m$ a une solution.

# TRAVAUX PRATIQUES

T.P. 1

## Recherche du bénéfice maximal

Une entreprise fabrique et commercialise un certain produit. On note $x$ la quantité produite en tonnes ; $x$ est un réel compris entre 0 et 13.
Le coût de production, exprimé en milliers de francs, est donné par :

$$p(x) = x^3 - 15x^2 + 76x.$$

L'entreprise vend chaque tonne de sa production 40 000 F.

### A. Étude du coût de production p(x)

1° *Calculer* $p'(x)$ *et étudier les variations de* p *sur l'intervalle* [0 ; 13].

2° *Représenter graphiquement la fonction* p *(unités graphiques :* 1 cm *pour* 1 tonne *en abscisse,* 2 cm *pour* 100 000 francs *en ordonnée).* On note $\mathscr{C}$ la courbe obtenue.
*Préciser la tangente à* $\mathscr{C}$ *au point d'abscisse 5.*

3° *Indiquer le coût de production de la troisième tonne ; de la douzième tonne.*

### B. Étude du bénéfice

On note $r(x)$ et $b(x)$ respectivement la recette et le bénéfice en milliers de francs, obtenus pour une production de $x$ tonnes.

1° *Exprimer* r(x) *puis* b(x) *en fonction de* x.

2° *Dans le même repère qu'au* A, *tracer la droite d'équation* $y = 40x$.
*Déterminer graphiquement la position de cette droite par rapport à la courbe* $\mathscr{C}$.

3° *Déduire de ce qui précède les valeurs de* x *pour lesquelles l'entreprise réalise effectivement un bénéfice.*

### C. Détermination du bénéfice maximal

1° *Étudier les variations de la fonction* b *sur* [0 ;13].

2° *En déduire la production* $x_0$ *qui assure à l'entreprise un bénéfice maximal.*
*Donner une valeur approchée de* $x_0$ *à* $10^{-2}$ *près.*
*Donner une valeur arrondie à* 1 000 francs *près du bénéfice et du coût de production correspondant.*

T.P. 2

## Parité d'une fonction

RAPPEL

Soit une fonction $f$ dont l'ensemble de définition est noté $D_f$.
Soit $\mathscr{C}$ la courbe représentative de $f$ dans un repère orthogonal.

● La fonction $f$ est **paire** si :

1° $D_f$ est symétrique par rapport à zéro.

2° Lorsqu'on remplace $x$ par $-x$, $f(x)$ ne change pas.

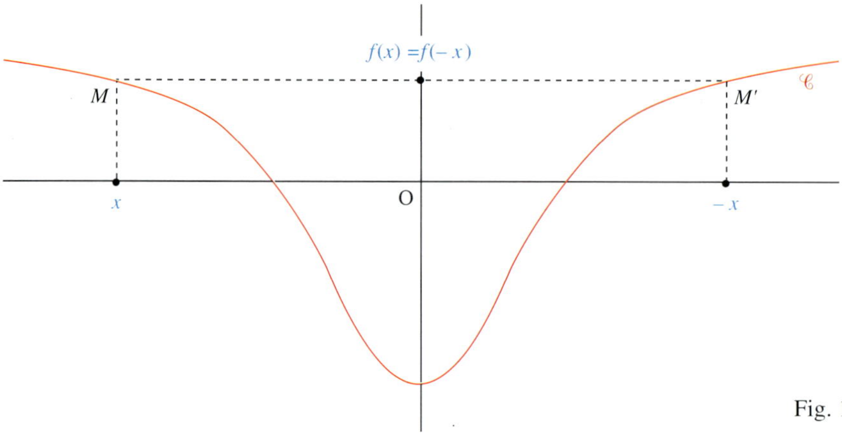


Fig. 11

Si $f$ est paire, $\mathscr{C}$ est **symétrique** par rapport à l'axe des ordonnées.

● La fonction $f$ est **impaire** si :

1° $D_f$ est symétrique par rapport à zéro.

2° Lorsqu'on remplace $x$ par $-x$, $f(x)$ est remplacé par $-f(x)$.

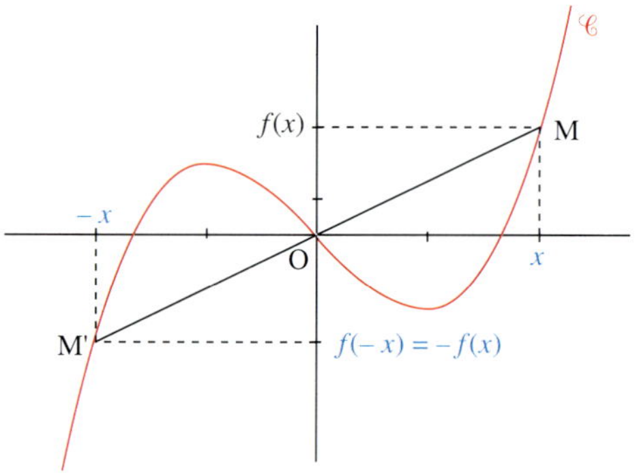


Fig. 12

Si $f$ est impaire, $\mathscr{C}$ est **symétrique** par rapport à l'origine O du repère.

## ■ *A. Un Q.C.M.*

*Parmi les réponses proposées, une seule est vraie. Trouver laquelle.*

1° Le graphique ci-dessous représente une fonction

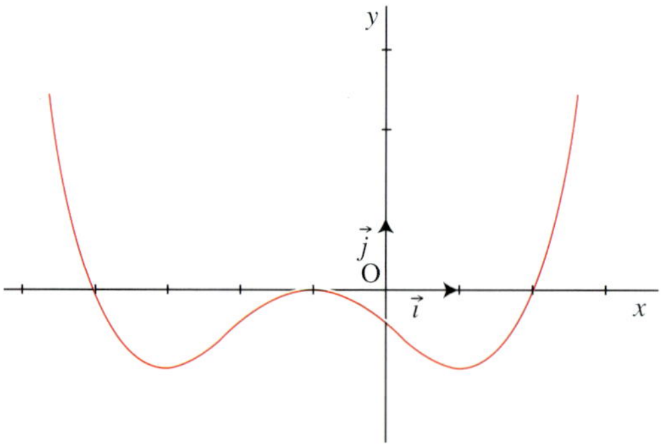


Fig. 13

A) paire B) impaire C) ni paire ni impaire.

2° Les fonctions $f$ suivantes sont définies sur l'intervalle I.
Pour chacune d'elle, dire si elle est :
A) paire B) impaire C) ni paire ni impaire.

*a*) $f(x) = 3x^2 - 1$ ; $I = \mathbb{R}$.

*b*) $f(x) = x^2 + 4x$ ; $I = \mathbb{R}$.

*c*) $f(x) = 2x^3 - 5x$ ; $I = \mathbb{R}$.

*d*) $f(x) = \dfrac{x}{x^2 + 1}$ ; $I = \mathbb{R}$.

*e*) $f(x) = \dfrac{x^2 + 3}{x^2 - 1}$ ; $I = ]1 ; +\infty[$.

3° Une fonction $f$ définie sur $\mathbb{R}$ est telle que :

$$f(1) = f(-1) = 3 ; \quad f(2) = f(-2) = -1 ; \quad f(3) = f(-3) = 0.$$

Alors, on est sûr que :
A) $f$ est paire B) $f$ est impaire C) $f$ n'est pas impaire.

## B. Des graphiques

1° *Reproduire la figure ci-dessous. Sachant que la fonction* f *est paire et définie sur* [– 4 ; 4], *compléter sa représentation graphique.*

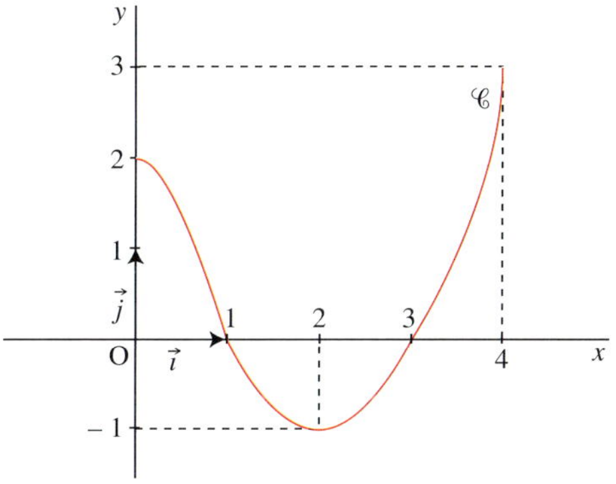


Fig. 14

2° *Même question avec la figure ci-dessous, représentant une fonction impaire définie sur* [–3 ; 3].

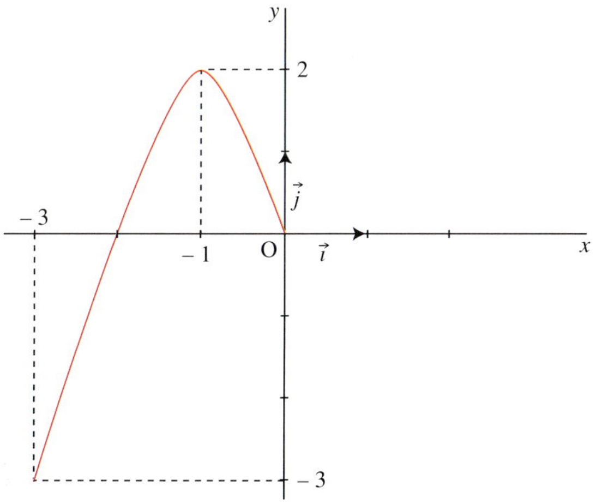


Fig. 15

# EXERCICES ET PROBLÈMES

| POUR SAVOIR FAIRE<br>Objectifs à atteindre | Exercices appropriés |
|---|---|
| Étudier les variations d'une fonction | 1 à 14 |
| Étudier une fonction et tracer sa courbe représentative | 15 à 19 |
| Résoudre une équation | 20 à 22 |
| | |

| POUR CHERCHER<br>Sujets abordés | Exercices appropriés |
|---|---|
| Étude de fonctions | 23 à 27 |
| Résolution d'équations | 28 à 33 |
| Exercices à support graphique | 34 à 37 |
| Recherche d'extrémums | 36 à 40 |
| Pourcentages | 41 |

## POUR SAVOIR FAIRE

### Étude de variations

*Pour les exercices **1** à **12** :*

1° *Calculer la dérivée* f′ *de la fonction* f.

2° *Étudier le signe de* f′(x).

3° *Dresser le tableau de variation de* f.

**1** $f(x) = -3x^2 + 8x - 1$, sur $I = [-4 ; 4]$.

**2** $f(x) = x^4 + x^2 - 2$, sur $I = [-2 ; 2]$.

**3** $f(x) = \frac{1}{3}x^3 + x^2 - 3$, sur $I = [-6 ; 3]$.

**4** $f(x) = \frac{3x}{x+1}$, sur $I = [-5 ; -1]$.

**5** $f(x) = \frac{4}{3}x^3 - 3x$, sur $\mathbb{R}$.

**6** $f(x) = \frac{2x+5}{x+3}$, sur $I = ]-3 ; +\infty[$.

**7** $f(x) = x^4 + 2x^3$, sur $\mathbb{R}$.

**8** $f(x) = 1 + 3x^2 - x^3$, sur $\mathbb{R}$.

**9** $f(x) = \frac{1}{3}(x-2)^3$, sur $\mathbb{R}$.

**10** $f(x) = x - 2 + \frac{4}{x-3}$, sur $I = ]3 ; +\infty[$.

**11** $f(x) = \frac{2x}{x^2+1}$, sur $\mathbb{R}$.

**12** $f(x) = \frac{3}{(x-2)^2}$, sur $]-\infty ; 2[$.

### Vrai ? Faux ?

**13** Dire si les affirmations suivantes sont vraies (justifier la réponse) :

*a)* La fonction $f$ définie par $f(x) = x^3 + 3x^2 + 12$ est croissante sur $\mathbb{R}^+$.

*b)* La fonction $f$ définie par $f(x) = 3x - x^3$ est décroissante sur $\mathbb{R}^-$.

*c)* La fonction $f$ définie par $f(x) = x^4 - 2x^3$ est décroissante sur $\mathbb{R}^-$.

**14** Voici le tableau de variation d'une fonction $f$ définie et dérivable sur $[-10 ; 10]$ :

| $x$ | $-10$ | | $-2$ | | $3$ | | $10$ |
|---|---|---|---|---|---|---|---|
| $f'(x)$ | | $-$ | $0$ | $+$ | $0$ | $-$ | |
| $f(x)$ | $15$ | ↘ | $1$ | ↗ | $5$ | ↘ | $-20$ |

Dire si les affirmations suivantes sont vraies :

*a)* $f(-1) < f(3)$.

*b)* $f(-5) < f(-3)$.

*c)* Si $x \in [-2 ; 3]$, alors $f(x) \geqslant 1$.

*d)* Pour tout $x$ négatif, $f(x)$ est positif.

## Étude de fonctions

*Pour les exercices **15** à **19**, étudier les variations de la fonction* f *et tracer sa courbe représentative* $\mathscr{C}$ *dans le plan muni d'un repère* $(O, \vec{i}, \vec{j})$.

**15** $f(x) = 5x - x^2$, sur $\mathbb{R}$.
Tracer la tangente à $\mathscr{C}$ parallèle à l'axe des abscisses.

**16** $f(x) = x^3 - 12x$, sur $\mathbb{R}$.
Tracer les tangentes à $\mathscr{C}$ parallèles à l'axe des abscisses.
Montrer que la courbe admet un centre de symétrie.

**17** $f(x) = x^4 - 4x^2 - 16$, sur $\mathbb{R}$.
Montrer que la courbe $\mathscr{C}$ admet un axe de symétrie.

**18** $f(x) = \dfrac{2x-3}{x+4}$, sur $I = ]-4\,;7]$.
Tracer la droite d'équation $x = -4$.

**19** $f(x) = \dfrac{3x}{x^2+4}$, sur $I = ]-8\,;8]$.
Montrer que la courbe admet un centre de symétrie.

## Équations

**20** Le graphique représente une fonction $f$ définie sur l'intervalle $[-3\,;2]$.

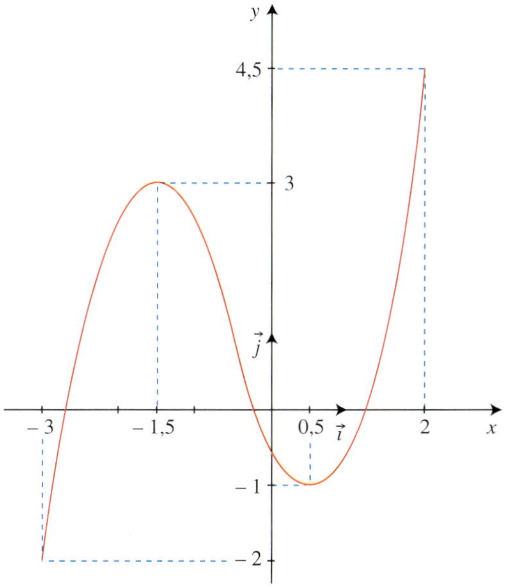


Fig. 16

*a*) Combien l'équation $f(x) = 3$ a-t-elle de solutions ? Et l'équation $f(x) = 0$ ?
*b*) Discuter, suivant les valeurs de $m$, le nombre des solutions de l'équation $f(x) = m$.

**21** Soit la fonction définie sur $\mathbb{R}$ par $f(x) = -x^3 + 4x^2 - 2$.
Le graphique représente la fonction $f$ sur l'intervalle $[0\,;2]$. Soit $s$ la solution de l'équation $f(x) = 0$ sur cet intervalle.

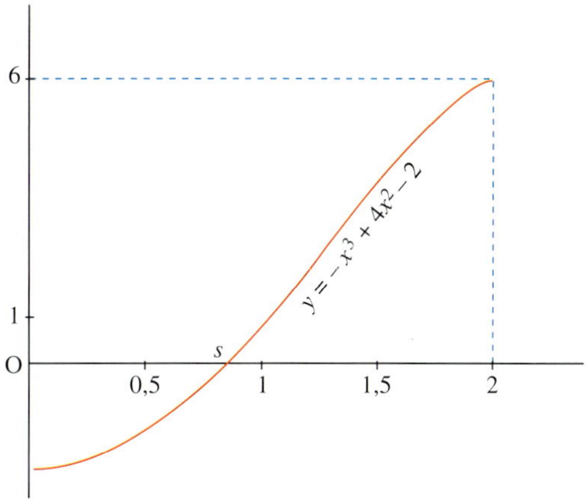


Fig. 17

*a*) À l'aide du graphique, donner un encadrement de $s$.
*b*) Utiliser une calculatrice programmable pour donner un encadrement de $s$ à 0,1 près, puis à 0,01 près.

**22** La fonction définie sur $\mathbb{R}$ par $f(x) = x^4 - 32x + 12$ a pour tableau de variation :

| $x$ | $-\infty$ | | 2 | | $+\infty$ |
|---|---|---|---|---|---|
| $f'(x)$ | | $-$ | 0 | $+$ | |
| $f(x)$ | ↘ | | $-36$ | | ↗ |

L'allure de sa courbe représentative $\mathscr{C}$ est donnée sur le graphique ci-dessous.

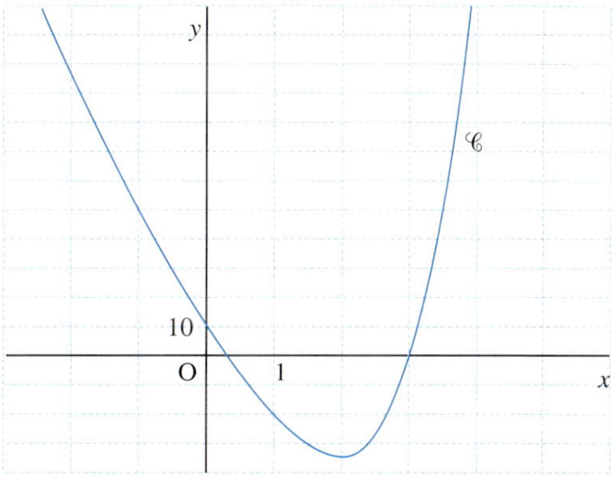


Fig. 18

*a*) Combien l'équation $f(x) = 0$ a-t-elle de solutions ?
*b*) Calculer $f(3)$.
*c*) À l'aide d'une calculatrice programmable, donner un encadrement de diamètre 0,01 des solutions de l'équation $f(x) = 0$.

# RÉSULTATS DES EXERCICES DONT LE NUMÉRO EST EN COULEUR

**2.** $f'(x) = 4x^3 + 2x = 2x(2x^2 + 1)$.
$f'(x)$ est du signe de $x$.

**3.**

| $x$ | $-6$ | | $-2$ | | $0$ | | $3$ |
|---|---|---|---|---|---|---|---|
| $f'(x)$ | | $+$ | $0$ | $-$ | $0$ | $+$ | |
| $f(x)$ | $-39$ | ↗ | $-\frac{5}{3}$ | ↘ | $-3$ | ↗ | $15$ |

**4.**

| $x$ | $-5$ | | $-1$ |
|---|---|---|---|
| $f'(x)$ | | $+$ | ‖ |
| $f(x)$ | $\frac{15}{4}$ | ↗ | ‖ |

**5.**

| $x$ | $-\infty$ | | $-\frac{\sqrt{3}}{2}$ | | $\frac{\sqrt{3}}{2}$ | | $+\infty$ |
|---|---|---|---|---|---|---|---|
| $f'(x)$ | | $+$ | $0$ | $-$ | $0$ | $+$ | |
| $f(x)$ | | ↗ | $\sqrt{3}$ | ↘ | $-\sqrt{3}$ | ↗ | |

**7.**

| $x$ | $-\infty$ | | $-\frac{3}{2}$ | | $0$ | | $+\infty$ |
|---|---|---|---|---|---|---|---|
| $f'(x)$ | | $-$ | $0$ | $+$ | $0$ | $+$ | |
| $f(x)$ | | ↘ | $-\frac{27}{16}$ | ↗ | $0$ | ↗ | |

**10.** $f'(x) = \dfrac{(x-5)(x-1)}{(x-3)^2}$ ; $x > 3$ donc $x - 1 > 0$.

| $x$ | $3$ | | $5$ | | $+\infty$ |
|---|---|---|---|---|---|
| $f'(x)$ | ‖ | $-$ | $0$ | $+$ | |
| $f(x)$ | ‖ | ↘ | $5$ | ↗ | |

**13.** *a*) Vrai. *b*) Faux. *c*) Vrai.

**14.** *a*) Vrai, car $f$ est croissante sur $[-2\,;3]$.
*b*) Faux. *c*) Vrai. *d*) Vrai.

**16.** O est centre de symétrie de $\mathscr{C}$ (fonction impaire).

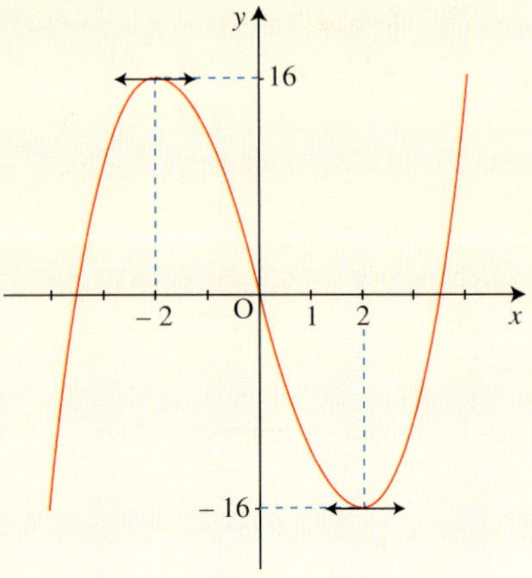


Fig. 19

**18.** $f'(x) = \dfrac{11}{(x+4)^2}$ donc $f$ est strictement croissante sur $]-4\,;7]$. La droite d'équation $x = -4$ est asymptote à la courbe.

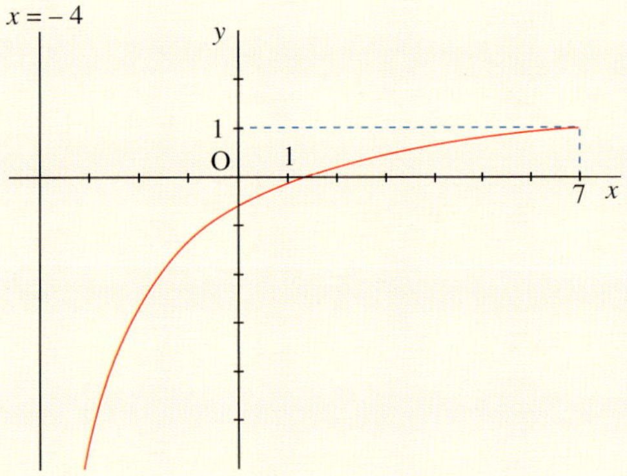


Fig. 20

**19.** $f'(x) = \dfrac{-3(x^2-4)}{(x^2+4)^2}$. La courbe $\mathscr{C}$ admet l'origine du repère comme centre de symétrie, car $f$ est impaire.

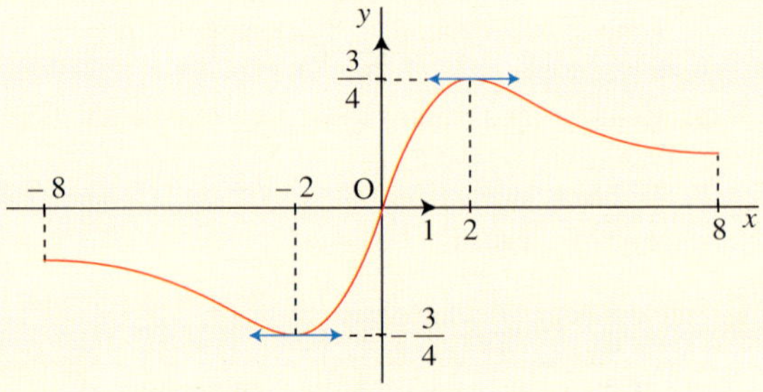


Fig. 21

**20.** *a*) 2 ; 3.

*b*) Si $m < -2$, pas de solution ;
si $-2 \leqslant m < -1$ une solution
si $m = -1$, deux solutions ;
si $-1 < m < 3$, trois solutions ;
si $m = 3$, deux solutions ;
si $3 < m \leqslant 4{,}5$ une solution ;
si $m > 4{,}5$. pas de solution.

**21.** *b*)

| $x$ | 0 | 0,7 | $s$ | 0,8 | 1 |
|---|---|---|---|---|---|
| $f(x)$ | – 2 | – 0,383 | 0 | 0,048 | 1 |

Donc $0{,}7 < s < 0{,}8$.

| $x$ | 0,7 | 0,78 | $s$ | 0,79 | 0,8 |
|---|---|---|---|---|---|
| $f(x)$ | – 0,383 | – 0,041 | 0 | 0,004 | 0,048 |

On obtient $0{,}78 < s < 0{,}79$.

# POUR CHERCHER

## Étude de fonctions

**23** Soit la fonction $f$ définie sur l'intervalle $[-2 ; 6]$ par $f(x) = -x^2 + 4x + 4$.

1° Étudier les variations de $f$.

2° Tracer sa courbe représentative $\mathscr{C}$.

3° Étudier le signe de $f(x)$ suivant les valeurs de $x$. Vérifier sur le graphique.

4° Déterminer une équation des tangentes à $\mathscr{C}$ aux points d'intersection de $\mathscr{C}$ avec les axes de coordonnées, et tracer ces tangentes.

**24** Soit la fonction $f$ définie sur $\mathbb{R}$ par $f(x) = x^3 - 3x + 2$.

1° Étudier les variations de $f$.

2° On désigne par $\mathscr{C}$ la courbe représentant $f$ dans le plan rapporté à un repère $(O, \vec{\imath}, \vec{\jmath})$.
Trouver une équation de la tangente à $\mathscr{C}$ en I(0; 2).
Démontrer que, pour $x > 0$, la courbe $\mathscr{C}$ est au-dessus de la tangente en I, et que, pour $x < 0$, $\mathscr{C}$ est au-dessous de la tangente en I.

3° Construire la tangente en I, puis la courbe $\mathscr{C}$.
Unités graphiques : 3 cm sur l'axe des abscisses, 1 cm sur l'axe des ordonnées.

**25** Soit la fonction définie sur $\mathbb{R}$ par $f(x) = x^3 + 4x$ et $\mathscr{C}$ sa courbe représentative dans un repère $(O, \vec{\imath}, \vec{\jmath})$.

1° Étudier les variations de $f$.

2° Trouver une équation de la tangente $\mathscr{T}$ à $\mathscr{C}$ en O.
Étudier la position de $\mathscr{C}$ par rapport à $\mathscr{T}$.

3° Construire la courbe $\mathscr{C}$ avec sa tangente en O.

**26** La fonction $f$ est définie sur $I = ]0 ; 2[$ par :

$$f(x) = \frac{2x^2 + 1}{2x^2 - 4x}.$$

1° Calculer la dérivée $f'$ de $f$ et étudier son signe. En déduire les variations de $f$.

2° Tracer la courbe représentative de $f$.
(Prendre comme unité 4 cm sur l'axe des abscisses et 1 cm sur l'axe des ordonnées.)

3° Que peut-on dire du signe de $f(x)$ sur $]0 ; 2[$ ?

**27** Soit la fonction $f$ définie sur $\mathbb{R}$ par $f(x) = \dfrac{x^2 - 1}{x^2 + 2}$.

1° Étudier les variations de $f$.

2° Vérifier que $f(x) = 1 - \dfrac{3}{x^2 + 2}$.

3° Démontrer que, pour tout réel $x$, $f(x) < 1$.

4° Tracer la courbe $\mathscr{C}$ représentative de $f$ et la droite D d'équation $y = 1$.
Comment la propriété du 3° se traduit-elle graphiquement ?

## Équations

**28** Soit la fonction $f$ définie sur $\mathbb{R}$ par $f(x) = x^3 + 8x - 12$.

1° Étudier les variations de $f$ et représenter graphiquement cette fonction.

2° Démontrer que l'équation $f(x) = 0$ a une solution et une seule dans $\mathbb{R}$.

3° À l'aide d'une calculatrice programmable, donner un encadrement de diamètre 0,01 de cette solution. On indiquera le programme utilisé, et on fournira un tableau de valeurs.

**29** Même exercice que le précédent avec la fonction $f$ définie sur $\mathbb{R}$ par $f(x) = x^4 + 3x^2 - 1$.

**30** Soit la fonction $f$ définie sur $\mathbb{R}$ par $f(x) = x^3 + \dfrac{3x^2 + 1}{2}$.

1° Étudier les variations de $f$.

2° Représenter graphiquement la fonction $f$.

3° À l'aide du graphique, discuter l'équation $f(x) = m$, c'est-à-dire indiquer combien, suivant les valeurs de $m$, cette équation a de solutions.

**31** Même exercice que le précédent avec la fonction $f$ définie sur $\mathbb{R}$ par $f(x) = -\frac{1}{2}x^4 + 2x^2 - 1$.

De plus, résoudre l'équation $f(x) = 0$. (Poser $x^2 = X$.)

**32** La fonction $f$ est définie sur l'intervalle $I = [-5\,;5]$ par $f(x) = \frac{-4x}{x^2+1}$.

1° Étudier les variations de $f$.

2° Construire la représentation graphique $\mathscr{C}$ de $f$. Montrer que $\mathscr{C}$ a un centre de symétrie.

3° Discuter graphiquement l'équation :
$-4x = m(x^2+1)$, où $x \in I$.

**33** La fonction $f$ est définie sur $I = \left[\frac{1}{2}\,;6\right]$ par $f(x) = x + \frac{4}{x}$.

1° Étudier les variations de $f$.

2° Construire la courbe représentative $\mathscr{C}$ de $f$. Montrer que $\mathscr{C}$ a un centre de symétrie.

3° Discuter graphiquement, suivant les valeurs de $m$, l'équation : $x^2 - mx + 4 = 0$, où $x \in I$.

## Exercices à support graphique

**34** Le plan est rapporté à un repère orthonormé $(O, \vec{\imath}, \vec{\jmath})$. Soit $f$ la fonction numérique définie sur l'intervalle $I = [-1\,;3]$, dont on donne la courbe représentative $\mathscr{C}$ :

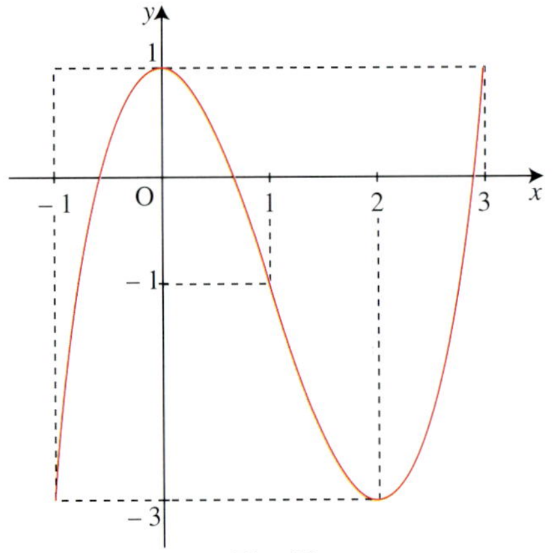

Fig. 22

1° Dresser le tableau de variation de $f$.

2° Déduire de la représentation graphique $\mathscr{C}$ qu'il existe 3 réels de l'intervalle I tels que $f(x) = 0$.
Donner une valeur approchée de chacun de ces trois réels à $10^{-1}$ près.

3° *a*) Reproduire le graphique et construire la droite d'équation $y = x - 2$.
*b*) En utilisant le graphique, résoudre dans I :
– l'équation $f(x) = x - 2$,
– l'inéquation $f(x) > x - 2$.

**35** On désigne par $f$ la fonction définie et dérivable sur $[-1\,;2]$ dont la courbe représentative est la suivante :

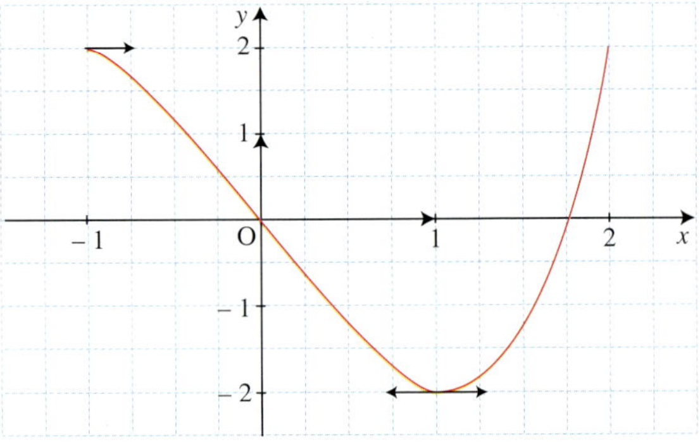

Fig. 23

1° Utiliser ce graphique pour déterminer les valeurs $f(0)$, $f(1)$ et $f'(1)$.

2° Résoudre graphiquement les équations et inéquations suivantes :
*a*) $f(x) = 0$ ; *b*) $f'(x) = 0$ ;
*c*) $f(x) \geqslant 0$ ; *d*) $f'(x) \leqslant 0$.

3° Dresser le tableau de variation de la fonction $f$ sur l'intervalle $[-1\,;2]$ ;

4° On suppose que $f(x)$ est de la forme suivante : $f(x) = ax^3 + bx + c$.
À l'aide des valeurs mises en évidence à la question 1°, calculer les trois nombres réels $a$, $b$ et $c$.

**36** ***Coûts de production***

Une entreprise fabrique une certaine quantité $q$ d'objets. Les coûts totaux de production sont donnés, en francs, par la fonction suivante :
$CT(q) = 0{,}08q^3 - 64{,}8q^2 + 20\,000q$.
Chaque unité étant vendue 11 878 F, la recette totale est donnée (en admettant que toute la production soit vendue) par :
$RT(q) = 11\,878q$.
Le dessin ci-joint donne les représentations graphiques de ces deux fonctions.

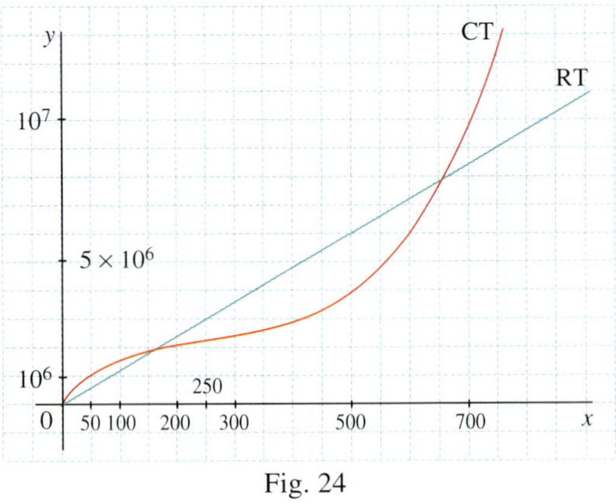

Fig. 24

1° *a*) Par une lecture graphique, donner l'intervalle dans lequel doit se situer la production $q$ pour qu'il y ait rentabilité de l'entreprise.

*b*) Calculer, en fonction de $q$, le bénéfice total BT ($q$) et retrouver par le calcul le résultat de la question 1.*a*).

2° Toujours par une lecture graphique, donner, à 25 unités près, la quantité $q_m$ à produire (et à vendre !) pour que le bénéfice soit maximum.

**37** ***Organisation d'une production***

Une entreprise a fait une étude prévisionnelle du coût de production d'un article en fonction du nombre $q$ d'articles fabriqués.

Elle est parvenue aux résultats suivants :

| Production (en unités) | Charges fixes (en F) | Charges variables (en F) |
|---|---|---|
| $q \leqslant 40\,000$ | 200 000 | $5q$ |
| $40\,000 < q \leqslant 60\,000$ | 250 000 | $7{,}5q - 75\,000$ |
| $60\,000 < q \leqslant 80\,000$ | 280 000 | $7{,}5q - 75\,000$ |

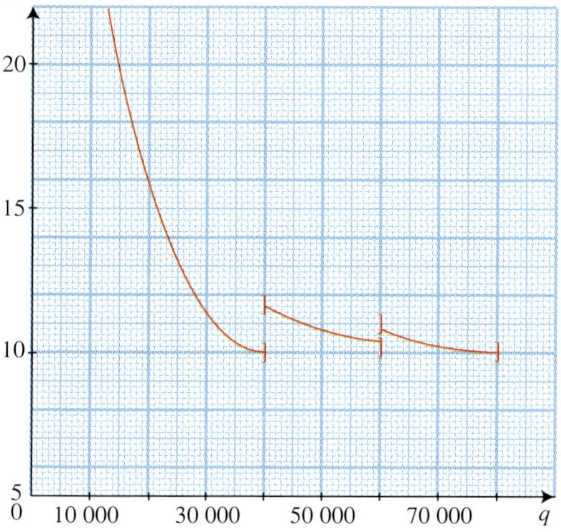


Fig. 25

1° Déterminer en fonction de $q$ le coût total de la production $C_T$.

2° Déterminer en fonction de $q$ le coût unitaire $C_u$ (coût de production d'un article fabriqué).

3° À partir de la courbe représentative de $C_u$ donnée sur le graphique (figure 25) et sachant que le prix de vente d'un article est de 12 F, déterminer graphiquement les quantités de production qui permettent à l'entreprise de réaliser un bénéfice d'au moins 1 F par article fabriqué.

Retrouver ces résultats par le calcul.

4° Le prix de vente par article étant toujours de 12 F, pour quelle quantité de production l'entreprise a-t-elle le plus grand bénéfice par article fabriqué ?

## Recherche d'extrémums

**38** ***Bénéfice maximal***

Une entreprise décide la fabrication en grande série d'un article. Le coût de fabrication de chaque article est de 200 F auquel s'ajoutent les frais fixes de production qui s'élèvent à 1 500 000 F.

1° *a*) Quel est le coût de fabrication de $n$ articles ?

Exprimer le prix de revient $r(n)$, en francs, d'un article en fonction du nombre $n$ d'articles fabriqués.

*b*) Quelle quantité minimale d'objets doit être produite pour que le prix de revient unitaire soit inférieur à 250 F ? inférieur à 350 F ?

2° La demande de cet article sur le marché est fonction de son prix de vente. Une étude de marché a montré que pour un prix de vente unitaire $p$, le nombre d'articles demandés est : $2\,100\,000 - 6\,000\,p$, où $p$ est un nombre entier exprimé en francs et appartenant à l'intervalle $[200\,;\,350]$.

Montrer que le bénéfice total correspondant, en milliers de francs, est alors :

$-6p^2 + 3\,300\,p - 421\,500$.

3° *a*) Étudier les variations de la fonction numérique $f$ définie sur $[200\,;\,350]$ par :

$f(x) = -6x^2 + 3\,300x - 421\,500$.

*b*) Déterminer le prix de vente unitaire qui assure un bénéfice total maximal.

Calculer alors ce bénéfice et le nombre d'articles correspondant.

**39** ***L'affiche***

Pour fabriquer une affiche publicitaire, on veut utiliser une feuille de papier rectangulaire de 1 m², de dimensions $x$ et $y$ exprimées en cm.

Les marges du haut et du bas mesurent 8 cm, celles des côtés 5 cm.

On se propose de déterminer les dimensions de l'affiche pour que l'aire de la surface imprimable soit maximale.

On exprimera les longueurs en cm et les aires en cm².

1° *a*) Exprimer en fonction de $x$ et de $y$ l'aire $\mathcal{A}$ de la surface imprimable.

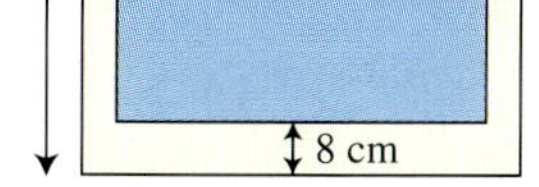


Fig. 26

*b*) Quelle relation lie $x$ et $y$ ?

*c*) En déduire l'expression de $\mathcal{A}$ en fonction de $x$ seulement.

2° Soit $f$ la fonction définie sur $]0, +\infty[$ par :

$$f(x) = 10\,160 - \frac{100\,000}{x} - 16x.$$

*a*) Étudier son sens de variation sur $]0, +\infty[$.

*b*) Montrer qu'elle admet un maximum. Donner la valeur de ce maximum. (On ne demande pas la représentation graphique de $f$.)

3° En déduire les dimensions $x$ et $y$ de l'affiche pour que l'aire $\mathscr{A}$ de la surface imprimable soit maximale.
(En donner la valeur exacte, puis une valeur décimale approchée à 0,1 cm près).
Quelle est alors l'aire $\mathscr{A}$ de la surface imprimable ?

**40** ***Le car de Chamonix***

Un autocar fait le trajet Paris Chamonix (distance 660 km). Sa vitesse est de $x$ km/h en moyenne. Le coût d'utilisation de l'autocar (gazole, péages d'autoroutes, entretien, assurance, amortissement...) est de $18 + \dfrac{x}{33}$ francs par kilomètre.
(En effet, avec la vitesse croissent la consommation de carburant et l'usure du véhicule). Le salaire du chauffeur et les frais afférents reviennent à 132 francs de l'heure.
*a*) Exprimer la durée du trajet en fonction de $x$.
*b*) Calculer le coût total du trajet. Pour quelle valeur de $x$ ce coût est-il minimal ?

**41** ***Pourcentages***

*Première partie*
Le prix d'un article est de 120 F. Ce prix subit une majoration au taux de 25 pour 100, puis une minoration à un taux inconnu, $y$ pour 100, sur le prix majoré.

1° Calculer $y$, sachant que le prix de l'article est à nouveau 120 F.

2° D'une façon générale, un prix P a subi une majoration au taux de $x$ pour 100, puis une minoration sur le prix majoré au taux de $y$ pour 100. Il est alors revenu à sa valeur initiale P.

En donnant le détail du calcul, montrer que :

$$y = \frac{100x}{x + 100}.$$

*Deuxième partie*

1° On étudie sur $\mathbb{R}^+$ la fonction $f$ telle que :

$$f(x) = \frac{100x}{x + 100}.$$

Soit $\mathscr{C}$ la courbe représentative de $f$ dans le plan rapporté à un repère orthonormé $(O, \vec{i}, \vec{j})$ ; on prendra comme unité de longueur 5 cm.
*a*) Étudier les variations de la fonction $f$ sur $\mathbb{R}^+$ et dresser son tableau de variation.
*b*) Donner une équation de la tangente à $\mathscr{C}$ en O.
*c*) Représenter soigneusement la courbe $\mathscr{C}$.
*d*) Utiliser le graphique pour trouver une valeur approchée de $x$ tel que $f(x) = \dfrac{2}{3}x$.
Retrouver ce résultat par le calcul.

2° *a*) Vérifier que $f(x) = 100 - \dfrac{10\,000}{x + 100}$.

*b*) En déduire que, pour tout $x$ positif, $f(x)$ est inférieure à 100.
En revenant au problème posé dans la première partie, expliquer ce résultat.

# 4 Limites et asymptotes

- Langage des limites
- Limites des fonctions usuelles
- Opérations sur les limites
- Notion d'asymptote

## ACTIVITÉ 1 De zéro à l'infini (et réciproquement)

***Objectif :*** introduire la notion de limite d'une fonction en $+\infty$ et en zéro.

### A. Avec la fonction inverse

On considère la fonction $f$ définie sur $]0\,;+\infty[$ par $f(x)=\dfrac{1}{x}$.

On appelle $\mathscr{C}$ la représentation graphique de $f$ dans le plan rapporté à un repère orthonormal $(O,\vec{\imath},\vec{\jmath})$, dont l'unité est le demi-centimètre.

1° *Expliquer pourquoi* f *est strictement décroissante sur* $]0\,;+\infty[$ *et compléter le tableau de variation de* f.

| $x$ | 0 | 0,001 | 0,01 | 0,1 | 1 | 10 | $10^2$ | $10^3$ | $+\infty$ |
|---|---|---|---|---|---|---|---|---|---|
| $f(x)$ | ‖ | ? | ? | ? | ? | ? | ? | ? | ↘ |

2° *Construire la représentation graphique de* f.

3° *Soit* M *et* P *les points de même abscisse* x *appartenant respectivement à* $\mathscr{C}$ *et à l'axe des abscisses. Exprimer* MP *en fonction de* x.

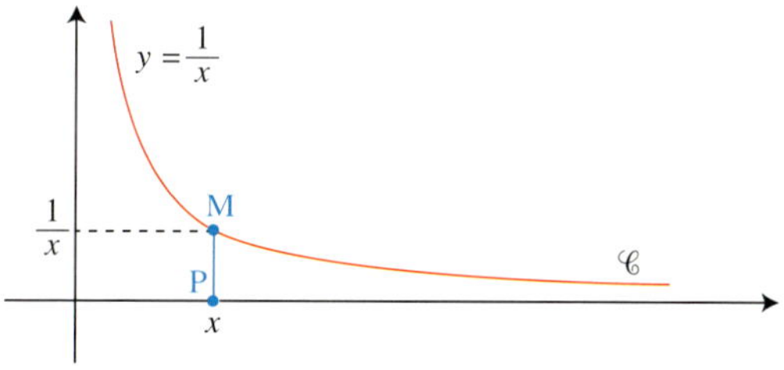


Fig. 1

4° *Justifier que, si* $x > 100$, *alors* $MP < 0{,}01$.
*Pour que* MP *soit inférieur à* 0,05, *suffit-il de prendre* $x > 10$ ? $x > 100$ ?

5° *Expliquer pourquoi si* $x \in\ ]0\,;0{,}1[$, *alors* $f(x) > 10$.
*Comment suffit-il de choisir* x *pour que* $f(x) > 10^4$ ?
*Interpréter graphiquement ces résultats.*

6° *Justifier le titre de cette activité en définissant la limite de* $\frac{1}{x}$ *quand* x *tend vers* $+\infty$, *et la limite de* $\frac{1}{x}$ *quand* x *tend vers* 0, *avec* $x > 0$.
*Comment se traduisent les limites sur le graphique ?*

### B. Avec une autre fonction

On considère la fonction $f$ définie sur $]0\,;+\infty[$ par $f(x) = 2 + \frac{1}{x}$.

1° *Calculer la dérivée de* f *et étudier son signe.*

2° *Dresser le tableau de variation de* f. *Indiquer dans ce tableau* f(0,001) ; f(0,01) ; f(0,1) ; f(1) ; f(10) ; $f(10^2)$ et $f(10^3)$.
*Tracer la courbe représentative de* f.

3° *À l'aide du tableau de variation de* f, *ou de la courbe représentative de* f *ou d'une calculatrice (ou des trois à la fois !), indiquer le comportement de* f(x) *lorsque* x *tend vers* $+\infty$ ; *lorsque* x *tend vers zéro.*

## ACTIVITÉ 2 Avec un tableau

***Objectif :*** utiliser un tableau de valeurs pour conjecturer la limite d'une fonction.

### A. En « plus l'infini »

Un tableur a permis de dresser le tableau suivant :

| $f(x)$ \ $x$ | 10 | 100 | 1 000 | $10^4$ | $10^5$ | $10^{10}$ |
|---|---|---|---|---|---|---|
| $x^3 - 10x^2$ | 0 | 900 000 | 990 000 000 | 9,99 E11 | 9,999 E14 | 9,999 999 99 E 29 |
| $5x^2$ | 500 | 50 000 | 5 000 000 | 500 000 000 | 5 E10 | 5 E20 |
| $-x^2$ | – 100 | – 10 000 | – 1 000 000 | – 100 000 000 | – 1 E10 | – 1 E20 |
| $4 - \frac{1}{x}$ | 3,9 | 3,99 | 3,999 | 3,999 9 | 3,999 99 | 4 |
| $\frac{5x+1}{2x-1}$ | 2,684 | 2,518 | 2,502 | 2,500 2 | 2,500 02 | 2,5 |
| $x + \frac{1}{x}$ | 10,1 | 100,01 | 100,001 | 10 000,001 | 100 000 | 1 E10 |

*Dans chacun des cas, que pensez-vous du comportement de* f(x) *lorsque* x *tend vers* $+\infty$ ?

### B. En « moins l'infini »

*Reproduire le tableau du* **A** *en donnant pour valeurs à* x *successivement* – 10 ; – 100 ; – 1 000 ; $-10^4$ ; $-10^5$ ; $-10^{10}$.
*Compléter le tableau à l'aide d'une calculatrice programmable ou d'un tableur.*
*Que pensez-vous du comportement de* f(x) *lorsque* x *tend vers* $-\infty$ ?

### C. En zéro

1° *Compléter à l'aide d'un tableur ou d'une calculatrice programmable le tableau suivant :*

| $x$ / $f(x)$ | 0,5 | 0,1 | 0,01 | 0,001 | $10^{-5}$ | $10^{-10}$ |
|---|---|---|---|---|---|---|
| $x^2 - 1$ | | | | | | |
| $\dfrac{1}{x-1}$ | | | | | | |
| $x + \dfrac{1}{x}$ | | | | | | |
| $\dfrac{-5}{x}$ | | | | | | |

*Que pensez-vous du comportement de* f(x) *lorsque* x *tend vers zéro par valeurs positives ?*

2° *Mêmes questions qu'au* 1° *en prenant pour* x *les valeurs* – 0,5 ; – 0,1 ; – 0,01 ; – 0,001 ; $-10^{5}$ ; $-10^{-10}$ *et en faisant tendre* x *vers zéro par valeurs négatives.*

## ACTIVITÉ 3 Avec un graphique

***Objectif :*** conjecturer une limite à l'aide de la représentation graphique d'une fonction.

Dans ce qui suit, on donne (colonne de gauche) la représentation graphique d'une fonction $f$ définie sur un intervalle I.
*Compléter la colonne de droite en conjecturant les limites demandées.*

### A.

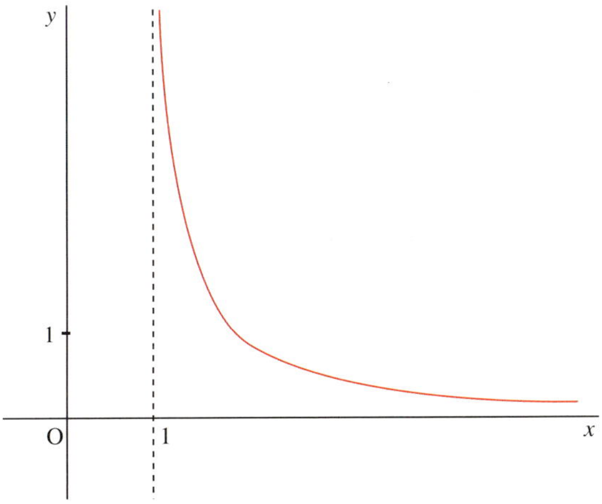


Fig. 2

$f$ est définie sur l'intervalle I = ]1 ; + ∞[

$\lim\limits_{x \to 1} f(x) = \ldots$

$\lim\limits_{x \to +\infty} f(x) = \ldots$

## B.

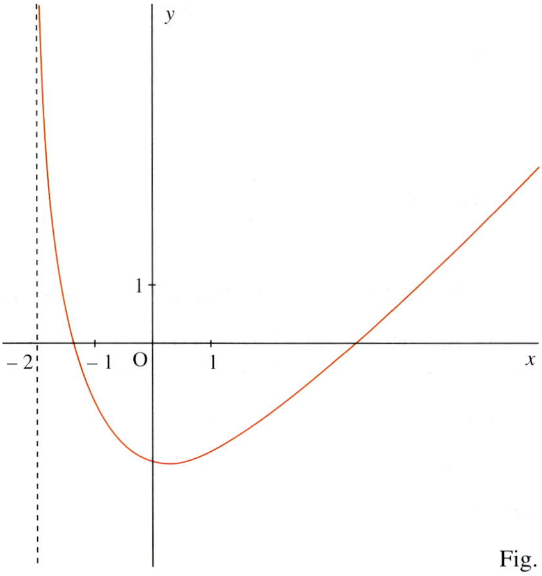


*f* est définie sur $I = ]-2\,;+\infty[$

$\lim_{x \to -2} f(x) = \ldots$

$\lim_{x \to +\infty} f(x) = \ldots$

Fig. 3

## C.

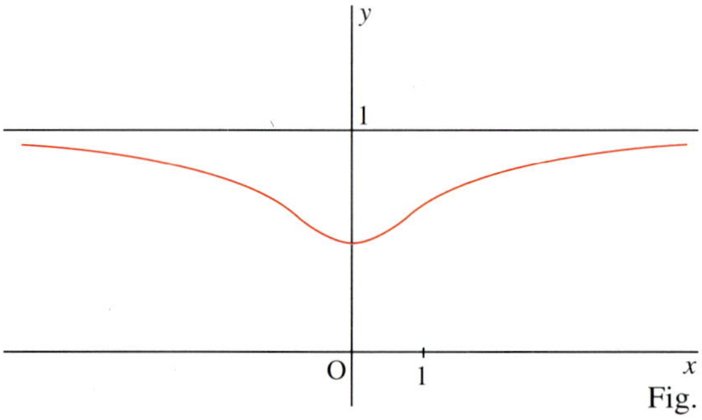


*f* est définie $I = \mathbb{R}$

$\lim_{x \to +\infty} f(x) = \ldots$

$\lim_{x \to -\infty} f(x) = \ldots$

$\lim_{x \to 0} f(x) = \ldots$

Fig. 4

## D.

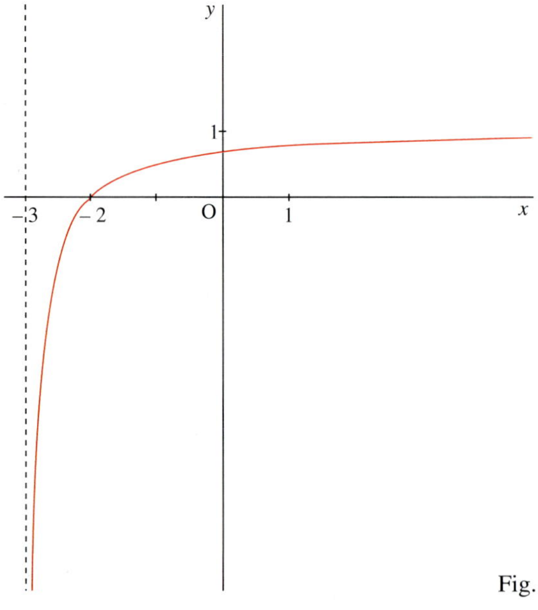


*f* est définie sur $I = ]-3\,;+\infty[$

$\lim_{x \to -3} f(x) = \ldots$

$\lim_{x \to +\infty} f(x) = \ldots$

$\lim_{x \to -2} f(x) = \ldots$

Fig. 5

# INFORMATION

## 1. Langage des limites

### a Observation des fonctions carré et cube

Examinons par exemple le cas de la fonction *carré :*

| $x$ | 0 | 1 | 10 | 50 | 100 | 1 000 |
|---|---|---|---|---|---|---|
| $x^2$ | 0 | 1 | 100 | 2 500 | 10 000 | 1 000 000 |

Pour que $x^2 > 10\,000$, il suffit que $x > 100$ ;
pour que $x^2 > 10^6$, il suffit que $x > 1\,000$, etc.
On dit que $x^2$ a pour limite $+\infty$ quand $x$ tend vers $+\infty$, et on écrit :

$$\lim_{x \to +\infty} x^2 = +\infty.$$

L'observation des graphiques et des tableaux de valeurs conduit aux résultats suivants (admis en Terminale).

- $\lim\limits_{x \to +\infty} x^2 = +\infty.$

  $\lim\limits_{x \to -\infty} x^2 = +\infty.$

  $\lim\limits_{x \to a} x^2 = a^2.$

Par exemple :
$\lim\limits_{x \to 0} x^2 = 0$

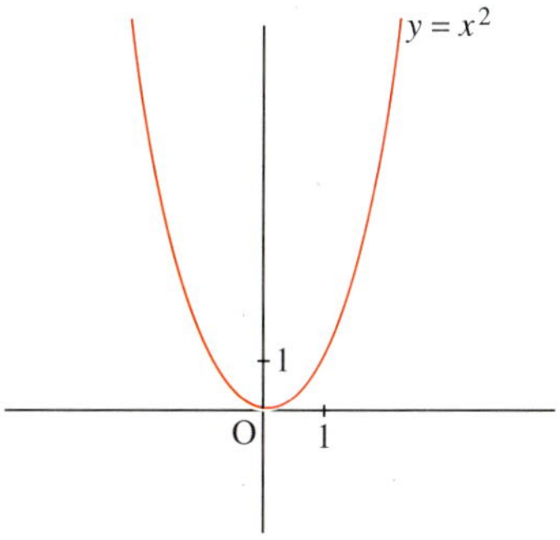


Fig. 6

- $\lim\limits_{x \to +\infty} x^3 = +\infty.$

  $\lim\limits_{x \to -\infty} x^3 = -\infty.$

  $\lim\limits_{x \to a} x^3 = a^3.$

Par exemple :
$\lim\limits_{x \to 0} x^3 = 0$

et

$\lim\limits_{x \to -1} x^3 = -1$

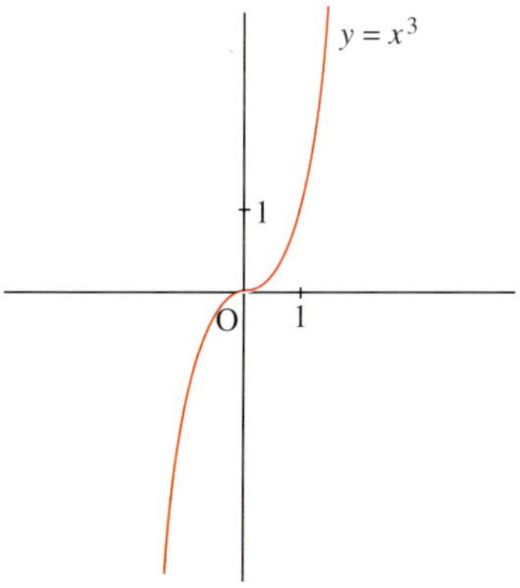


Fig. 7

## b Observation des fonctions f définies par $f(x) = \frac{1}{x^n}$

Nous n'envisageons ici que les cas $n = 1$ et $n = 2$.

Cas où $f$ est définie sur $]0\,;+\infty[$

- $\lim\limits_{x \to +\infty} \frac{1}{x} = 0.$

  $\lim\limits_{x \to 0} \frac{1}{x} = +\infty$ (car $x > 0$).

  Pour $a > 0$ : $\lim\limits_{x \to a} \frac{1}{x} = \frac{1}{a}.$

Exemple :

$\lim\limits_{x \to 1} \frac{1}{x} = 1$

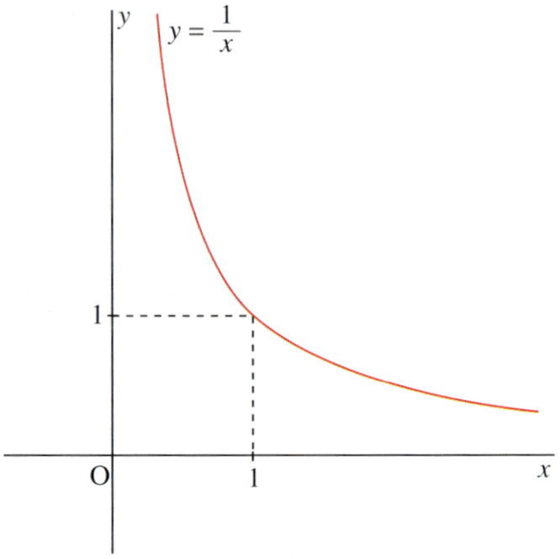


Fig. 8

- $\lim\limits_{x \to +\infty} \frac{1}{x^2} = 0.$

  $\lim\limits_{x \to 0} \frac{1}{x^2} = +\infty$ (car $x^2 > 0$).

  Pour $a > 0$ : $\lim\limits_{x \to a} \frac{1}{x^2} = \frac{1}{a^2}.$

Exemple :

$\lim\limits_{x \to 2} \frac{1}{x^2} = \frac{1}{4}$

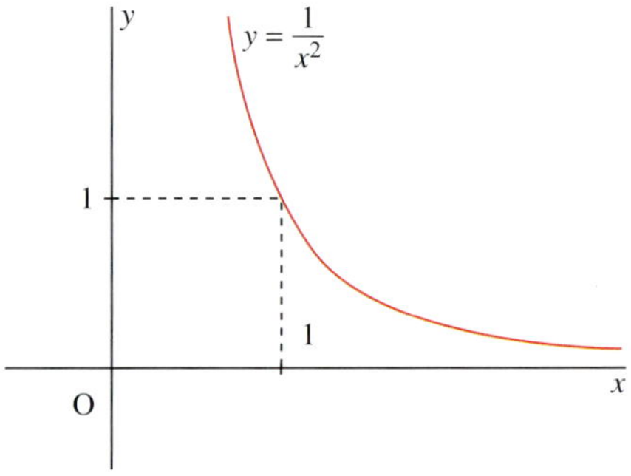


Fig. 9

Cas où $f$ est définie sur $]-\infty\,;0[$

- $\lim\limits_{x \to -\infty} \frac{1}{x} = 0.$

  $\lim\limits_{x \to 0} \frac{1}{x} = -\infty$ (car $x < 0$).

  Pour $a < 0$ : $\lim\limits_{x \to a} \frac{1}{x} = \frac{1}{a}.$

$\lim\limits_{x \to -2} \frac{1}{x} = -\frac{1}{2}$

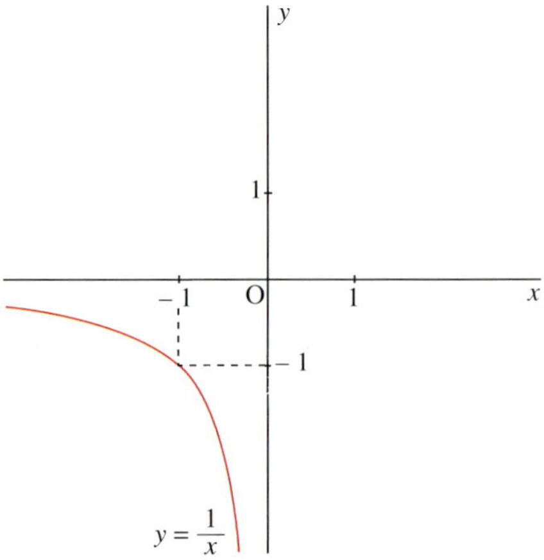


Fig. 10

Exemple : $\lim\limits_{x \to -2} \frac{1}{x^2} = \frac{1}{4}$

- $\lim\limits_{x \to -\infty} \frac{1}{x^2} = 0.$

  $\lim\limits_{x \to 0} \frac{1}{x^2} = +\infty$ (car $x^2 > 0$).

  Pour $a < 0$ : $\lim\limits_{x \to a} \frac{1}{x^2} = \frac{1}{a^2}$.

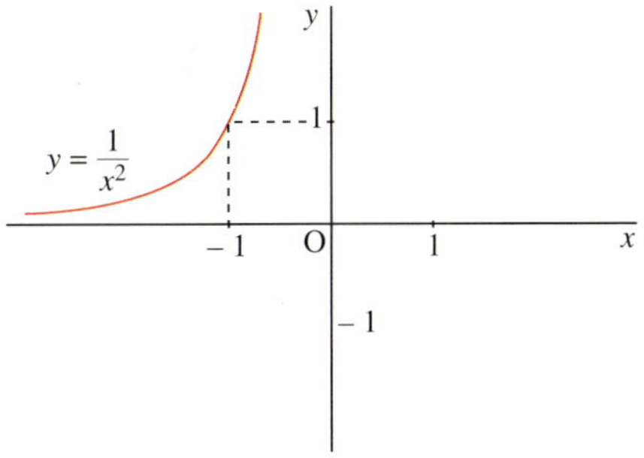


Fig. 11

## c Observation de la fonction racine carrée

L'ensemble de définition de la fonction $x \mapsto \sqrt{x}$ est $[0 ; +\infty[$.

| $x$ | 1 | 25 | 100 | 10 000 | $10^{20}$ | $10^{40}$ |
|---|---|---|---|---|---|---|
| $\sqrt{x}$ | 1 | 5 | 10 | 100 | $10^{10}$ | $10^{20}$ |

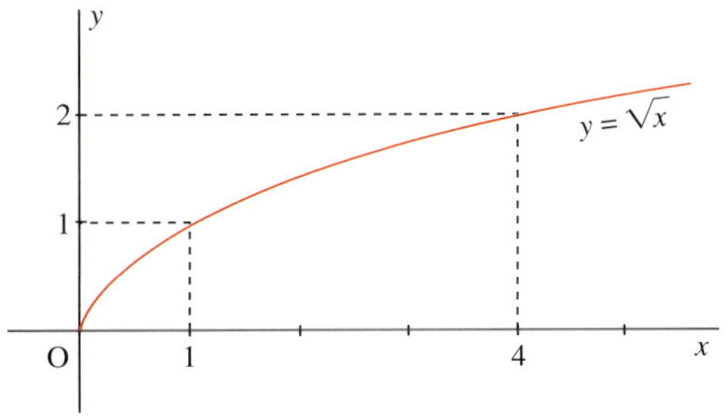


Fig. 12

L'observation de la représentation graphique et du tableau ci-dessus nous conduit à écrire :

$$\lim_{x \to +\infty} \sqrt{x} = +\infty.$$

On remarque que $\lim\limits_{x \to 0} \sqrt{x} = 0$.

On a également, pour $a \geqslant 0$, $\lim\limits_{x \to a} \sqrt{x} = \sqrt{a}$.

## d Limite en a d'une fonction

On note aussi $\lim\limits_{a} f = f(a)$.

> Soit $f$ une fonction définie et dérivable sur un intervalle I.
> Si $a \in$ I, alors $\lim\limits_{x \to a} f(x) = f(a)$.

EXEMPLE

Soit $f(x) = x^3 - 2x + 1$

$$\lim_{x \to 0} f(x) = f(0) = 1 \ ; \quad \lim_{x \to 1} f(x) = f(1) = 0.$$

# 2. Limites et opérations sur les fonctions

## a Étude d'un exemple

Considérons les fonctions $f$ et $g$ définies sur l'intervalle $]0\,;+\infty[$ par $f(x)=x^2$ et $g(x)=1+\frac{1}{x}$.

La fonction $f+g$ est définie sur $]0\,;+\infty[$ par $(f+g)(x)=x^2+1+\frac{1}{x}$.

La fonction $fg$ est définie sur $]0\,;+\infty[$ par $(fg)(x)=x^2\left(1+\frac{1}{x}\right)$.

On sait que $\lim\limits_{x\to+\infty}\frac{1}{x}=0$ ce qui conduit à penser que $\lim\limits_{x\to+\infty}\left(1+\frac{1}{x}\right)=1$ car si $\frac{1}{x}$ est proche de 0, alors $1+\frac{1}{x}$ est proche de 1.

Connaissant les limites des fonctions $f$ et $g$ quand $x$ tend vers $+\infty$, il est possible d'en déduire celles de $f+g$ et de $fg$ à l'aide des théorèmes sur les limites. Nous allons dresser maintenant une liste des principaux d'entre eux.

## b Somme de deux fonctions

Dans les tableaux qui suivent, $\alpha$ désigne $+\infty$, $-\infty$ ou un nombre $a$

l et $m$ sont deux nombres réels.

Ne pas essayer de retenir cette liste par cœur ! On peut retrouver tous ces résultats avec un peu de réflexion.

| HYPOTHÈSES | | CONCLUSIONS |
|---|---|---|
| $\lim\limits_{x\to\alpha} f(x)$ | $\lim\limits_{x\to\alpha} g(x)$ | $\lim\limits_{x\to\alpha} f(x)+g(x)$ |
| $l$ | $m$ | $l+m$ |
| $l$ | $+\infty$ | $+\infty$ |
| $l$ | $-\infty$ | $-\infty$ |
| $+\infty$ | $+\infty$ | $+\infty$ |
| $-\infty$ | $-\infty$ | $-\infty$ |
| $+\infty$ | $-\infty$ | Tout peut arriver |

Dans le dernier cas, on ne peut pas conclure directement.

EXEMPLE

Soit la fonction $h$ définie sur $\mathbb{R}$ par $h(x)=x^2+x$.

$\lim\limits_{x\to+\infty} x^2=+\infty$ et $\lim\limits_{x\to+\infty} x=+\infty$, donc $\lim\limits_{x\to+\infty} h(x)=+\infty$.

Par contre :

$\lim\limits_{x\to-\infty} x^2=+\infty$ et $\lim\limits_{x\to-\infty} x=-\infty$.

Une manière de trouver la limite dans un tel cas est indiquée dans le deuxième exemple du **c**.

Dans ce cas, on ne peut pas conclure directement : le calcul de la limite en $-\infty$ se présente *sous forme indéterminée*.

## c Produit de deux fonctions

| HYPOTHÈSES | | CONCLUSION |
|---|---|---|
| $\lim\limits_{x \to \alpha} f(x)$ | $\lim\limits_{x \to \alpha} g(x)$ | $\lim\limits_{x \to \alpha} f(x) \times g(x)$ |
| $l$ | $m$ | $lm$ |
| $l \neq 0$ | $+\infty$ | $+\infty$ si $l > 0$ |
| | | $-\infty$ si $l < 0$ |
| $l \neq 0$ | $-\infty$ | $-\infty$ si $l > 0$ |
| | | $+\infty$ si $l < 0$ |

| HYPOTHÈSES | | CONCLUSION |
|---|---|---|
| $\lim\limits_{x \to \alpha} f(x)$ | $\lim\limits_{x \to \alpha} g(x)$ | $\lim\limits_{x \to \alpha} f(x) \times g(x)$ |
| $+\infty$ | $+\infty$ | $+\infty$ |
| $+\infty$ | $-\infty$ | $-\infty$ |
| $-\infty$ | $-\infty$ | $+\infty$ |
| 0 | $+\infty$ | Tout peut arriver |
| 0 | $-\infty$ | |

Une fonction constante $x \mapsto a$ a toujours pour limite $a$.

EXEMPLES

1° $\lim\limits_{x \to +\infty} (3x^2) = +\infty$ car $\lim\limits_{x \to +\infty} x^2 = +\infty$ et d'autre part, la fonction constante $x \mapsto 3$ a pour limite 3 quand $x$ tend vers $+\infty$.

2° Reprenons l'exemple du *b*) : $h(x) = x^2 + x$.
Nous avons vu que la limite en $-\infty$ se présente sous forme indéterminée.
On écrit donc $h(x)$ autrement :

$$h(x) = x(x+1).$$

Cette fois, on peut conclure :

$$\left.\begin{array}{r} \lim\limits_{x \to -\infty} x = -\infty \\ \lim\limits_{x \to -\infty} (x+1) = -\infty \end{array}\right\} \text{ donc } \lim\limits_{x \to -\infty} x(x+1) = +\infty.$$

3° $\lim\limits_{x \to +\infty} \dfrac{1}{x^2} = 0$, car $\dfrac{1}{x^2} = \dfrac{1}{x} \times \dfrac{1}{x}$ et $\lim\limits_{x \to +\infty} \dfrac{1}{x} = 0$.

Plus généralement, si $n$ désigne un entier strictement positif :

$$\lim_{x \to +\infty} \frac{1}{x^n} = 0 \quad \text{et} \quad \lim_{x \to -\infty} \frac{1}{x^n} = 0.$$

$\lim\limits_{x \to +\infty} \dfrac{1}{x^3} = 0.$

## d Inverse et quotient

| HYPOTHÈSE | CONCLUSION |
|---|---|
| $\lim\limits_{x \to \alpha} f(x)$ | $\lim\limits_{x \to \alpha} \dfrac{1}{f(x)}$ |
| $l \neq 0$ | $\dfrac{1}{l}$ |
| $+\infty$ | 0 |
| $-\infty$ | 0 |
| 0 avec $f(x) > 0$ | $+\infty$ |
| 0 avec $f(x) < 0$ | $-\infty$ |

EXEMPLE

Soit la fonction $f$ définie sur $]3\,;+\infty[$ par $f(x)=\dfrac{1}{x-3}$.

Pour $x\in\,]3\,;+\infty[$, on a : $\lim\limits_{x\to 3}(x-3)=0$ avec $x-3>0$; donc $\lim\limits_{x\to 3}\dfrac{1}{x-3}=+\infty$ et $\lim\limits_{x\to 3}f(x)=+\infty$.

**Cas du quotient :**

Le cas du quotient se ramène aux cas déjà connus du produit et de l'inverse car $\dfrac{f}{g}=f\times\dfrac{1}{g}$.

EXEMPLE

Soit la fonction $h$ définie sur $]-\infty;-4[$ par $h(x)=\dfrac{2x+5}{x+4}$.

On peut écrire : $h(x)=(2x+5)\times\dfrac{1}{x+4}$.

Cherchons la limite en $-\dfrac{5}{2}$ : $\lim\limits_{x\to -\frac{5}{2}}(2x+5)=0$ et $\lim\limits_{x\to -\frac{5}{2}}(x+4)=\dfrac{3}{2}$.

Donc $\lim\limits_{x\to -\frac{5}{2}}\dfrac{2x+5}{x+4}=0\times\dfrac{3}{2}=0.$

Cherchons la limite en $-4$ : d'une part, $\lim\limits_{x\to -4}(2x+5)=-3$.

D'autre part $\lim\limits_{x\to -4}(x+4)=0$ avec $x+4<0$ donc $\lim\limits_{x\to -4}\dfrac{1}{x+4}=-\infty$.

De $\begin{cases}\lim\limits_{x\to -4}(2x+5)=-3\\ \text{et } \lim\limits_{x\to -4}\dfrac{1}{x+4}=-\infty,\end{cases}$ on déduit $\lim\limits_{x\to -4}(2x-5)\times\dfrac{1}{x+4}=+\infty$.

D'où $\lim\limits_{x\to -4}f(x)=+\infty$.

## e Racine carrée

| HYPOTHÈSES | CONCLUSION |
|---|---|
| $\lim\limits_{x\to\alpha} f(x)$ | $\lim\limits_{x\to\alpha}\sqrt{f(x)}$ |
| $l$, avec $l>0$ | $\sqrt{l}$ |
| $+\infty$ | $+\infty$ |
| 0 avec $f(x)\geqslant 0$ | 0 |

Soit la fonction $f$ définie par $f(x)=\sqrt{2x+3}$ sur $\left]-\dfrac{3}{2}\,;+\infty\right[$.

$\lim\limits_{x\to+\infty}(2x+3)=+\infty$,

donc $\lim\limits_{x\to+\infty}f(x)=+\infty$.

$\lim\limits_{x\to\left(-\frac{3}{2}\right)}(2x+3)=0$ avec $2x+3\geqslant 0$,

donc $\lim\limits_{\left(-\frac{3}{2}\right)}f=0$.

# 3. Recherche pratique d'une limite

Une fonction rationnelle est une fonction quotient de deux polynômes.

EXEMPLE : $f(x) = \dfrac{2x-1}{x^2+3}$.

Nous étudions maintenant le cas des fonctions polynômes et rationnelles.

## a Limite en une valeur a appartenant à l'ensemble de définition

On désigne par $f$ une fonction polynôme ou rationnelle, et par $D_f$ son ensemble de définition. Soit $a \in D_f$.
Les théorèmes sur les limites permettent d'affirmer que

« Si $f(a)$ existe, la limite de $f$ en $a$ est $f(a)$. ».

$$\lim_a f = f(a).$$

## b Limites d'une fonction polynôme

**EXERCICE RÉSOLU**

**Soit la fonction polynôme $f$ définie sur $\mathbb{R}$ par $f(x) = x^3 + 2x^2 - 5$.**
**Calculer la limite de $f$ en 1 et en $+\infty$.**

- $\lim\limits_{x \to 1} f(x) = f(1) = -2.$
- $\lim\limits_{x \to +\infty} x^3 = +\infty$ et $\lim\limits_{x \to +\infty} (2x^2 - 5) = +\infty$ donc $\lim\limits_{x \to +\infty} f(x) = +\infty.$

## c Limite d'une fonction rationnelle

**EXERCICE RÉSOLU**

**Soit la fonction $f$ définie sur $]2\,;+\infty[$ par $f(x) = \dfrac{3x^2+2x-1}{2x-4}$.**

**Étudier sa limite quand $x$ tend vers 2.**

On écrit $f(x)$ sous forme de produit : $f(x) = (3x^2 + 2x - 1) \times \dfrac{1}{2x-4}$.

$$\left.\begin{array}{l} \lim\limits_{x \to 2} (3x^2 + 2x - 1) = 3 \times 4 + 2 \times 2 - 1 = 15 \\ \lim\limits_{x \to 2} (2x - 4) = 0 \quad \text{avec} \quad 2x - 4 > 0 \quad \text{donc} \quad \lim\limits_{x \to 2} \dfrac{1}{2x-4} = +\infty \end{array}\right\}$$

d'où $\lim\limits_{x \to 2} f(x) = +\infty.$

# 4. Asymptotes

## a Asymptote parallèle à l'axe des abscisses

EXEMPLE

Soit $f$ la fonction définie sur $]0\,;+\infty[$ par $f(x) = 1 + \dfrac{1}{x}$.

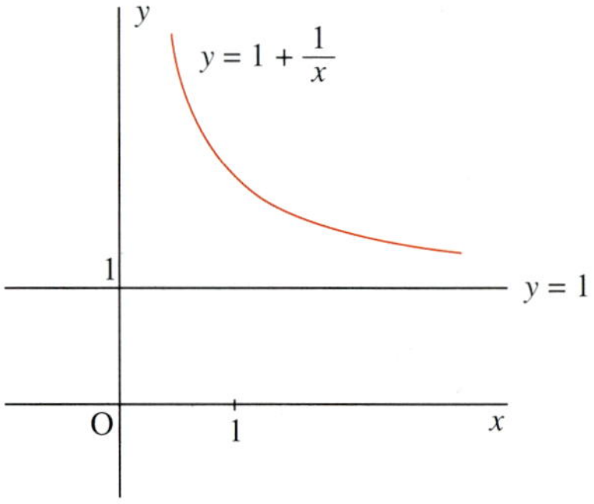


Fig. 13

**Tableau de valeurs**

| $x$ | 1 | 10 | $10^3$ | $10^5$ |
|---|---|---|---|---|
| $f(x)$ | 2 | 1,1 | 1,001 | 1,000 01 |

On a $\lim\limits_{x \to +\infty} \dfrac{1}{x} = 0$ donc $\lim\limits_{x \to +\infty} f(x) = 1$.

On remarque que, lorsque $x$ tend vers $+\infty$, la courbe $\mathscr{C}_f$ de $f$ se rapproche de la droite D d'équation $y = 1$.

On dit que la droite d'équation $y = 1$ est asymptote horizontale à la courbe représentative de $f$.

> ***Définition***
> **On dit que la droite d'équation $y = a$ est asymptote à la courbe représentative de $f$ si $\lim\limits_{x \to +\infty} f(x) = a$ ou $\lim\limits_{x \to -\infty} f(x) = a$.**

## b Asymptote parallèle à l'axe des ordonnées

EXEMPLE

Soit la fonction $f$ définie sur $]-\infty\,;3[$ par $f(x) = 1 + \dfrac{2}{x-3}$.

Elle n'est pas définie pour $x = 3$. De plus : $\lim\limits_{x \to 3} f(x) = -\infty$.

On dit que la courbe représentative de $f$ est asymptote à la droite d'équation $x = 3$

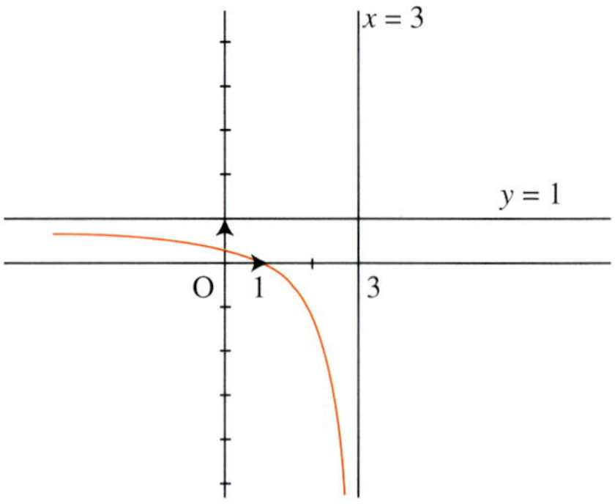


Fig. 14

> ***Définition***
> **On dit que la droite d'équation $x = a$ est asymptote à la courbe représentative de $f$ si $\lim\limits_{x \to a} f(x) = +\infty$ ou si $\lim\limits_{x \to a} f(x) = -\infty$.**

# TRAVAUX PRATIQUES

T.P. 1

## Étude d'une fonction

Soit $f$ la fonction définie sur $]-\infty\,;\,1[$ par $f(x) = \dfrac{4x}{(x-1)^2}$.

1° *Calculer la dérivée* f′ *de* f *et vérifier que* $f'(x) = \dfrac{4(x-1)(-x-1)}{(x-1)^4}$.

2° *Étudier le signe de* f′(x) *et dresser le tableau de variation de* f.
Pour étudier le signe de $(x-1)(-x-1)$, on peut soit dresser un tableau de signes soit utiliser la règle sur le signe d'un trinôme.

3° *Calculer les limites de* f *en* 1, *puis en* $-\infty$, *et compléter le tableau de variation de* f.
*En déduire les asymptotes à la courbe représentative* $\mathscr{C}$ *de* f.

4° *Tracer* $\mathscr{C}$ *et ses asymptotes.*

T.P. 2

## Amortissement

Une entreprise lance sur le marché un nouvel article qu'elle compte produire en grande quantité.
Les frais fixes de fabrication s'élèvent à 100 000 francs et la production de chaque article coûte 8 francs supplémentaires.

1° *Compléter le tableau :*

| $q$ | 5 000 | 10 000 | 20 000 |
|---|---|---|---|
| Prix de revient de $q$ articles | | | |
| Prix de revient unitaire pour $q$ articles produits | | | |

2° *Déterminer le prix de revient de chaque article en fonction de la quantité* q *produite. Soit* r(q) *ce prix de revient.*
*Comment varie* r(q) *lorsque* q *augmente ?*
*Construire la représentation graphique* $\mathscr{C}$ *de la fonction* $q \mapsto r(q)$, *pour* $q \geqslant 10\,000$.

3° Pour des raisons de concurrence, chaque article ne peut être vendu plus de 10 francs.
*Combien d'articles faut-il produire pour amortir les investissements ?*
*À partir de quelle production le prix de revient serait-il inférieur à* 8,20 francs ?

4° *Compléter le graphique en traçant la droite d'équation* $y = 8$. *La courbe coupe-t-elle cette droite ?*

## T.P. 3 Asymptote oblique

***Objectif :*** découvrir la notion d'asymptote oblique.

Soit $f$ la fonction définie sur $]-1 ; +\infty[$ par $f(x) = \dfrac{x^2+3}{x+1}$.

On note $\mathscr{C}$ la courbe représentative de $f$ dans un repère $(O, \vec{\imath}, \vec{\jmath})$.

1° *Vérifier que, pour tout* $x \in\ ]-1 ; +\infty[$, $f(x) = x - 1 + \dfrac{4}{x+1}$.

2° *Calculer la dérivée* $f'$ *de* $f$ *et vérifier que* $f'(x) = \dfrac{(x-1)(x+3)}{(x+1)^2}$.

3° *Étudier le signe de* $f'(x)$ *et dresser le tableau de variation de* $f$.

4° *Calculer la limite de* $f$ *en* $(-1)$.
*En déduire une asymptote à* $\mathscr{C}$.

5° *Tracer* $\mathscr{C}$ *et la droite d'équation* $x = -1$.

6° *a) Compléter le tableau suivant :*

| $x$ | 10 | $10^3$ | $10^5$ | $10^{10}$ |
|---|---|---|---|---|
| $f(x) - (x - 1)$ | | | | |

*b) Calculer* $\lim\limits_{x \to +\infty} [f(x) - (x - 1]$.

*c) Interpréter graphiquement les résultats de a) et b).*
On dit que la droite d'équation $y = x - 1$ est une asymptote oblique à $\mathscr{C}$.
*Tracer cette droite.*

# EXERCICES ET PROBLÈMES

| **POUR SAVOIR FAIRE** Objectifs à atteindre | Exercices appropriés |
|---|---|
| Calculer la limite en *a* d'une fonction définie en *a* | 1 à 3 |
| Calculer les limites en $+\infty$ et en $-\infty$ de fonctions polynômes et rationnelles | 4 à 13 |
| Calculer les limites d'une fonction rationnelle aux bornes de son ensemble de définition | 14 à 19 |
| Limites d'une racine carrée | 20 à 23 |
| Déceler une contradiction dans un tableau de variation | 24 à 28 |
| Trouver les équations des asymptotes à une courbe :<br>– à partir du tableau de variation<br>– par lecture graphique<br>– à partir de l'expression de $f(x)$ | <br><br>29 à 31<br>32 à 34<br>35 à 37 |

| **POUR CHERCHER** Sujets abordés | Exercices appropriés |
|---|---|
| Fonctions polynômes | 38 à 41 |
| Asymptotes parallèles aux axes | 42 à 45 |
| Asymptotes obliques | 46 à 51 |
| Problèmes en rapport avec l'économie | 52 à 55 |
| | |

## POUR SAVOIR FAIRE

### Limite en *a* de *f* avec *f* définie en *a*

*Pour les exercices **1** à **3**, calculer la limite de* f *en* a.

**1** $f(x) = x^2 - 3x + 1$ ; $a = -5$ ; $a = 0$ ; $a = 1$.

**2** $f(x) = \dfrac{x-1}{x+1}$ ; $a = 1$ ; $a = 0$.

**3** $f(x) = \dfrac{x^3 - 2x + 3}{x^2 - 1}$ ; $a = -2$ ; $a = 0$.

### Limite de fonctions polynômes et de fonctions rationnelles

*Pour les exercices **4** à **13**, calculer la limite de* f *en* $+\infty$ *et en* $-\infty$.

**4** *a)* $f(x) = 2x^2$. *b)* $f(x) = \dfrac{1}{2x^2}$.

**5** *a)* $f(x) = -2x^3$. *b)* $f(x) = -\dfrac{1}{2x^3}$.

**6** *a)* $f(x) = -\dfrac{1}{3}x^2$. *b)* $f(x) = \dfrac{-3}{x^2}$.

**7** *a)* $f(x) = 3 + \dfrac{12}{x^2}$. *b)* $f(x) = 2x - \dfrac{3}{x^2}$.

**8** *a)* $f(x) = 2 + \dfrac{1}{x} - \dfrac{4}{x^2}$.

*b)* $f(x) = x - \dfrac{2}{x} + \dfrac{3}{x^2}$. *c)* $f(x) = \dfrac{3}{2} + \dfrac{1\,000}{x}$.

**9** *a)* $f(x) = x^2 + 3 + \dfrac{1}{x}$.

*b)* $f(x) = x - 5 - \dfrac{1}{x}$.

**10** *a)* $f(x) = 2 + \dfrac{1}{x}$.

*b)* $f(x) = 3 + \dfrac{1}{x} - \dfrac{4}{x^2}$.

**11** *a)* $f(x) = 2x(x-7)$.

*b)* $f(x) = -\dfrac{5}{x}$.

**12** *a)* $f(x) = \dfrac{x}{2}(3 - x^2)$.

*b)* $f(x) = x\left(3 - \dfrac{5}{x}\right)$.

**13** *a)* $f(x) = (x+3)\left(\dfrac{5}{x} + 2\right)$

*b)* $f(x) = x(x-5) + 9$.

**14** $f$ est définie sur l'intervalle $]5\,;+\infty[$ par $f(x) = \dfrac{1}{x-5}$.

Indiquer le signe de $x - 5$ sur cet intervalle puis calculer la limite de $f$ en 5 et en $+\infty$.

**15** $f$ est définie sur l'intervalle $]-\infty; -1[$ par $f(x) = \dfrac{1}{x+1}$.

Indiquer le signe de $x + 1$ sur cet intervalle puis calculer la limite de $f$ en $-1$ et en $+\infty$.

**16** $f$ est définie sur l'intervalle $]1\,;+\infty[$ par $f(x) = \dfrac{-2}{x-1} + 3$.

Indiquer le signe de $(x - 1)$ sur cet intervalle puis calculer la limite de $f$ en 1 et en $+\infty$.

**17** $f$ est définie sur l'intervalle $]3\,;+\infty[$ par $f(x) = \dfrac{-1}{-x+3}$.

Indiquer le signe de $(-x + 3)$ sur cet intervalle puis calculer la limite de $f$ en 3 et en $+\infty$.

**18** $f$ est définie sur l'intervalle $]-\infty; 5[$ par $f(x) = \dfrac{-2}{(x-5)^2}$.

Calculer la limite de $f$ en $-\infty$ et en 5.

**19** $f$ est définie sur $]-\infty; -3[$ par $f(x) = 1 + \dfrac{2}{x+3}$.

Calculer la limite de $f$ en $-\infty$ et en $-3$.

## Limite d'une racine carrée

*Pour les exercices **20** à **23**, déterminer la limite de f en $\alpha$.*

**20** $f(x) = 1 + \sqrt{x}$; $\alpha = 0$, $\alpha = +\infty$, $\alpha = 9$.

**21** $f(x) = \dfrac{-3}{\sqrt{x}}$; $\alpha = 0$, $\alpha = +\infty$, $\alpha = 9$.

**22** $f(x) = \sqrt{2x+1}$ ; $\alpha = +\infty$, $\alpha = \dfrac{1}{2}$.

**23** $f(x) = \dfrac{2}{\sqrt{3-x}}$ ; $\alpha = -\infty$, $\alpha = 3$.

## Cherchez la contradiction

*Pour les exercices **24** à **28**, le tableau de variation comporte peut-être des contradictions. Le cas échéant, les détecter.*

**24**

| $x$ | 0 | | 2 | | $+\infty$ |
|---|---|---|---|---|---|
| $f'(x)$ | ‖ | + | 0 | – | |
| $f(x)$ | ‖ $+\infty$ | ↗ | 1 | ↘ | 3 |

**25**

| $x$ | $-\infty$ | | $-2$ | | 0 |
|---|---|---|---|---|---|
| $f'(x)$ | | – | 0 | + | |
| $f(x)$ | 5 | ↘ | 0 | ↗ | $+\infty$ |

**26**

| $x$ | $-3$ | | 0 | | 5 | | $+\infty$ |
|---|---|---|---|---|---|---|---|
| $f'(x)$ | ‖ | + | 0 | + | 0 | – | |
| $f(x)$ | ‖ $-1$ | ↗ | | | 3 | ↘ | $+\infty$ |

*Pour les exercices **27** et **28**, il existe peut-être des contradictions entre le tableau de variation de f et sa représentation graphique. Le cas échéant, les détecter et corriger le tableau de variation.*

**27**

| $x$ | $-\infty$ | | 1 | | 2 |
|---|---|---|---|---|---|
| $f'(x)$ | | + | 0 | – | ‖ |
| $f(x)$ | 0 | ↗ | 3 | ↘ | 0 ‖ |

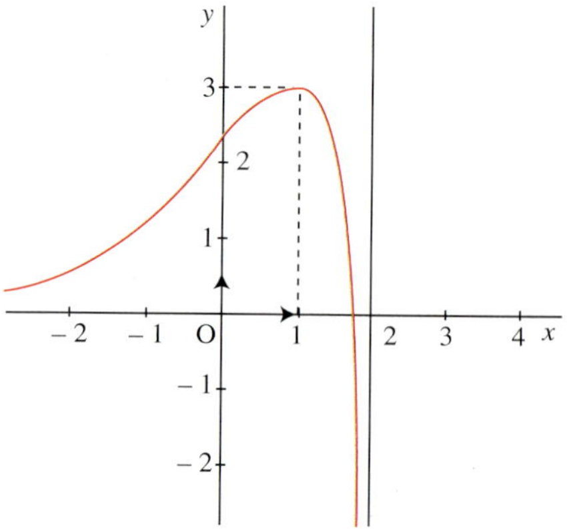

Fig. 15

**28**

| $x$ | $-2$ | | $1$ | | $+\infty$ |
|---|---|---|---|---|---|
| $f'(x)$ | \|\| | $-$ | $0$ | $+$ | |
| $f(x)$ | \|\| $-2$ | ↘ | $-3$ | ↗ | $1$ |

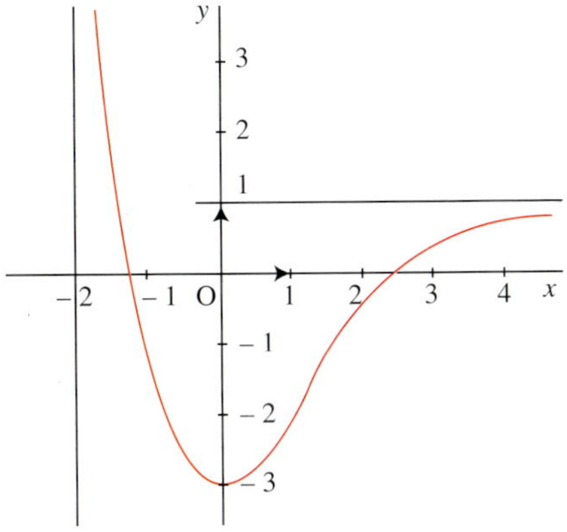


Fig. 16

## Asymptotes

*Pour les exercices **29** à **31**, on ne connaît rien d'autre de la fonction* f *que son tableau de variation. Donner une équation des asymptotes parallèles aux axes de coordonnées et tracer une esquisse de la représentation graphique de* f.

**29**

| $x$ | $-2$ | | $1$ | | $+\infty$ |
|---|---|---|---|---|---|
| $f'(x)$ | \|\| | $+$ | $0$ | $-$ | |
| $f(x)$ | \|\| $-\infty$ | ↗ | $2$ | ↘ | $1$ |

**30**

| $x$ | $-8$ | | $3$ | | $+\infty$ |
|---|---|---|---|---|---|
| $f'(x)$ | \|\| | $-$ | $0$ | $+$ | |
| $f(x)$ | \|\| $+\infty$ | ↘ | $-3$ | ↗ | $2$ |

**31**

| $x$ | $-2$ | | $5$ |
|---|---|---|---|
| $f'(x)$ | $0$ | $+$ | \|\| |
| $f(x)$ | $0$ | ↗ | $+\infty$ \|\| |

*Pour les exercices **32** à **34**, on connaît la représentation graphique de la fonction* f. *Donner un tableau de variation possible pour* f*, complété des limites de* f *aux bornes de son intervalle de définition* I.

**32** $I = ]-1\,;2[$.

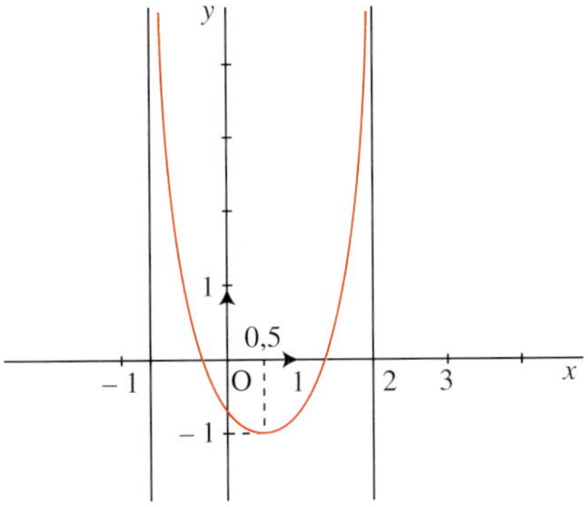


Fig. 17

**33** $I = ]3\,;+\infty[$.

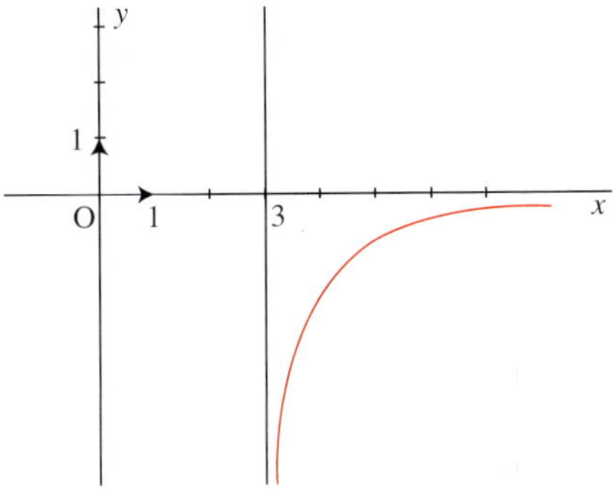


Fig. 18

**34** $I = \mathbb{R}$.

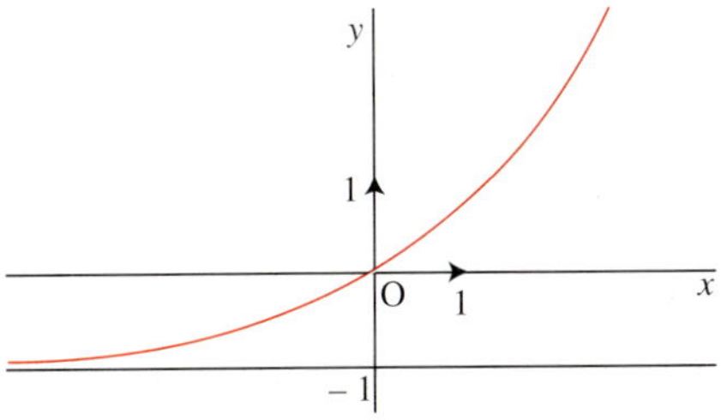


Fig. 19

*Pour les exercices **35** à **37**, donner des équations des asymptotes à la courbe représentative de la fonction* f *définie sur l'intervalle* I.

**35** *a)* $f : x \mapsto \dfrac{3}{x-5}$ ; $\quad I = ]5\,;+\infty[$.

*b)* $f : x \mapsto 1 - \dfrac{5}{x+2}$ ; $\quad I = ]-\infty\,;-2[$.

**36** a) $f : x \mapsto \dfrac{3}{x+2}$ ; $I = ]-\infty ; -2[$.

b) $f : x \mapsto -2 + \dfrac{1}{2x}$ ; $I = ]0 ; +\infty[$.

**37** a) $f : x \mapsto \dfrac{1}{x-1} + 3$ ; $I = ]1 ; +\infty[$.

b) $f : x \mapsto \dfrac{-3}{2} - \dfrac{2}{x+3}$ ; $I = ]-\infty ; -3[$.

## RÉSULTATS DES EXERCICES DONT LE NUMÉRO EST EN COULEUR

**1.** $\lim\limits_{x \to -5} f(x) = f(-5) = 41$.

$\lim\limits_{x \to 0} f(x) = f(0) = 1$.

$\lim\limits_{x \to 1} f(x) = -1$.

**4.** a) $\lim\limits_{x \to +\infty} f(x) = +\infty$ $\lim\limits_{x \to -\infty} f(x) = +\infty$.

b) $\lim\limits_{x \to +\infty} f(x) = 0$ $\lim\limits_{x \to -\infty} f(x) = 0$.

**6.** a) $\lim\limits_{x \to +\infty} f(x) = -\infty$ $\lim\limits_{x \to -\infty} f(x) = -\infty$.

b) $\lim\limits_{x \to +\infty} f(x) = 0$ $\lim\limits_{x \to -\infty} f(x) = 0$.

**8.** a) $\lim\limits_{x \to +\infty} f(x) = 2$ $\lim\limits_{x \to -\infty} f(x) = 2$.

b) $\lim\limits_{x \to +\infty} f(x) = +\infty$ $\lim\limits_{x \to -\infty} f(x) = -\infty$.

**11.** a) $\lim\limits_{x \to +\infty} f(x) = +\infty$ $\lim\limits_{x \to -\infty} f(x) = +\infty$.

b) $\lim\limits_{x \to +\infty} f(x) = 0$ $\lim\limits_{x \to -\infty} f(x) = 0$.

**14.** Pour $x \in ]5 ; +\infty[$, $x - 5 > 0$, donc $\lim\limits_{x \to 5} \dfrac{1}{x-5} = +\infty$.

**16.** $\lim\limits_{x \to 1} x - 1 = 0$ avec $x - 1 > 0$ donc

$\lim\limits_{x \to 1} \dfrac{-2}{x-1} = -\infty$ et donc $\lim\limits_{x \to 1} f(x) = -\infty$.

D'autre part $\lim\limits_{x \to +\infty} f(x) = 3$.

**18.** $\lim\limits_{x \to -\infty} f(x) = 0$ $\lim\limits_{x \to 5} f(x) = -\infty$.

**20.** $\lim\limits_{x \to 0} f(x) = 1$ $\lim\limits_{x \to +\infty} f(x) = +\infty$ $\lim\limits_{x \to 9} f(x) = 4$.

**24.** Sur $]0 ; 2]$, $f$ est croissante donc on ne peut avoir : $\lim\limits_{x \to 0} f(x) = +\infty$. $f$ est décroissante sur $[2 ; +\infty[$ donc $\lim\limits_{x \to +\infty} f(x)$ ne peut être supérieure à 1.

**27.** Sur le graphique on n'a pas $\lim\limits_{x \to 2} f(x) = 0$, ce qui est contraire au tableau de variation.

**29.** Équations des asymptotes : $x = -2$, $y = 1$.
On trace d'abord ces droites, puis on place le sommet S(1 ; 2) et on trace la courbe en tenant compte du sens de variation et des limites :

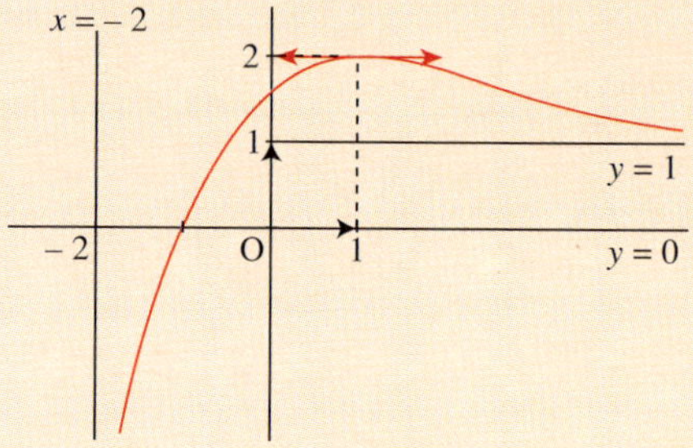


Fig. 20

**32.**

| $x$ | $-1$ | | $0{,}5$ | | $2$ |
|---|---|---|---|---|---|
| $f'(x)$ | ‖ | $-$ | $0$ | $+$ | ‖ |
| $f(x)$ | ‖ $+\infty$ | ↘ | $-1$ | ↗ | $+\infty$ ‖ |

Sur la 1re ligne, mettre les valeurs de $x$ pour lesquelles « il se passe quelque chose ».
Ensuite, tracer les doubles barres correspondant aux asymptotes verticales, puis placer les flèches indiquant le sens de variation. Écrire les limites et le signe de $f'(x)$.

**35.** a) $\lim\limits_{5} f = +\infty$. On a donc une asymptote verticale d'équation $x = 5$.
$\lim\limits_{x \to +\infty} f(x) = 0$, d'où une asymptote horizontale d'équation $y = 0$.
b) $\lim\limits_{x \to -2} f(x) = +\infty$. On a donc une asymptote d'équation $x = -2$.
$\lim\limits_{x \to -\infty} \dfrac{-5}{x+2} = 0$, donc $\lim\limits_{x \to -\infty} f(x) = 1$.
On a donc une asymptote d'équation $y = 1$.

**37.** a) $x = 1$, $y = 3$. b) $x = -3$, $y = \dfrac{-3}{2}$.

## POUR CHERCHER

### Fonctions polynômes

**38** Soit la fonction $f$ définie sur $\mathbb{R}$ par $f(x) = -2x^2 + 8x - 6$.

1° Mettre $x$ en facteur et en déduire la limite de $f$ en $+\infty$ et en $-\infty$.

2° Calculer la dérivée $f'$ de $f$ et étudier son signe.

3° Dresser le tableau de variation de $f$ complété des limites en $+\infty$ et $-\infty$.

4° Tracer la représentation graphique de $f$ dans un repère $(O, \vec{\imath}, \vec{\jmath})$.

**39** Même énoncé que l'exercice **38** avec $f(x) = x^3 - 2x^2$.
*Indication :* Pour le **1°**, mettre $x^2$ en facteur.

**40** Même énoncé que l'exercice **38** avec $f(x) = x^4 - x^2$.

**41** Même énoncé que l'exercice **38** avec $f(x) = \dfrac{2}{3} + x - \dfrac{x^3}{3}$.

*Indication :* Pour le **1°**, mettre $x$ en facteur.

### Fonctions rationnelles

**Asymptotes parallèles aux axes**

**42** Soit la fonction $f$ définie sur l'intervalle $]-3\,;+\infty[$ par $f(x) = \dfrac{2x-1}{x+3}$.

1° Vérifier que, pour $x \in\ ]-3\,;+\infty[$, on a $f(x) = 2 - \dfrac{7}{x+3}$.

Utiliser cette nouvelle expression pour calculer la limite de $f$ en $-3$ et en $+\infty$. En déduire les équations des deux asymptotes à la courbe $\mathscr{C}$ représentative de $f$.

2° Calculer $f'(x)$ et étudier son signe. Dresser le tableau de variation de $f$ complété des limites en $-3$ et en $+\infty$.

3° Tracer $\mathscr{C}$ et les deux asymptotes.

4° Déterminer les coordonnées des points d'intersection de $\mathscr{C}$ avec les axes de coordonnées et déterminer une équation des tangentes à $\mathscr{C}$ en ces points. Tracer ces tangentes.

**43** Soit la fonction $f$ définie sur l'intervalle $]0\,;+\infty[$ par $f(x) = \dfrac{x-2}{x^2}$. On note $\mathscr{C}$ la courbe représentative de $f$ dans un repère $(O, \vec{\imath}, \vec{\jmath})$.

1° Déterminer la limite de $f$ en 0 ; en déduire l'existence d'une asymptote verticale à $\mathscr{C}$.

2° Vérifier, que pour $x \in\ ]0\,;+\infty[$, on a $f(x) = \dfrac{1}{x} - \dfrac{2}{x^2}$.

En déduire la limite de $f$ en $+\infty$ et l'existence d'une asymptote horizontale à $\mathscr{C}$.

3° Calculer la dérivée $f'$ de $f$ et vérifier que $f'(x) = \dfrac{(-x+4)x}{x^4}$.

Étudier le signe de $f'(x)$ et dresser le tableau de variation de $f$ complété des limites en 0 et en $+\infty$.

4° Tracer les deux asymptotes et la courbe $\mathscr{C}$.

**44** Soit la fonction $f$ définie sur l'intervalle $[0\,;1[$ par $f(x) = \dfrac{2x}{x^2-1}$. On note $\mathscr{C}$ la courbe représentative de $f$ dans un repère $(O, \vec{\imath}, \vec{\jmath})$ (unités graphiques : 10 cm en abscisse et 1 cm en ordonnée).

1° Calculer la limite de $f$ en 0.

2° En remarquant que $f(x) = \dfrac{2x}{x+1} \times \dfrac{1}{x-1}$, calculer la limite de $f$ en 1. En déduire l'existence d'une asymptote verticale à $\mathscr{C}$.

3° Calculer la dérivée $f'$ de $f$ et étudier son signe.
Dresser le tableau de variation de $f$.

4° Tracer $\mathscr{C}$ et son asymptote.

5° Écrire une équation de la tangente à $\mathscr{C}$ au point $A\left(\dfrac{1}{2}\,;f\left(\dfrac{1}{2}\right)\right)$, et tracer cette tangente.

**45** Soit la fonction $f$ définie sur $]2\,;+\infty[$ par $f(x) = \dfrac{3}{(x-2)^2}$.

*a)* Étudier la fonction $f$ (dérivée, limites en 2 et en $+\infty$, tableau de variation).

*b)* Trouver une équation de la tangente en $A\left(4\,;\dfrac{3}{4}\right)$ à la courbe $\mathscr{C}$ représentant $f$.

*c)* Tracer la courbe $\mathscr{C}$, avec la tangente en A.

### Fonctions rationnelles

**Asymptote oblique**

> Soit $f$ la fonction définie par $f(x) = ax + b + g(x)$.
> Si $\lim\limits_{x \to +\infty} g(x) = 0$ ou si $\lim\limits_{x \to -\infty} g(x) = 0$, alors on dit que la droite d'équation $y = ax + b$ est asymptote à la courbe représentative de $f$.
> (Voir T.P.3).

*Pour les exercices **46** à **48**, on considère la fonction* f *définie sur* I*, sa courbe représentative* $\mathscr{C}$*, et la fonction affine* g.

1° *Étudier les limites de* f *aux bornes de* I.

2° *Étudier la limite en* $+\infty$ *de la fonction* f − g. *En déduire que la droite d'équation* y = g(x) *est asymptote à* $\mathscr{C}$.

3° *Étudier les variations de* f *et tracer* $\mathscr{C}$.

**46** $f(x) = -x + 3 - \dfrac{4}{x}$ ; $g(x) = -x + 3$ ; $I = ]0 ; +\infty[$.

Pour le 3° vérifier que $f'(x) = \dfrac{(2-x)(2+x)}{x^2}$.

**47** $f(x) = x + \dfrac{1}{1+x}$ ; $g(x) = x$ ; $I = ]-1 ; +\infty[$.

Pour le 3° vérifier que $f'(x) = \dfrac{x(x+2)}{(x+1)^2}$.

**48** $f(x) = x + 3 - \dfrac{1}{2x}$ ; $g(x) = x + 3$ ; $I = ]3 ; +\infty[$.

**49** La fonction $f$ est définie sur $I = ]2 ; +\infty[$ par

$f(x) = 2x - 3 + \dfrac{8}{x-2}$. Sa courbe représentative $\mathscr{C}$ est donnée ci-dessous. On reproduira ce graphique sur la copie.

*a*) Montrer que la dérivée de $f$ est définie par

$f'(x) = \dfrac{2x(x-4)}{(x-2)^2}$.

*b*) Trouver la limite de $f$ en $+\infty$ ; en 2.

*c*) Calculer $\lim\limits_{x \to +\infty} \dfrac{8}{x-2}$ et en déduire l'existence d'une asymptote oblique à la courbe $\mathscr{C}$. La tracer sur le graphique.

*d*) Donner le tableau de variation de $f$.

*e*) Montrer que $\mathscr{C}$ a une asymptote verticale et la tracer sur le graphique.

*f*) Déterminer une équation de la tangente T à $\mathscr{C}$ au point A (6 ; 11) et tracer cette tangente.

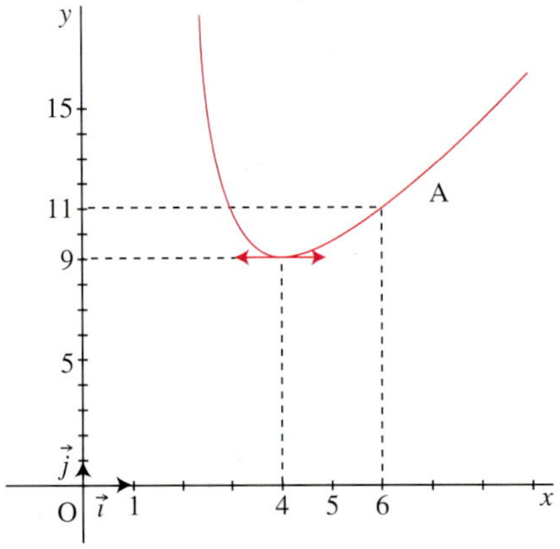


Fig. 21

**50** 1° Soit la fonction $f$ définie sur l'intervalle $]1 ; +\infty[$ par

$f(x) = \dfrac{x^2 - 7x + 10}{1 - x}$.

*a*) Montrer que, pour tout réel x strictement supérieur à 1 :

$f(x) = 6 - x + \dfrac{4}{1-x}$.

*b*) Quelle est la limite de la différence entre $f(x)$ et $6 - x$ quand $x$ tend vers $+\infty$ ? Interprétation graphique ?

*c*) Calculer la limite de $f$ en 1 et en $+\infty$.

*d*) Calculer la dérivée $f'$ de $f$ et vérifier que

$f'(x) = \dfrac{(x+1)(3-x)}{(1-x)^2}$.

Étudier le signe de $f'(x)$et dresser le tableau de variation de $f$.

*e*) Dans un repère orthonormé (unité : 1 cm) tracer la courbe (H) de la fonction $f$ et ses asymptotes.

2° Soit la fonction $g$ définie sur $\mathbb{R}$ par :

$g(x) = \dfrac{x^2}{2} - \dfrac{3x}{2} + 1$.

*a*) Étudier le sens de variation de la fonction $g$.

*b*) Tracer sa courbe représentative (P) dans le même repère que (H).

3° Déterminer graphiquement les points d'intersection de (H) et (P).

4° À l'aide du graphique, résoudre l'inéquation

$f(x) \geqslant g(x)$.

**51** Soit la fonction $f$ définie sur $[0 ; +\infty[$ par

$f(x) = \dfrac{x^2 - 5x - 2}{x + 1}$.

1° Vérifier que pour tout $x \in [0 ; +\infty[$

$f(x) = x - 6 + \dfrac{4}{x+1}$.

2° Calculer la limite de $\dfrac{4}{x+1}$ en $+\infty$ et en déduire l'existence d'une asymptote oblique pour la courbe $\mathscr{C}$ représentative de $f$.

3° Calculer $f'(x)$ et vérifier que $f'(x) = \dfrac{(x-1)(x+3)}{(x+1)^2}$.

Étudier le signe de $f'(x)$ et dresser le tableau de variation de $f$.

4° Trouver une équation de la tangente T à $\mathscr{C}$ au point A d'abscisse nulle.

5° Construire les droites D et T, et la courbe $\mathscr{C}$.

6° *a*) Démontrer que, pour tout $x$ de $\mathbb{R}^+$ :

$f(x) > x - 6$.

Comment se traduit graphiquement cette inégalité ?

*b*) Pour quelles valeurs de $x$ a-t-on

$f(x) - (x - 6) < \dfrac{1}{5}$ ?

**52** ***Les montres***

Une entreprise envisage la fabrication et le lancement d'un nouveau modèle de montre. Les frais fixes annuels (amortissement des sommes investies dans la recherche, l'achat des machines, etc.) sont estimés à 4 500 000 F. La fabrication de chaque montre supplémentaire devrait coûter 300 F (c'est le coût marginal).

*a*) On produit $x$ montres par an. Écrire le coût total de la fabrication de ces $x$ montres.

*b*) Exprimer en fonction de $x$ le coût moyen d'une montre. Étudier sur $\mathbb{R}^+$ la fonction $f$ obtenue et la représenter graphiquement.

Quelle est la signification pratique de la limite de $f$ en $+\infty$ ?

*c*) Pour des raisons de concurrence, le prix de revient unitaire ne doit pas excéder 500 F. Quel est le nombre minimal de montres qu'il faut fabriquer dans l'année pour atteindre cet objectif ?

**53** ***Coût d'utilisation d'une automobile***

La situation réelle étant fort complexe, nous avons dû adopter dans cet énoncé un certain nombre d'hypothèses simplificatrices.

*Frais fixes*

Nous supposons un prix d'achat de 80 000 F, amorti sur 8 ans, avec un prix de revente de 10 000 F, soit un coût de 8 750 F par an.

L'assurance du véhicule est estimée à 2 000 F par an.

Nous ne comptons pas de frais de garage.

*Frais dépendant de la distance parcourue*

Le prix de l'essence est 5 F le litre, la consommation moyenne de 8 ℓ aux 100 km. On ne compte pas les péages d'autoroute, ponts, parkings...

Les frais de réparation, d'entretien, de pneus, sont estimés à 0,3 F par kilomètre.

*a*) Calculer le prix de revient annuel de la voiture si on parcourt $x$ kilomètres dans l'année.

*b*) Calculer le prix de revient moyen $f(x)$ d'un kilomètre.

Que vaut $f(x)$ si $x = 10\ 000$ ?

*c*) Étudier la fonction $f$ sur l'intervalle $]0\,;+\infty[$ (variations, limites).

Tracer la représentation graphique de $f$, avec les asymptotes.

Comment interpréter concrètement la limite en $+\infty$ ?

*N.B.* : En réalité, $x$ ne doit pas être trop grand, sinon la voiture devra être changée avant 8 ans, et toute l'étude est à refaire !

**54** ***Produit chimique***

Une entreprise fabrique un produit liquide qu'elle vend 120 000 F la tonne. On notera $q$ la quantité fabriquée chaque année (en tonnes).

Une analyse des coûts a permis de distinguer trois catégories de charges annuelles :

– les charges fixes : 180 000 F,

– les charges proportionnelles à $q$ : 40 000 F par tonne,

– les charges proportionnelles à $q^2$, le coefficient de proportionnalité étant 3 000.

*Première partie*

1° Exprimer en fonction de $q$ le coût de revient total et le bénéfice annuel de l'entreprise.

2° *a*) Étudier les variations de la fonction $b$ qui, au réel positif $q$, fait correspondre le bénéfice annuel.

Représenter graphiquement cette fonction.

*b*) Déterminer l'intervalle pour lequel cette fabrication est rentable.

*c*) Pour quelle valeur de $q$ le bénéfice est-il maximal ?

*Deuxième partie*

1° Soit la fonction $f$ définie sur $]0\,;+\infty[$ par

$$f(x) = \frac{180}{x} + 40 + 3x.$$

Étudier la fonction $f$ (variations, limites) et la représenter graphiquement (courbe et asymptotes).

2° Calculer en fonction de $q$ le coût moyen de fabrication d'une tonne de produit.

Pour quelle valeur de $q$ le coût moyen est-il minimal ?

**55** ***C'est tout nouveau !***

Lorsqu'un nouveau produit apparaît sur le marché, on note généralement plusieurs phases dans le rythme de ses ventes :

– une phase de lancement : ventes faibles, prix élevés,

– une phase de fortes ventes,

– une dernière période où les ventes baissent car le marché est saturé.

Ainsi, on a observé le comportement sur le marché d'un article d'électro-ménager, pendant quelques années, et on a proposé la fonction suivante pour rendre compte du niveau des ventes :

$$f(t) = \frac{5t^2}{t^2 - 6t + 12}.$$

$t$ est le temps en années, depuis la date d'apparition sur le marché. Pour $t$ entier, $f(t)$ est le nombre d'appareils vendus, en milliers, durant l'année n° $t$.

*a*) Étudier cette fonction sur $\mathbb{R}^+$ (variations, limites) et construire sa représentation graphique (courbe, asymptote).

*b*) Retrouve-t-on sur le graphique les trois phases décrites ci-dessus ? Quel est le niveau maximal des ventes atteint ? Comment interpréter concrètement la limite en $+\infty$ ?

# 5 Primitives

- Détermination des primitives d'une fonction

## ACTIVITÉ A la pêche aux fonctions

***Objectif :*** Trouver une fonction dont on connaît la dérivée.

Jusqu'à maintenant, un des exercices favoris des élèves des classes de Première et de Terminale a été de calculer la dérivée d'une fonction donnée. Le nouveau jeu consiste à déterminer une fonction dont on connaît la dérivée.

1° *Trouver une fonction ayant pour dérivée la fonction* f, *dans les cas suivants.*

*a*) $f(x) = 2$. *d*) $f(x) = -5x + 1$.
*b*) $f(x) = x$. *e*) $f(x) = x^2$.
*c*) $f(x) = x + 2$. *f*) $f(x) = 3x^2 - 2x + 1$.

2° *Reprendre le* **1.** *avec les fonctions suivantes:*

*a*) $f(x) = \dfrac{-1}{(x+3)^2}$.

*Indication : poser* $u(x) = x + 3$ *et utiliser la règle :* $\left(\dfrac{1}{u}\right)' = -\dfrac{u'}{u^2}$

*b*) $f(x) = (3x + 2)^2$.

*Indication : poser* $u(x) = 3x + 2$ *et utiliser la règle :* $(u^3)' = 3u^2u'$

3° *Reprendre le* **1.** *avec la fonction* $f : x \mapsto \dfrac{1}{x}$.

(Si au bout de quelques minutes vous ne trouvez pas, patientez jusqu'au chapitre suivant...)

INFORMATION

# 1. Définition d'une primitive

Soient les fonctions $f$ et F définies sur $\mathbb{R}$ par $f(x) = 2x + 3$ et $F(x) = x^2 + 3x + 5$. Un calcul de dérivée montre que, pour tout réel $x$, $F'(x) = f(x)$, c'est-à-dire que $f$ est la dérivée de F.
On dit que F est une **primitive** de $f$.

> ***Définition***
> **Soit une fonction $f$ définie sur un intervalle I.**
> **Une fonction F définie sur I est une primitive de $f$ sur I lorsque, pour tout $x \in$ I, $F'(x) = f(x)$.**

Nous admettons que toute fonction dérivable sur un intervalle I possède des primitives sur I.
En conséquence, la plupart des « fonctions usuelles » étant dérivables sur chacun des intervalles où elles sont définies, elles possèdent des primitives sur chacun de ces intervalles.
Étant donnée une fonction $f$, on sait que si $f$ est dérivable, alors $f'$ est unique. Nous allons voir que, inversement, une fonction n'a pas une primitive unique. Reprenons l'exemple du début de ce paragraphe :

$$f(x) = 2x + 3$$
$$F(x) = x^2 + 3x + 5.$$

On sait que $F' = f$.
Il est facile de voir que les fonctions G et H définies sur $\mathbb{R}$ par $G(x) = x^2 + 3x$ et $H(x) = x^2 + 3x - 10$ sont d'autres primitives de $f$.
On a bien $G' = f$ et $H' = f$.
On peut même affirmer que toutes les fonctions de la forme $x \mapsto x^2 + 3x + k$, où $k$ est une constante, sont des primitives de $f$.
D'une façon générale :

Pour F, $k = 5$.
Pour G, $k = 0$.
Pour H, $k = -10$.

> ***Théorème***
> **Soit F une primitive de $f$ sur un intervalle I.**
> **Alors les primitives de $f$ sont les fonctions G définies sur I par :**
> **$G(x) = F(x) + k$, où $k$ est une constante.**

En effet, si F est une primitive de $f$ sur I, alors, pour tout réel $k$, la fonction G définie par $G(x) = F(x) + k$ est une primitive de $f$ puisque :

$$G'(x) = F'(x) + 0 = f(x).$$

Réciproquement, soit F et G deux primitives de $f$ sur un intervalle I ; alors considérons sur I la fonction (G – F), et calculons sa dérivée :
pour tout $x \in$ I,

$$(G - F)'(x) = G'(x) - F'(x)$$
$$(G - F)'(x) = f(x) - f(x)$$
$$(G - F)'(x) = 0.$$

Cela montre que (G – F) est une fonction constante sur I.
Donc il existe une constante $k \in \mathbb{R}$ telle que, pour tout $x \in$ I,

$$G(x) - F(x) = k \quad \text{et donc} \quad G(x) = F(x) + k.$$

EXEMPLE

Soit $f$ la fonction définie sur $\mathbb{R}$ par $f(x) = 2x + 3$.
Cherchons la primitive F de $f$ qui prend la valeur 2 pour $x = -1$.
Une primitive F de $f$ est de la forme $F(x) = x^2 + 3x + k$.
On détermine $k$ en traduisant le fait que $F(-1) = 2$ : on obtient

$$(-1)^2 + 3(-1) + k = 2 \quad \text{soit} \quad k = 4.$$

On a donc $F(x) = x^2 + 3x + 4$.

## 2. Calcul pratique de primitives

**a** Des formules de dérivation déjà connues, on déduit le tableau des primitives des fonctions usuelles (sauf une !).

| $f(x)$ | $F(x)$ |
|---|---|
| $a$ | $ax + k$ |
| $x$ | $\frac{1}{2}x^2 + k$ |
| $x^2$ | $\frac{1}{3}x^3 + k$ |
| $ax^2$ | $a \times \frac{1}{3}x^3 + k$ |
| $x^n \ (n \neq -1)$ | $\frac{1}{n+1}x^{n+1} + k$ |
| $\frac{1}{x^2}$ | $-\frac{1}{x} + k$ |
| $a \times \frac{1}{x^2}$ | $a \times \left(-\frac{1}{x}\right) + k$ |
| $\frac{1}{x}$ | |

WANTED

Une primitive de $x \mapsto \frac{1}{x}$

*Forte récompense à toute personne qui apportera des informations permettant sa capture.*

EXEMPLES

- Une primitive de la fonction $f$ définie sur $\mathbb{R}$ par $f(x) = 5x^2$ est la fonction F définie sur $\mathbb{R}$ par $F(x) = 5 \times \frac{x^3}{3} = \frac{5}{3}x^3$.

- Une primitive de la fonction $f$ définie sur $]0\,; +\infty[$ par $f(x) = \frac{5}{x^2}$ est la fonction F définie sur $]0\,; +\infty[$ par $F(x) = 5 \times \left(-\frac{1}{x}\right) = -\frac{5}{x}$.

**EXERCICES RÉSOLUS**

1 **Donner une primitive F de la fonction $f$ définie sur $\mathbb{R}$ par $f(x) = x^3$.**
En utilisant le tableau de primitives précédent, on voit que

$$F : x \mapsto \frac{x^4}{4} \quad \text{est une primitive de } f.$$

2 **Chercher une primitive F de la fonction $f$ définie sur $\mathbb{R}$ par $f(x) = 5x^3 + 4x^2 - 4x + 7$.**
En utilisant l'exercice précédent et le tableau de primitives, on obtient :
- la fonction $x \mapsto \frac{5}{4}x^4$ est une primitive de la fonction $x \mapsto 5x^3$ ;
- la fonction $x \mapsto \frac{4}{3}x^3$ est une primitive de la fonction $x \mapsto 4x^2$ ;
- la fonction $x \mapsto 2x^2$ est une primitive de la fonction $x \mapsto 4x$ ;
- la fonction $x \mapsto 7x$ est une primitive de la fonction $x \mapsto 7$.

On en déduit que la fonction $F : x \mapsto \frac{5}{4}x^4 + \frac{4}{3}x^3 + 2x^2 + 7x$ est une primitive de la fonction $f$.

Conseil : On a toujours intérêt à vérifier en calculant $F'(x)$.

## b *Formules usuelles*

$\left(\frac{1}{u}\right)' = -\frac{u'}{u^2}$ donc $\frac{u'}{u^2}$ a pour primitive $-\frac{1}{u}$

$(u^{n+1})' = (n+1)u^n u'$ donc $u^n u'$ a pour primitive $\frac{1}{n+1}\, u^{n+1}$ (avec $n \neq -1$).

**EXERCICES RÉSOLUS**

1 **Déterminer une primitive F de la fonction $f$ définie sur l'intervalle $I = \left]\frac{1}{3} ; +\infty\right[$ par $f(x) = \frac{1}{(3x-1)^2}$.**

$f(x)$ ressemble à une expression du type $\frac{u'}{u^2}$.

Posons $u(x) = 3x - 1$ alors $u'(x) = 3$ et $f(x) = \frac{1}{(u(x))^2} = \frac{1}{3}\,\frac{u'(x)}{(u(x))^2}$.

Une primitive de $\frac{u'}{u^2}$ est $-\frac{1}{u}$ donc $F(x) = -\frac{1}{3} \times \frac{1}{u(x)}$.

$F(x) = -\frac{1}{3} \times \frac{1}{(3x-1)} = \frac{-1}{3(3x-1)}$.

2 **Chercher une primitive F de la fonction $f$ définie sur $\mathbb{R}$ par $f(x) = x(x^2 + 1)^2$**

$f(x)$ ressemble à une expression du type $u'(x)[u(x)]^2$ :

Posons $u(x) = x^2 + 1$ ; alors $u'(x) = 2x$ et $f(x) = \frac{1}{2}\, u'(x)(u(x))^2$.

Sachant que $(u^3)' = 3u'u^2$, on peut affirmer que $\frac{1}{3}\,(u^3)' = u'u^2$.

On en déduit que $f(x) = \frac{1}{2} \times \frac{1}{3}\,(u^3)'(x)$.

D'où $F(x) = \frac{1}{6}\,(u(x))^3 = \frac{1}{6}\,(x^2+1)^3$.

# EXERCICES ET PROBLÈMES

| **POUR SAVOIR FAIRE** **Objectifs à atteindre** | **Exercices appropriés** |
|---|---|
| Calculer une primitive d'une fonction | 1 à 12 |
| Calculer la primitive d'une fonction vérifiant une condition indiquée | 13 à 21 |

| **POUR CHERCHER** **Sujets abordés** | **Exercices appropriés** |
|---|---|
| Calcul de primitives | 22 à 33 |
| Étude de fonctions | 34 à 36 |
| Coût marginal | 37 et 38 |

## POUR SAVOIR FAIRE

### Primitives

**1** Trouver une primitive F de la fonction $f$ sur $\mathbb{R}$.
*a)* $f(x) = 5x + 3$. *b)* $f(x) = -2x + \sqrt{2}$.
*c)* $f(x) = \frac{1}{2}x^2 + x - 1$.

**2** Trouver une primitive F de la fonction $f$ sur $\mathbb{R}$.
*a)* $f(x) = x^3 + x^2 + x + 1$.
*b)* $f(x) = -3x^3 + 2x + 3$.
*c)* $f(x) = x^4 + x^2 - x$.
*d)* $f(x) = (2x + 1)^2$.

*Pour les exercices **3** à **6**, trouver une primitive* F *de* f *sur l'intervalle* I

**3** $f(x) = -\frac{1}{x^2}$; I = [1 ; 2].

**4** $f(x) = \frac{3}{x^2}$; I = [– 3 ; – 1].

**5** $f(x) = \frac{x^4 + 4x^2 - 2}{x^2}$; I = ]0 ; 1[.

**6** $f(x) = x^2 + x + \frac{1}{x^2}$; I = ]– ∞; 0[.

**7** Soit $f$ la fonction définie sur $\mathbb{R}$ par $f(x) = \frac{-2x}{(x^2+1)^2}$.
On pose $u(x) = x^2 + 1$.
*a)* Calculer $u'(x)$ et exprimer $f(x)$ en fonction de $u'(x)$ et de $u(x)$.
*b)* En utilisant la règle $\left(\frac{1}{u}\right)' = -\frac{u'}{u^2}$ déterminer une primitive de $f$.

**8** Même énoncé que l'exercice **7** avec $f$ définie sur [0 ; 5] par $f(x) = -\frac{5}{(5x+1)^2}$ et $u(x) = 5x + 1$.

**9** Même énoncé que l'exercice **7** avec $f$ définie sur $\mathbb{R}$ par $f(x) = -\frac{2x - 1}{(x^2 - x + 1)^2}$ et $u(x) = x^2 - x + 1$.

**10** Soit $f$ la fonction définie sur $\mathbb{R}$ par $f(x) = (2x - 1)^2$.
On pose $u(x) = 2x - 1$.
*a)* Calculer $u'(x)$ et exprimer $f(x)$ en fonction de $u'(x)$ et de $u(x)$.
*b)* En utilisant la règle $(u^3)' = 3u'u^2$ déterminer une primitive de $f$.

**11** Même énoncé que l'exercice **10** avec $f(x) = x\left(\frac{1}{2}x^2 + 1\right)^2$ et $u(x) = \frac{1}{2}x^2 + 1$.

**12** Même énoncé que l'exercice **10** avec $f(x) = x(x^2 - 5)^2$ et $u(x) = x^2 - 5$.

*Pour les exercices **13** à **16**, déterminer la fonction* F *primitive sur* I *de la fonction* f, *et qui vérifie la condition indiquée.*

**13** $f(x) = \frac{x^4 + x^3 + x^2}{x^2}$; I = ]0 ; + ∞[ ; F(3) = 10.

**14** $f(x) = \frac{1}{x+3}$; I = [0 ; + ∞[ ; F(2) = 0.

**15** $f(x) = \frac{-2}{x^2}$; I = [1 ; 2]; $F\left(\frac{3}{2}\right) = 1$.

**16** $f(x) = \dfrac{-5}{-x+2}$ ; $I = [-3\,;1]$ ; $F(0) = 0$.

*Un théorème affirme que si une fonction* f *est positive sur* [a, b] *et si* F *est une primitive de* f *sur* [a, b], *alors* F(b) – F(a) > 0. *Le vérifier sur les exemples suivants (exercices* ***17*** *à* ***19****).*

**17** Soit la fonction $f$ définie sur [1 ; 3] par $f(x) = \dfrac{x^3}{3} + x^2 + 1$.

*a*) Vérifier que $f(x) \geqslant 0$ sur [1 ; 3].
*b*) Déterminer une primitive F de $f$
*c*) Calculer F(3) – F(1).

**18** Énoncé analogue à celui de l'exercice **17** avec la fonction $f$ définie sur [0 ; 2] par $f(x) = 2x(x^2+1)^2$.

**19** Énoncé analogue à celui de l'exercice **17** avec la fonction $f$ définie sur [– 2 ; 0] par $f(x) = \dfrac{1}{(x+3)^2}$.

**20** 1° Soit la fonction $g$ définie sur $\mathbb{R}$ par $g(x) = \dfrac{x}{x^2+1}$.
Calculer $g'(x)$.
2° En déduire une primitive sur $\mathbb{R}$ de la fonction $f$ définie par $f(x) = \dfrac{x^2-1}{(x^2+1)^2}$.

**21** 1° Soit la fonction $g$ définie sur $\mathbb{R}$ par $g(x) = \dfrac{2x+1}{x^2+3}$.
Calculer $g'(x)$.
2° En déduire une primitive F sur $\mathbb{R}$ de la fonction $f$ définie par $f(x) = \dfrac{x^2+x-3}{(x^2+3)^2}$.

## RÉSULTATS DES EXERCICES DONT LE NUMÉRO EST EN COULEUR

**1.** *a*) $F(x) = \dfrac{5}{2}x^2 + 3x + k$.

*b*) $F(x) = -x^2 + x\sqrt{2} + k$.

*c*) $F(x) = \dfrac{1}{6}x^3 + \dfrac{x^2}{2} - x + k$.

**2.** *a*) $F(x) = \dfrac{x^4}{4} + \dfrac{x^3}{3} + \dfrac{x^2}{2} + x + k$.

*d*) On peut développer.

**3.** $F(x) = \dfrac{1}{x} + k$.

**4.** $F(x) = -\dfrac{3}{x} + k$.

**7.** *a*) $u'(x) = 2x$ et $f(x) = \dfrac{-u'(x)}{(u(x))^2}$.

*b*) $F(x) = \dfrac{1}{u(x)} = \dfrac{1}{x^2+1}$.

**13.** $f(x) = x^2 + x + 1$, donc $F(x) = \dfrac{x^3}{3} + \dfrac{x^2}{2} + x + k$.

$F(3) = 10$

D'où $F(x) = \dfrac{x^3}{3} + \dfrac{x^2}{2} + x - \dfrac{13}{2}$.

**15.** $F(x) = \dfrac{2}{x} - \dfrac{1}{3}$.

**18.** *a)* Pour tout réel $x$ de l'intervalle [0 ; 2], $f(x)$ est positif car produit de 2 réels positifs.

*b*) $F(x) = (x^2+1)^3 + k$.

*c*) $F(2) - F(0) = \dfrac{125}{3} - \dfrac{1}{3} = \dfrac{124}{3}$.

On a bien F(2) – F(0) > 0.

**20.** *a*) $g'(x) = \dfrac{-x^2+1}{(x^2+1)^2}$.

*b*) $F(x) = -\dfrac{x}{x^2+1}$.

## POUR CHERCHER

*Pour les exercices **22** à **28**, trouver une primitive de* f *sur l'intervalle* I (*si rien n'est précisé* I = $\mathbb{R}$).
Indication : *reconnaître en* f *la dérivée d'un produit* uv, *d'une puissance* $u^n$, *d'un quotient* $\frac{1}{v}$.

**22** $f(x) = -\frac{1}{5}x(x^2+1)$.

**23** $f(x) = 3x^2(x^3+1)$.

**24** $f(x) = x(x^2+5)^4$.

**25** $f(x) = \frac{2x+5}{(x^2+5x+10)^2}$.

**26** $f(x) = \frac{x+1}{(x^2+2x)^2}$ ; $I = ]-2;0[$.

**27** $f(x) = (3x^2+2x)(x^3+x^2+1)^2$.

**28** $f(x) = \frac{1}{(3-x)^2}$ ; $I = ]3;+\infty[$.

**29** La fonction $f$ est définie sur l'intervalle $[-1;0]$ par

$$f(x) = \frac{x^2-2x}{(x-1)^2}.$$

1° Vérifier que, pour tout $x \in [-1;0]$

$$f(x) = 1 - \frac{1}{(x-1)^2}.$$

2° Déterminer la primitive F de $f$ telle que F(0) = 2.

**30** La fonction $f$ est définie sur l'intervalle $[0;4]$ par

$$f(x) = \frac{3x^2+12x-1}{(x+2)^2}.$$

1° Vérifier que, pour tout $x \in [0;4]$

$$f(x) = 3 - \frac{13}{(x+2)^2}.$$

2° Calculer la primitive F de la fonction $f$ telle que F(1) = 4.

**31** La fonction $f$ est définie sur l'intervalle $[0;10]$ par

$$f(x) = \frac{x^2+3x+3}{(2x+3)^2}.$$

1° Vérifier que, pour tout $x \in [0;10]$

$$f(x) = \frac{1}{4} + \frac{3}{4}\,\frac{1}{(2x+3)^2}.$$

2° Calculer la primitive F de $f$ qui prend la valeur 2 pour $x = 0$.

**32** La fonction $f$ est définie sur l'intervalle $[2;5]$ par

$$f(x) = \frac{x^3-2x^2+x+1}{(x-1)^2}.$$

1° Vérifier que $f(x) = x + \frac{1}{(x-1)^2}$.

2° Calculer la primitive F de $f$ qui s'annule en 3.

**33** On considère les fonctions $f$ et $g$ définies sur $\mathbb{R}$ par :

$$f(x) = \frac{x}{2x^2-3x+5}$$

$$g(x) = \frac{4x^2-5x+10}{2x^2-3x+5}.$$

*a*) Vérifier que $2x^2-3x+5 \neq 0$ pour tout réel $x$.
*b*) Calculer $f'(x)$ et $g'(x)$.
*c*) Déduire du *b*) l'existence d'un réel $k$ tel que, pour tout réel $x$, on ait $f(x) = g(x) + k$.
Calculer $f(0) - g(0)$ et en déduire $k$.

## Étude de fonctions

**34** On considère la fonction $f$ définie sur $[2;10]$ par

$$f(x) = \frac{2x^3-x^2+1}{x^2}$$

*a*) Vérifier que, pour tout $x \in [2;10]$, $f(x) = 2x - 1 + \frac{1}{x^2}$.
Calculer $f(x) - (2x-1)$.
*b*) Compléter le tableau :

| $x$ | 2 | 3 | 4 | 5 | 6 | 7 | 8 | 9 | 10 |
|---|---|---|---|---|---|---|---|---|---|
| $f(x)-(2x-1)$ | | | | | | | | | |

Interpréter graphiquement la deuxième ligne du tableau.
*c*) Calculer la dérivée $f'$ de $f$.
Vérifier que $f'(x) = \frac{2(x^3-1)}{x^3}$ et étudier son signe.
*d*) Dresser le tableau de variation de $f$.
*e*) Construire la représentation graphique $\mathscr{C}$ de $f$ et la droite d'équation $y = 2x - 1$.
*f*) Calculer une primitive F de $f$ sur l'intervalle $[2;5]$.

**35** On donne la fonction $f$ définie sur $\left[\frac{1}{2};+\infty\right[$ par

$$f(x) = x + \frac{4}{x^2}.$$

1° Vérifier que, pour tout réel $x$,
$x^3 - 8 = (x-2)(x^2+2x+4)$.

2° *a*) Calculer la dérivée $f'$ de $f$ et vérifier que

$$f'(x) = \frac{x^3 - 8}{x^3}.$$

*b*) Étudier le sens de variation de $f$ et dresser son tableau de variation.

3° Montrer que la droite d'équation $y = x$ est asymptote à la courbe représentative de $f$.

4° Tracer $\mathscr{C}$ et son asymptote.

5° Trouver une primitive F de $f$ sur $\left[\frac{1}{2} ; +\infty\right[$.

**36** On donne la fonction $f$ définie par

$$f(x) = x - 1 - \frac{4}{(2x+1)^2} \text{ sur l'intervalle } \left]-\frac{1}{2} ; +\infty\right[, \text{ noté I.}$$

1° Montrer que $f$ est strictement croissante sur I.

2° Étudier les limites de $f$ quand $x$ tend vers $+\infty$ et quand $x$ tend vers $-\frac{1}{2}$.

Dresser le tableau de variation de $f$.

3° Déterminer la limite en $+\infty$ de $\frac{4}{(2x+1)^2}$ et en déduire que la courbe C représentative de $f$ admet une asymptote oblique.

4° Tracer la courbe C sur $\left]-\frac{1}{2} ; +\infty\right[$.

5° Montrer que l'équation $f(x) = 0$ a une solution unique $\alpha$.
Donner un encadrement de $\alpha$ d'amplitude 0,1. (Justifier.)

6° Trouver une primitive F de $f$ sur I.

# Coût marginal et primitives

RAPPEL
Le supplément de dépense qu'il faut consentir pour fabriquer une unité supplémentaire d'un produit est appelé coût marginal ; c'est approximativement le nombre dérivé de la fonction coût total.

**37** Dans une entreprise, le coût marginal du $n^{\text{ième}}$ objet fabriqué est $an^2 + bn + c$ ($n \geqslant 1$). Les frais fixes sont de 350 000 F.

*a*) Calculer *a, b* et *c* sachant que le coût marginal :
– du 10ᵉ objet fabriqué est 4 160 F,
– du 20ᵉ objet fabriqué est 3 960 F,
– du 30ᵉ objet fabriqué est 1 760 F.

*b*) En déduire la fonction coût total, en prenant la primitive du coût marginal qui vaut 350 000 pour $n = 0$.

*c*) Calculer le coût moyen par objet fabriqué.

**38** Une entreprise de forage propose à un de ses clients d'effectuer un forage de 30 m de profondeur pour la somme de 52 250 F. Sur cette somme il y a 20000 F de frais fixes, le reste dépendant de la profondeur du forage.
Sachant que le coût marginal est donné par la fonction $f(n) = 325 + 50n$, $n$ étant la profondeur en mètres, retrouver la fonction coût total $F(n)$.
Si le forage ne s'effectue que sur la distance de 25 mètres, quelle somme le client aura-t-il à verser ?

# 6 Fonction logarithme

- Définition et étude de la fonction logarithme népérien
- Dérivée de ln $u$
- Primitive de $\frac{u'}{u}$ avec $u > 0$
- Comparaison de la croissance de ln $x$ et $x^n$ ($n \in \mathbb{N}$)

**ACTIVITÉ**

## À la découverte d'une fonction

***Objectif :*** découvrir la fonction ln et ses propriétés.

Voici la courbe représentative de la fonction ln. Elle a été construite à l'aide d'une calculatrice scientifique.
Dans tout ce qui suit, on utilise soit une calculatrice soit la courbe pour répondre aux questions.

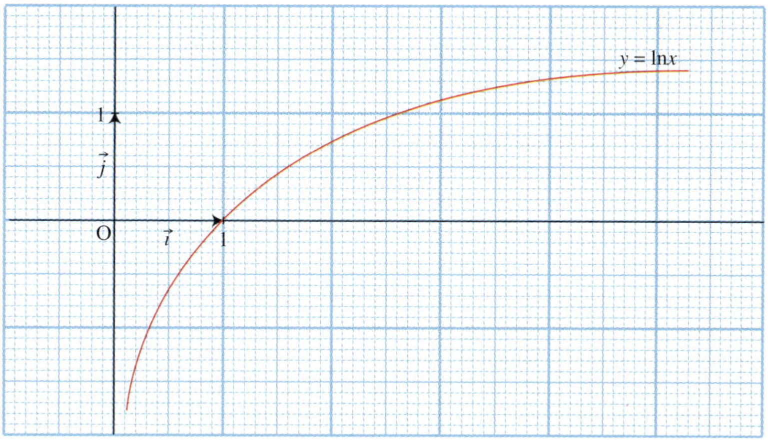


Fig. 1

1° *En utilisant une calculatrice, tracer cette courbe sur papier millimétré en prenant sur chaque axe* 2 cm *pour unité.*

2° *Indiquer pour quelles valeurs de* x *le calcul de* ln x *est impossible.*

3° *D'après le graphique, quel est le sens de variation de la fonction* ln ?

4° *a) Construire la tangente à la courbe obtenue au* 1° *aux points d'abscisses* $\frac{1}{2}$, 1, 2, 3, 4. *Lire graphiquement le nombre dérivé de la fonction* ln *en chacun des points de contact.*

*b)* *Compléter le tableau :*

| $x$ | $\frac{1}{2}$ | 1 | 2 | 3 | 4 |
|---|---|---|---|---|---|
| $\ln' x$ | | | | | |

*c)* *Conjecturer la dérivée de la fonction* ln.

5° *a)* *Compléter, à l'aide d'une calculatrice, le tableau suivant :*

| $x$ | $y$ | $\ln x$ | $\ln y$ | $\ln (xy)$ |
|---|---|---|---|---|
| 2 | 3 | | | |
| 5 | 7 | | | |
| 1,5 | 4 | | | |
| 2,3 | 5,6 | | | |

*b)* *Conjecturer une relation entre* ln x, ln y *et* ln (xy)

6° *a)* *Compléter, à l'aide d'une calculatrice, le tableau suivant :*

| $x$ | $\ln x$ | $\ln \frac{1}{x}$ | $\ln x^2$ | $\ln x^3$ |
|---|---|---|---|---|
| 1 | | | | |
| 2 | | | | |
| 5 | | | | |
| 13,4 | | | | |
| 1 000 | | | | |

*b)* *Conjecturer une relation entre* ln x *et* $\ln \left(\frac{1}{x}\right)$, *entre* ln x *et* $\ln (x^2)$ *et enfin entre* ln x *et* $\ln (x^3)$.

7° *Trouver un réel* x *tel que* $\ln x > 10$.
*Même question avec* $\ln x > 100$, *puis* $\ln x < -10$, *puis* $\ln x < -100$.

8° *Résoudre dans* $\mathbb{R}$ *l'équation* $\ln x = 0$.
*Donner une valeur approchée d'ordre 2 de la solution de l'équation* $\ln x = 1$.

# INFORMATION

## 1. Définition

Nous avons vu dans le chapitre 5 que la plupart des fonctions usuelles possèdent une primitive. Cependant, il n'en a pas été trouvé pour la fonction *inverse* : $x \mapsto \frac{1}{x}$.

Pourtant, cette fonction étant dérivable sur l'intervalle $]0\,;+\infty[$, elle admet des primitives sur cet intervalle. L'étude de ces primitives fait l'objet de ce chapitre.

***Définition***

**La fonction *inverse* $x \mapsto \frac{1}{x}$ admet des primitives sur l'intervalle $]0\,;+\infty[$.**

**Celle qui prend la valeur 0 pour $x = 1$ est la fonction *logarithme népérien,* notée ln.**

Conséquences immédiates :

- La fonction ln est définie sur $]0\,;+\infty[$ ;
L'expression $\ln x$ n'a de sens que si $x > 0$.
- Pour tout réel $x$ strictement positif, $\ln'(x) = \frac{1}{x}$.
- $\ln 1 = 0$.

## 2. Étude de la fonction

### a Variation et courbe

| $x$ | 0 | 1 | $+\infty$ |
|---|---|---|---|
| $\ln' x = 1/x$ | ‖ | + | |
| $\ln x$ | ‖ | 0 ↗ | |

La fonction ln a une dérivée strictement positive sur l'intervalle $]0\,;+\infty[$ donc ln est strictement croissante sur cet intervalle. On peut dresser le tableau de variation ci-contre.

La courbe représentant la fonction ln est donnée sur la figure ci-dessous.

▶ Trouver une équation de la tangente à la courbe au point d'abscisse 1.

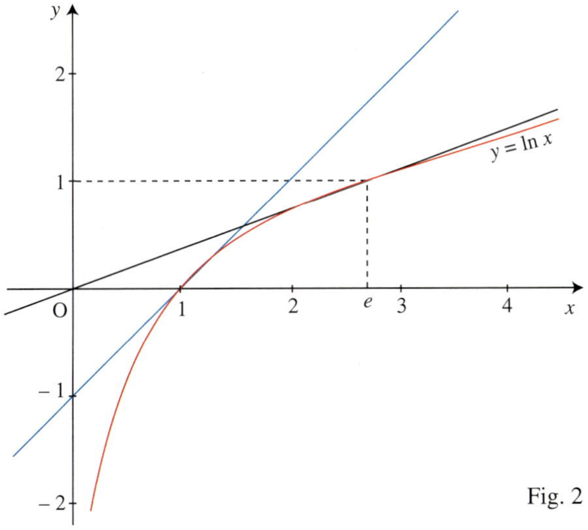


Fig. 2

## b Limites

On peut constater sur une calculatrice que :
pour que $\ln x > 10$, il suffit que $x > 22\,500$ ;
pour que $\ln x > 100$, il suffit que $x > 3 \times 10^{43}$...
D'une façon plus générale, on démontre que, en prenant $x$ strictement positif et suffisamment grand, on peut rendre $\ln x$ aussi grand qu'on veut.

**$\ln x$ tend vers $+\infty$ quand $x$ tend vers $+\infty$ : $\lim\limits_{x \to +\infty} \ln x = +\infty$.**

On observe sur une calculatrice que :
pour que $\ln x < -10$, il suffit que $0 < x < 0{,}000\,04$ ;
pour que $\ln x < -100$, il suffit que $0 < x < 3 \times 10^{-44}$, etc.
On démontre que, en prenant $x$ strictement positif et suffisamment voisin de 0, on peut rendre $\ln x$ aussi petit qu'on veut.

**$\ln x$ tend vers $-\infty$ quand $x$ tend vers 0 : $\lim\limits_{x \to 0} \ln x = -\infty$.**

On peut alors compléter le tableau de variation de la fonction ln.

| $x$ | 0 | | 1 | | $+\infty$ |
|---|---|---|---|---|---|
| $\ln' x$ | ‖ | | + | | |
| $\ln x$ | ‖ $-\infty$ | ↗ | 0 | ↗ | $+\infty$ |

Puisque $\lim\limits_{x \to 0} \ln x = -\infty$, l'axe des ordonnées est asymptote à la courbe représentant la fonction ln (voir figure 2).
De l'étude précédente, on déduit et nous l'admettrons que la fonction ln est une bijection de $]0\,;+\infty[$ sur $\mathbb{R}$ c'est-à-dire que tout nombre réel $y$ a un antécédent unique pour la fonction ln.

***Théorème***
**Pour tout réel $y$, l'équation $\ln x = y$ a une solution et une seule.**

CONSÉQUENCE

**Le nombre $e$ :**
L'équation $\ln x = 1$ a une solution unique que l'on note $e$.
On montre que $e \simeq 2{,}718\,28$. **$\ln e = 1$**

▶ Trouver une équation de la tangente à la courbe représentant la fonction ln, au point d'abscisse $e$. Vérifier sur la figure **2**.

## c Premières propriétés

De l'étude faite au **a,** on déduit les résultats suivants :

$$\ln a = \ln b \Leftrightarrow \begin{cases} a = b \\ a > 0 \text{ et } b > 0. \end{cases}$$

EXEMPLE :
Si $\ln x = \ln 3$ alors $x = 3$.

**$\ln a < \ln b \Leftrightarrow 0 < a < b$.**

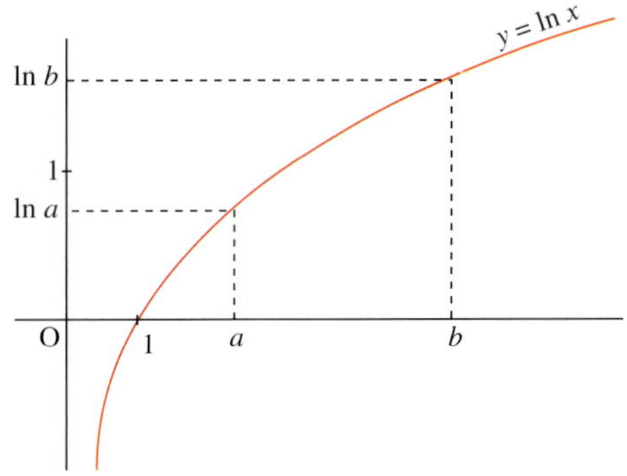


Fig. 3

EXEMPLE :

Si $\ln x < \ln 2$ alors $0 < x < 2$.

**$\ln x < 0 \Leftrightarrow 0 < x < 1$.**

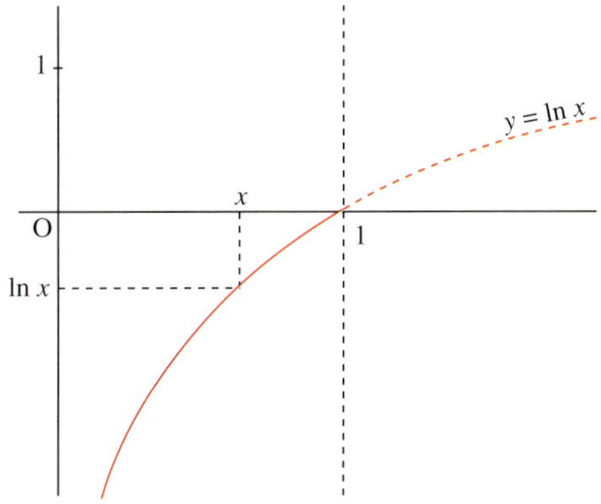


Fig. 4

**$\ln x > 0 \Leftrightarrow x > 1$.**

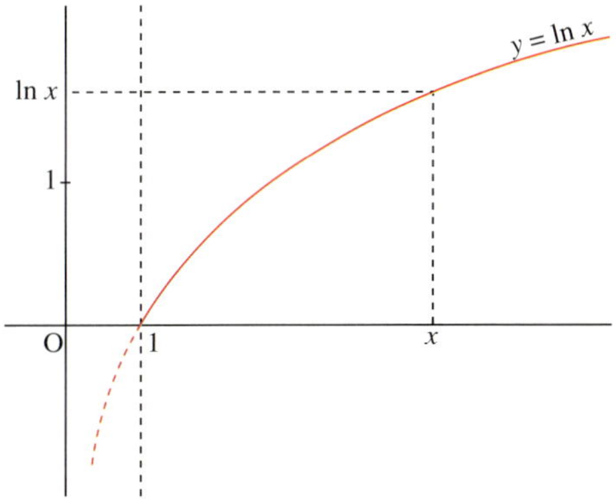


Fig. 5

## EXERCICES RÉSOLUS

1 **Résoudre dans $\mathbb{R}$ l'équation $\ln(2x + 3) = 0$.**

$\ln(2x + 3) = 0 \Leftrightarrow \ln(2x + 3) = \ln(1)$

$$\ln(2x + 3) = 0 \Leftrightarrow \begin{cases} 2x + 3 > 0 \\ \text{et} \\ 2x + 3 = 1 \end{cases}$$

$\ln(2x + 3) = 0 \Leftrightarrow x = -1$.

Donc l'ensemble des solutions est $\mathcal{S} = \{-1\}$.

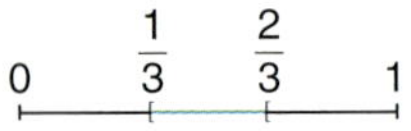


**2** **Résoudre dans $\mathbb{R}$ l'inéquation $\ln(-3x+2) \leqslant 0$.**

$\ln(-3x+2) \leqslant 0 \Leftrightarrow \ln(-3x+2) \leqslant \ln(1)$

$$\ln(-3x+2) \leqslant 0 \Leftrightarrow \begin{cases} -3x+2 > 0 \\ \text{et} \\ -3x+2 \leqslant 1 \end{cases} \Leftrightarrow \begin{cases} x < \dfrac{2}{3} \\ \text{et} \\ x \geqslant \dfrac{1}{3}. \end{cases}$$

L'ensemble des solutions est $\mathcal{S} = \left[\dfrac{1}{3}\,;\,\dfrac{2}{3}\right[$.

# 3. Formules fondamentales

## a Logarithme d'un produit

Nous admettons le théorème suivant.

> *Théorème*
> **Pour tous réels strictement positifs $a$ et $b$,**
> $$\ln(ab) = \ln a + \ln b \qquad (1).$$

APPLICATION

$\ln 6 = \ln 2 + \ln 3$

Pour tout réel $x > 0$ $\quad \ln 2 + \ln x = \ln(2x)$

$\ln x + \ln x = \ln(x^2)$.

## b Logarithme d'un quotient

En remplaçant $b$ par $\dfrac{1}{a}$ dans la formule (1), on obtient :

$0 = \ln a + \ln\left(\dfrac{1}{a}\right)$, soit :

$$\ln\left(\frac{1}{a}\right) = -\ln a \qquad (2).$$

EXEMPLES

$\ln\left(\dfrac{1}{3}\right) = -\ln 3\,;\quad \ln\left(\dfrac{1}{e}\right) = -\ln e = -1.$

En remarquant que $\dfrac{a}{b} = a \times \dfrac{1}{b}$, on obtient :

$$\ln\left(\frac{a}{b}\right) = \ln a - \ln b \qquad (3).$$

EXEMPLE

$\ln\left(\dfrac{3}{2}\right) = \ln 3 - \ln 2.$

### c Logarithme d'une puissance

En prenant $b = a$ dans la formule (1), on obtient :
$\ln (a^2) = \ln a + \ln a$, c'est-à-dire $\ln (a^2) = 2 \ln a$.
$\ln (a^3) = \ln (a^2 \times a) = \ln (a^2) + \ln a = 2 \ln a + \ln a = 3 \ln a$
et d'une façon générale, on démontre :

**Pour tout $n \in \mathbb{N}$, $\ln (a^n) = n \ln a$ (4).**

EXEMPLES

$$\ln 27 = \ln 3^3 = 3 \ln 3 ; \quad \ln e^2 = 2 \ln e = 2$$

On en déduit :

$$\ln (a^{-n}) = \ln \left( \frac{1}{a^n} \right) = - \ln (a^n) = - n \ln a.$$

**Pour tout entier relatif $p$, $\ln (a^p) = p \ln a$ (5).**

EXEMPLES

$$\ln (e^{-2}) = - 2 \ln e = - 2.$$

### d Logarithme d'une racine carrée

Quel que soit $a > 0$, $\sqrt{a} \times \sqrt{a} = a$, donc

$$\ln (\sqrt{a} \times \sqrt{a}) = \ln a$$
$$2 \ln (\sqrt{a}) = \ln a.$$

**$\ln \sqrt{a} = \dfrac{1}{2} \ln a$ (6).**

EXEMPLES

$$\ln \sqrt{e} = \frac{1}{2} \ln e = \frac{1}{2} ; \quad \ln \sqrt{2} = \frac{1}{2} \ln 2.$$

## 4. Dérivée de ln *u*

### a Calcul de la dérivée de $x \mapsto \ln (u(x))$

Nous admettons le théorème suivant.

***Théorème***

**Soit $u$ une fonction dérivable et strictement positive sur un intervalle I. La fonction $f$ définie sur I par $f(x) = \ln [u(x)]$ est dérivable sur I et admet pour dérivée la fonction $f'$ définie sur I par $f'(x) = \dfrac{u'(x)}{u(x)}$.**

**EXERCICES RÉSOLUS**

**1** **Calculer la dérivée de la fonction $f$ définie sur l'intervalle $\left] \dfrac{3}{5} ; + \infty \right[$ par $f(x) = \ln (5x - 3)$.**

On pose $u(x) = 5x - 3$, ce qui donne $u'(x) = 5$ et $f(x) = \ln [u(x)]$.
On a donc, pour tout réel $x \in \left] \dfrac{3}{5} ; + \infty \right[$ : $f'(x) = \dfrac{u'(x)}{u(x)}$ c'est-à-dire $f'(x) = \dfrac{5}{5x - 3}$.

**2** **Soit la fonction $f$ définie sur $]-\infty\,; 1[$ par $f(x) = \ln(1-x)$. Calculer $f'$.**

Soit $u(x) = 1 - x$; alors $u'(x) = -1$ et $f(x) = \ln(u(x))$.

Pour tout réel $x \in\, ]-\infty\,; 1[$, on a donc $f'(x) = \dfrac{u'(x)}{u(x)}$ c'est-à-dire $f'(x) = \dfrac{-1}{1-x}$.

**3** **Soit la fonction $f$ définie sur $\mathbb{R}$ par $f(x) = \ln(x^2 + x + 1)$. Calculer $f'$.**

On pose $u(x) = x^2 + x + 1$.
On a $u'(x) = 2x + 1$.

On en déduit $f'(x) = \dfrac{u'(x)}{u(x)} = \dfrac{2x+1}{x^2+x+1}$.

### b Primitive de $\frac{u'}{u}$ (u > 0)

EXEMPLE

Soit $f$ définie sur $\left]-\dfrac{3}{2}\,; 10\right[$ par $f(x) = \dfrac{2}{2x+3}$.

Si on pose $u(x) = 2x + 3$, alors $u'(x) = 2$.

On peut écrire $f(x) = \dfrac{u'(x)}{u(x)}$.

Si $x > -\dfrac{3}{2}$ alors $2x + 3 > 0$.

Sur l'intervalle $\left]-\dfrac{3}{2}\,; 10\right[$ l'expression $\ln(2x+3)$ a un sens puisque $2x + 3 > 0$.

En posant $F(x) = \ln(2x+3)$, on obtient $F'(x) = \dfrac{2}{2x+3}$.

Une primitive de $f$ sur $\left]-\dfrac{3}{2}\,; 10\right[$ est donc F telle que $F(x) = \ln(2x+3) + k$.

D'une façon générale, nous admettons que :

> ***Théorème***
> **Soit une fonction $u$ *dérivable* et *strictement positive* sur un intervalle I.**
> **Alors la fonction $\dfrac{u'}{u}$ admet des primitives sur I, et ces primitives sont du type $x \mapsto \ln(u(x)) + k$, où $k$ est une constante réelle.**

## 5. Limite de ln *u*

Nous admettons les résultats suivants :

$\alpha$ est $+\infty$, $-\infty$ ou un réel $a$.

> Si $\lim\limits_{x \to \alpha} u(x) = +\infty$ alors $\lim\limits_{x \to \alpha} \ln(u(x)) = +\infty$.
> Si $\lim\limits_{x \to \alpha} u(x) = 0$ et $u(x) > 0$ alors $\lim\limits_{x \to \alpha} \ln(u(x)) = -\infty$.

EXEMPLE

$\lim\limits_{x \to +\infty} (2x - 1) = +\infty$ donc $\lim\limits_{x \to +\infty} \ln(2x-1) = +\infty$.

Pour $x > 1$ : $\lim\limits_{x \to 1} (x-1) = 0$ et $(x-1) > 0$ donc $\lim\limits_{x \to 1} \ln(x-1) = -\infty$.

Pour $x < 2$ : $\lim\limits_{x \to 2} (2-x) = 0$ et $(2-x) > 0$ donc $\lim\limits_{x \to 2} \ln(2-x) = -\infty$.

# 6. Comparaison des fonctions ln et $x \mapsto x^n$ ($n \in \mathbb{N}$)

Étudions le cas où $n = 1$.

On sait que $\lim\limits_{x \to +\infty} \ln x = +\infty$ et $\lim\limits_{x \to +\infty} x = +\infty$.

Lorsque $x$ tend vers $+\infty$, la limite de $\dfrac{\ln x}{x}$ se présente donc sous une forme indéterminée. La démonstration permettant de trouver cette limite n'est pas au programme de cette classe, mais le tableau de valeurs suivant et la représentation graphique de la fonction $x \mapsto \dfrac{\ln x}{x}$ permettent de conjecturer cette limite.

| $x$ | $10$ | $10^2$ | $10^3$ | $10^4$ | $10^6$ | $10^{10}$ |
|---|---|---|---|---|---|---|
| $\dfrac{\ln x}{x}$ | 0,230 | 0,046 | 0,07 | 0,000 9 | $1{,}4 \times 10^{-5}$ | $2{,}3 \times 10^{-9}$ |

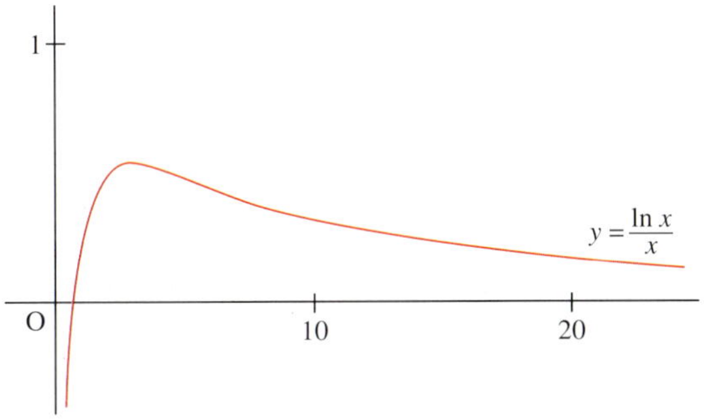


Fig. 6

Lorsque $x$ est très grand, $\dfrac{\ln x}{x}$ est voisin de zéro.

On admet que $\boxed{\lim\limits_{x \to +\infty} \dfrac{\ln x}{x} = 0.}$

## EXERCICE RÉSOLU

**Calculer $\lim\limits_{x \to +\infty} \dfrac{\ln x}{x^2}$.**

On a pour $x > 0$ : $\dfrac{\ln x}{x^2} = \dfrac{\ln x}{x} \times \dfrac{1}{x}$.

De $\lim\limits_{x \to +\infty} \dfrac{\ln x}{x} = 0$ et $\lim\limits_{x \to +\infty} \dfrac{1}{x} = 0$, on tire : $\lim\limits_{x \to +\infty} \dfrac{\ln x}{x^2} = 0$.

T.P. 1

## Lecture graphique

On donne la représentation graphique des fonctions $f$, $g$ et $h$ telles que
$f$ est définie sur $]0\,;+\infty[$ par $f(x)=\ln x-1$
$g$ est définie sur $]1\,;+\infty[$ par $g(x)=\ln(x-1)$
$h$ est définie sur $]1\,;+\infty[$ par $h(x)=\ln\left(\dfrac{1}{x-1}\right)$.

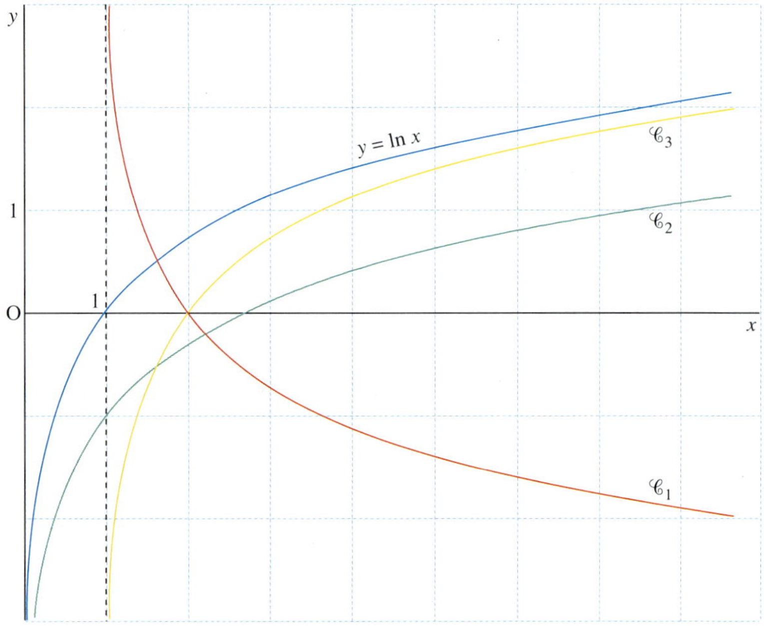


Fig. 7

*Associer chaque courbe à sa fonction sans utiliser de calculatrice, sans étudier les fonctions, seulement à partir de la représentation graphique de la fonction* ln.

## T.P. 2 Vérifiez vos programmes

***Objectif :*** s'entraîner à programmer une calculatrice pour le calcul d'une expression où un logarithme intervient.

*Vérifier en programmant une calculatrice les résultats donnés dans ce tableau et compléter la première et les deux dernières lignes.*

| $x$ | $x \ln x$ | $x^2 \ln x$ | $\ln(x^2)$ | $(\ln x)^2$ | $\ln(2x) - (\ln x)^2$ | $1/(\ln x - 1)$ | $1/(x \ln x)$ | $1/\ln(x-1)$ |
|---|---|---|---|---|---|---|---|---|
| −1 | | | | | | | | |
| 0 | ERROR | ERROR | ERROR | ERROR | ERROR | ERROR | ERROR | ERROR |
| 0,5 | −0,346 574 | −0,173 287 | −1,386 294 | 0,480 453 | 0,480 453 | 0,590 616 | −2,885 39 | ERROR |
| 1 | 0 | 0 | 0 | 0 | 0,693 147 2 | −1 | ERROR | ERROR |
| 1,5 | 0,608 197 7 | 0,912 296 5 | 0,810 930 2 | 0,164 402 | 0,934 210 3 | −1,681 987 | 1,644 202 3 | −1,442 695 |
| 2 | | | | | | | | |
| 3 | | | | | | | | |

## T.P. 3

***Objectif :*** déceler des erreurs dans des solutions proposées par des élèves.

### A. Une équation

On a demandé à trois élèves de résoudre l'équation $2 \ln x = 1$.
Voici les réponses obtenues

| Stéphanie | Francis | Aurélie |
|---|---|---|
| $2 \ln x = 1$<br>est équivalent à<br>$\ln x^2 = 1$<br>$\ln x^2 = \ln e$<br>$x^2 = e$<br>$x = \sqrt{e}$ ou $x = -\sqrt{e}$ | $2 \ln x = 1$<br>est équivalent à<br>$\ln x = \frac{1}{2}$<br>$\ln x = \frac{1}{2} \ln e$<br>$\ln x = \ln \sqrt{e}$<br>$x = \sqrt{e}$ | $2 \ln x = 1$<br>est équivalent à<br>$2 \ln x - 1 = 0$<br>$\ln x^2 - \ln e = 0$<br>$\ln \frac{x^2}{e} = 0$<br>$\frac{x^2}{e} = 1$<br>$x^2 = e$<br>$x = \sqrt{e}$ ou $x = -\sqrt{e}$ |

*Qu'en pensez-vous ?*

## B. Un calcul

On a demandé aux mêmes élèves de calculer $S = \ln 2 + \ln 4 - \ln 8$.

| Stéphanie | Francis | Aurélie |
|---|---|---|
| $S = \ln 6 - \ln 8$ | $S = \ln 2 + \ln 2^2 - \ln 2^3$ | $S = \ln (2 \times 4) - \ln 8$ |
| $S = \ln \frac{6}{8}$ | $S = \ln 2 + 2 \ln 2 - 3 \ln 2$ | $S = \ln 8 - \ln 8$ |
| $S = \ln \frac{3}{4}$ | $S = 3 \ln 2 - 3 \ln 2$ | $S = 0$ |
| | $S = 0$ | |

*Qu'en pensez-vous ?*

## C. Une inéquation

Il s'agissait de trouver à partir de quel entier naturel $n$ l'inégalité $(0,8)^n \leqslant \frac{1}{2}$ est vérifiée.

| Stéphanie | Francis | Aurélie |
|---|---|---|
| $(0,8)^n \leqslant \frac{1}{2}$ | $(0,8)^n \leqslant \frac{1}{2}$ | $(0,8)^n \leqslant \frac{1}{2}$ |
| est équivalent à | est équivalent à | est équivalent à |
| $\ln (0,8)^n \leqslant \ln \frac{1}{2}$ | $\ln (0,8)^n \leqslant \ln \frac{1}{2}$ | $\ln (0,8)^n \leqslant \ln \frac{1}{2}$ |
| $n \ln 0,8 \leqslant - \ln 2$ | $n \ln 0,8 \leqslant \ln \frac{1}{2}$ | $n \ln 0,8 \leqslant - \ln 2$ |
| $n \leqslant - \frac{\ln 2}{\ln 0,8}$ | $n \geqslant \frac{\ln \frac{1}{2}}{\ln 0,8}$ | $- n \ln 0,8 \geqslant \ln 2$ |
| $- \frac{\ln 2}{\ln 0,8} \sim 3,1$ | $\frac{\ln \frac{1}{2}}{\ln 0,8} \simeq 3,1$ | $n \geqslant \frac{\ln 2}{- \ln 0,8}$ |
| | | $\frac{\ln 2}{- \ln 0,8} \simeq 3,1$ |
| L'inégalité est vérifiée pour $n \leqslant 3$ | L'inégalité est vérifiée pour $n \geqslant 3$ | L'inégalité est vérifiée pour $n \geqslant 4$ |

*Qu'en pensez-vous ?*

# EXERCICES ET PROBLÈMES

| **POUR SAVOIR FAIRE** **Objectifs à atteindre** | **Exercices appropriés** |
|---|---|
| Simplifier une expression dans laquelle figurent des logarithmes | 1 à 5 |
| Déterminer les valeurs pour lesquelles une expression a un sens | 6 à 12 |
| Résoudre des équations | 13 à 18 |
| Résoudre des inéquations se ramenant à $\ln a \leqslant \ln b$ | 19 à 22<br>28 à 31 |
| Résoudre des inéquations avec un tableau de signes | 23 à 27 |
| Calculer la dérivée d'une fonction | 32 à 37 |
| Déterminer des primitives d'une fonction du type $\dfrac{u'}{u}$ | 38 à 42 |
| Faire la distinction entre une primitive de $\dfrac{u'}{u}$ et une primitive de $\dfrac{-u'}{u^2}$ | 43 à 44 |
| Déterminer les limites d'une fonction définie à partir de la fonction ln | 45 à 57 |
| Étudier une fonction définie à partir de la fonction ln | 58 à 60 |

| **POUR CHERCHER** **Sujets abordés** | **Exercices appropriés** |
|---|---|
| Équations, inéquations, systèmes | 61 à 67 |
| Primitives | 68 à 72 |
| Étude de fonctions | 73 à 81 |
| Mathématiques appliquées | 82 à 85 |

## POUR SAVOIR FAIRE

### Simplification d'écriture

**1** Simplifier les expressions suivantes :

*a*) $\ln e + \ln (e^2) + \ln (e^3)$.

*b*) $\ln e - \ln \left(\dfrac{1}{e}\right)$.

*c*) $\ln (e\sqrt{e})$.

*d*) $\ln (e^{-2}) + \ln (e^{-1})$.

*e*) $\ln (e^2) - 2 \ln e$.

**2** Calculer en fonction de ln 2 :

*a*) $\ln (4e) + \ln (2e)$.

*b*) $\ln 2 + \ln (16e) - \ln (4e^2)$.

**3** Calculer en fonction de ln 3 :

*a*) $\ln 9 + \ln 27 + \ln 3e$.

*b*) $\ln \left(\dfrac{3}{e}\right) - \ln \left(\dfrac{9}{e^2}\right)$.

**4** Soit la fonction $f$ définie sur $]0\,;+\infty[$ par $f(x) = (\ln x)^2 + \ln x$.

Calculer $f(e)\,;\, f\left(\dfrac{1}{e}\right)\,;\, f(e^2)\,;\, f(1)\,;\, f(2)$.

**5** Même exercice que le **4** avec

*a*) $f(x) = \ln (x^2) - 2 \ln x$.

*b*) $f(x) = (\ln x)^2 - \ln (x^2)$.

## Ensemble de définition

*Pour les exercices **6** à **12**, déterminer les valeurs de* x *pour lesquelles l'expression donnée a un sens.*

**6** *a*) $\ln(x-1)$.
*b*) $\ln(2-x)$.

**7** *a*) $\ln(2x-7)$.
*b*) $\ln(1-3x)$.

**8** *a*) $\ln(x^2)$.
*b*) $\ln(-x)$.

**9** *a*) $\ln\frac{1}{x}$. *b*) $\ln\left(\frac{1}{3-x}\right)$.

**10** *a*) $\ln[x(x-1)]$.
*b*) $\ln x + \ln(x-1)$.

**11** *a*) $\frac{1}{\ln x}$.
*b*) $\frac{1}{\ln(x^2)}$.

**12** *a*) $\frac{1}{\ln x - 1}$. *b*) $\frac{1}{\ln(x-1)}$.

## Équations

RAPPEL

Pour $a > 0$ et $b > 0$ : $\ln a = \ln b \Leftrightarrow a = b$.

*Pour les exercices **13** à **18**, résoudre dans $\mathbb{R}$ les équations.*

**13** *a*) $\ln x = \ln(2x+1)$.
*b*) $\ln x = \ln(3-x)$.

**14** *a*) $\ln x - 1 = 0$.
*b*) $\ln(x-1) = 1$.

**15** *a*) $\ln(2x-3) = -1$. *Indication :* $-1 = \ln\left(\frac{1}{e}\right)$.
*b*) $\ln\left(\frac{1}{x}\right) = -3$.

**16** *a*) $\ln(x-3) = 2$. *Indication :* $2 = 2\ln e = \ln(\ldots)$.
*b*) $\ln(5-x) = -3$.

**17** *a*) $(\ln x)^2 + 2(\ln x) + 1 = 0$. *Indication :* poser $X = \ln x$.
*b*) $2(\ln x)^2 - \ln x - 1 = 0$.

**18** *a*) $\ln(x^2) - \ln x - 2 = 0$.
*b*) $(\ln x)^2 - \ln x - 6 = 0$.

## Inéquations

*Pour les exercices **19** à **22**, résoudre dans $\mathbb{R}$ les inéquations.*

RAPPEL

Pour $a > 0$ et $b > 0$ : $\ln a \leqslant \ln b \Leftrightarrow 0 < a \leqslant b$.

**19** *a*) $\ln x < 1$. *b*) $\ln x > -1$.

**20** *a*) $\ln(x-2) \geqslant 1$. *b*) $\ln(3-x) \leqslant -1$.

**21** *a*) $\ln(x-5) < 2$. *b*) $\ln(1-x) \geqslant 3$.

**22** *a*) $\ln(x^2) - 1 \leqslant 0$. *b*) $(\ln x)^2 + 1 \leqslant 0$.

## Tableau de signes

*Pour les exercices **23** à **27**, résoudre les inéquations à l'aide d'un tableau de signes.*

**23** $x\ln x \geqslant 0$.

**24** $(x-1)\ln x < 0$.

**25** $\frac{-x+2}{\ln x} \geqslant 0$.

**26** $(x-e)(\ln x - 1) \geqslant 0$.

**27** $\frac{x}{\ln x} \leqslant 0$.

## Inéquations

*Pour les exercices **28** à **31**, on demande de ne pas utiliser la touche* $x^y$ *de la calculatrice.*
*À partir de quel entier naturel* n, *les inégalités suivantes sont-elles vérifiées ? (Justifier les réponses).*

**28** $(0{,}95)^n \leqslant \frac{1}{5}$.

**29** *a*) $(0{,}98)^n \leqslant \frac{1}{3}$.
*b*) $10(0{,}85)^n \leqslant 1$.

**30** *a*) $15(0{,}8)^n \leqslant 5$.
*b*) $a(0{,}99)^n \leqslant \frac{a}{4}$ avec $a > 0$.

**31** *a*) $(1{,}1)^n \geqslant 10$.
*b*) $(1{,}05)^n \geqslant 100$

## Dérivées et primitives

*Pour les exercices **32** à **37**, calculer la dérivée de la fonction* f *définie sur* I.

**32** a) $f(x) = \ln x + 1$, $\quad I = ]0\,;+\infty[$.
b) $f(x) = x^2 + \ln x$, $\quad I = ]0\,;+\infty[$.

**33** a) $f(x) = \dfrac{1}{x} + 2\ln x$, $\quad I = ]0\,;+\infty[$.
Étudier le signe de $f'$.
b) $f(x) = \dfrac{1}{\ln x}$, $\quad I = ]0\,;1[$.

**34** a) $f(x) = (\ln x)^2$, $\quad I = ]0\,;+\infty[$.
b) $f(x) = x\ln x$, $\quad I = ]0\,;+\infty[$.
Étudier le signe de $f'$.

**35** a) $f(x) = \dfrac{\ln x}{x}$, $\quad I = ]0\,;+\infty[$.
b) $f(x) = \dfrac{x}{\ln x}$, $\quad I = ]0\,;1[$.

**36** a) $f(x) = \ln(2x+3)$, $\quad I = \left]-\dfrac{3}{2}\,;+\infty\right[$.
b) $f(x) = \ln(x^2+x+1)$, $\quad I = \mathbb{R}$.

**37** a) $f(x) = \ln(2-x)$, $\quad I = ]-\infty\,;2[$.
b) $f(x) = \ln(x^2-1)$, $\quad I = ]-\infty\,;-1[$.

*Pour les exercices **38** à **44**, déterminer une primitive de la fonction* f *définie sur* I.

**38** a) $f(x) = 2 + \dfrac{1}{x}$, $\quad I = ]0\,;+\infty[$.
b) $f(x) = 2x + 1 + \dfrac{3}{x}$, $\quad I = ]0\,;+\infty[$.

**39** a) $f(x) = \dfrac{-2}{x}$, $\quad I = ]0\,;+\infty[$.
b) $f(x) = \dfrac{2}{x}$, $\quad I = ]0\,;+\infty[$.

**40** $f(x) = \dfrac{1}{x-1}$, $\quad I = ]1\,;+\infty[$.

**41** a) $f(x) = \dfrac{2}{2x-1}$, $\quad I = \left]\dfrac{1}{2}\,;+\infty\right[$.
b) $f(x) = \dfrac{1}{2x+1}$, $\quad I = \left]-\dfrac{1}{2}\,;+\infty\right[$.

**42** a) $f(x) = \dfrac{2x}{x^2+1}$, $\quad I = \mathbb{R}$.
b) $f(x) = \dfrac{2x+1}{x^2+x+1}$, $\quad I = \mathbb{R}$.

**43** a) $f(x) = \dfrac{x}{1+x^2}$, $\quad I = \mathbb{R}$.
b) $f(x) = \dfrac{1}{(1+x)^2}$, $\quad I = \mathbb{R}^+$.

**44** a) $f(x) = \dfrac{x+1}{x}$, $\quad I = ]0\,;+\infty[$.
b) $f(x) = \dfrac{x^2+x+1}{x^2}$, $\quad I = ]0\,;+\infty[$.

## Limites

*Pour les exercices **45** à **52**, déterminer* $\lim\limits_{x \to +\infty} f(x)$.

**45** $f(x) = \ln x + x$.

**46** $f(x) = x\ln x$.

**47** $f(x) = \dfrac{1}{\ln x}$.

**48** $f(x) = \dfrac{2}{\ln x - 3}$.

**49** $f(x) = \dfrac{\ln x}{x^3}$.

**50** $f(x) = \dfrac{1}{-\ln x + 1}$.

**51** $f(x) = \dfrac{\ln x}{\ln(x^2)}$.

**52** $f(x) = \dfrac{\ln(x^2)}{x}$.

*Pour les exercices **53** à **57**, la fonction* f *est définie sur l'intervalle* I. *Déterminer* $\lim\limits_{x \to a} f(x)$.

> RAPPEL
>
> $a$ est réel, ou $+\infty$, ou $-\infty$; $\quad u(x) > 0$.
> Si $\lim\limits_{x \to a} u(x) = +\infty$, alors $\lim\limits_{x \to a} \ln(u(x)) = +\infty$.
> Si $\lim\limits_{x \to a} u(x) = 0$, alors $\lim\limits_{x \to a} \ln(u(x)) = -\infty$.

**53** $f(x) = \ln(x^2+1)$; $\quad I = \mathbb{R}$; $\quad a = +\infty$; $\quad a = -\infty$.

**54** $f(x) = \left(x^2 + \dfrac{1}{x}\right)$; $\quad I = [1\,;+\infty[$; $\quad a = +\infty$.

**55** $f(x) = \ln\left(\dfrac{1}{x}\right)$; $\quad I = ]0\,;+\infty[$; $\quad a = +\infty$; $\quad a = 0$.

**56** $f(x) = \ln(x-1)$; $\quad I = ]1;+\infty[$; $\quad a = 1$; $\quad a = 3$; $\quad a = +\infty$.

**57** $f(x) = \ln\left(\dfrac{1}{x-1}\right)$; $\quad I = ]1\,;+\infty[$; $\quad a = 1$; $\quad a = 3$; $\quad a = +\infty$.

## Étude de fonctions

*Pour les exercices **58** à **60**, étudier les variations de la fonction et construire sa courbe représentative.*

**58** *a*) $f$ définie sur $]3\,;+\infty[$ par $f(x) = \ln(x-3)$.
*b*) $f$ définie sur $]-\infty\,;3[$ par $f(x) = \ln(3-x)$.
*c*) $f$ définie sur $]3\,;+\infty[$ par $f(x) = \ln\left(\dfrac{1}{x-3}\right)$.

**59** *a*) $f$ définie sur $]0\,;+\infty[$ par $f(x) = \dfrac{\ln x}{x}$.

**60** *a*) $f$ définie sur $]0\,;1[$ par $f(x) = \dfrac{1}{\ln x}$.

## RÉSULTATS DES EXERCICES DONT LE NUMÉRO EST EN COULEUR

**1.** *a*) $\ln e + \ln(e^2) + \ln(e^3) = 1 + 2\ln e + 3\ln e = 6$ (car $\ln e = 1$) ;
*b*) 2 ; *c*) $\dfrac{3}{2}$ ; *d*) $-3$ ; *e*) 0.

**2.** *a*) $\ln(4e) + \ln(2e) = \ln 4 + \ln e + \ln 2 + \ln e$
$= 2\ln 2 + 2\ln e + \ln 2$
$= 3\ln 2 + 2$.
*b*) $\ln 2 + \ln 16 + \ln e - [\ln 4 + \ln e^2]$
$= \ln 2 + 4\ln 2 + 1 - 2\ln 2 - 2 = 3\ln 2 - 1$.

**4.**
$f(e) = (\ln e)^2 + \ln e = 1^2 + 1 = 2$.
$f\left(\dfrac{1}{e}\right) = \left[\ln\left(\dfrac{1}{e}\right)\right]^2 + \ln\left(\dfrac{1}{e}\right) = [-\ln e]^2 - \ln e = 0$.
$f(e^2) = [\ln(e^2)]^2 + \ln(e^2) = (2\ln e)^2 + 2\ln e = 6$.
$f(1) = (\ln 1)^2 + \ln 1 = 0^2 + 0 = 0$.
$f(2) = (\ln 2)^2 + \ln 2$ ; $f(2) \simeq 1{,}17$.

**6.** *a*) $\ln(x-1)$ a un sens si, et seulement si $x - 1 > 0$, c'est-à-dire $x > 1$.
*b*) Pour $x < 2$.

**8.** *a*) Pour $x$ non nul. *b*) Pour $x < 0$.

**10.** *a*) $\ln(x(x-1))$ a un sens si et seulement si $x(x-1) > 0$.
$x(x-1)$ est un trinôme du second degré, il a deux racines 0 et 1.
Le signe du coefficient de $x^2$ étant positif, le signe de $x(x-1)$ est donné par le schéma suivant :

| $x$ | $-\infty$ | | 0 | | 1 | | $+\infty$ |
|---|---|---|---|---|---|---|---|
| signe de $x(x-1)$ | | + | 0 | − | 0 | + | |

*Conclusion :* $\ln(x(x-1)$ a un sens pour $x < 0$ et pour $x > 1$.
*b*) Pour $x > 1$.

**11.** *a*) Pour $x \in\ ]0\,;1[\ \cup\ ]1\,;+\infty[$.
*b*) Pour $x \neq 0$, $x \neq 1$ et $x \neq -1$.

**12.** *a*) Pour $x \in\ ]0\,;e[\ \cup\ ]e\,;+\infty[$.
*b*) Pour $x \in\ ]1\,;2[\ \cup\ ]2\,;+\infty[$.

**13.** *a*) $\ln x = \ln(2x+1) \Leftrightarrow \begin{cases} x > 0 \\ 2x+1 > 0 \\ x = 2x+1. \end{cases}$
L'équation $x = 2x + 1$ a pour solution $-1$ ; mais cette solution n'est pas acceptable car elle ne vérifie pas $x > 0$.
Donc $\mathcal{S} = \varnothing$.
*b*) $\ln x = \ln(3-x) \Leftrightarrow \begin{cases} x > 0 \\ 3-x > 0 \\ x = 3-x. \end{cases}$
L'équation $x = 3 - x$ a pour solution $\dfrac{3}{2}$.
Cette solution est acceptable car $\dfrac{3}{2} > 0$ et $3 - \dfrac{3}{2} > 0$.
$\mathcal{S} = \left\{\dfrac{3}{2}\right\}$.

**14.** *a*) $\mathcal{S} = \{e\}$. *b*) $\mathcal{S} = \{e+1\}$.

**15.** *a*) $\ln(2x-3) = -1 \Leftrightarrow \ln(2x-3) = \ln\dfrac{1}{e}$.
D'où $\mathcal{S} = \left\{\dfrac{3}{2} + \dfrac{1}{2e}\right\}$.
*b*) $\mathcal{S} = \{e^3\}$.

**17.** *a*) L'équation $X^2 + 2X + 1 = 0$ a une solution double : $X = -1$.
$(\ln x)^2 - 2(\ln x) + 1 = 0 \Leftrightarrow \ln x = -1$.
$\mathcal{S} = \left\{\dfrac{1}{e}\right\}$.
*b*) $\mathcal{S} = \left\{e\,;\dfrac{\sqrt{e}}{e}\right\}$.

**19.** *a*) $\ln x < 1 \Leftrightarrow \ln x < \ln e \Leftrightarrow 0 < x < e$ car la fonction ln est strictement croissante sur l'intervalle $]0\,;+\infty[$.
$\mathcal{S} = ]0, e[$.
*b*) $\ln x > -1 \Leftrightarrow \ln x > \ln\left(\dfrac{1}{e}\right) \Leftrightarrow x > \dfrac{1}{e}$.
$\mathcal{S} = \left]\dfrac{1}{e}\,;+\infty\right[$.

**21.** *a)* $\ln(x-5) < 2 \Leftrightarrow \ln(x-5) < \ln e^2$.

$\ln(x-5) < 2 \Leftrightarrow \begin{cases} x-5>0 \\ x-5<e^2. \end{cases}$

$\ln(x-5) < 2 \Leftrightarrow \begin{cases} x>5 \\ x<5+e^2. \end{cases}$

$\mathcal{S} = ]5\,;5+e^2[$.

*b)* $\mathcal{S} = ]-\infty\,;1-e^3]$.

**23.**

| $x$ | 0 | | 1 | | $+\infty$ |
|---|---|---|---|---|---|
| $\ln x$ | ‖ | $-$ | 0 | $+$ | |
| $x$ | ‖ | $+$ | | $+$ | |
| $x\ln x$ | ‖ | $-$ | 0 | $+$ | |

$\mathcal{S} = [1\,;+\infty[$.

**26.**

| $x$ | 0 | | $e$ | | $+\infty$ |
|---|---|---|---|---|---|
| $x-e$ | ‖ | $-$ | 0 | $+$ | |
| $\ln x - 1$ | ‖ | $-$ | 0 | $+$ | |
| $(x-e)(\ln x - 1)$ | ‖ | $+$ | 0 | $+$ | |

$\mathcal{S} = ]0\,;+\infty[$.

**27.**

| $x$ | 0 | | 1 | |
|---|---|---|---|---|
| $x$ | ‖ | $+$ | | $+$ |
| $\ln x$ | ‖ | $-$ | 0 | $+$ |
| $\dfrac{x}{\ln x}$ | ‖ | $-$ | ‖ | $+$ |

$\mathcal{S} = ]0\,;1[$.

**28.** Les inégalités suivantes sont équivalentes :

$(0{,}95)^n \leqslant \dfrac{1}{5}$ ;

$\ln(0{,}95)^n \leqslant \ln\dfrac{1}{5}$ ;

$n\ln 0{,}95 \leqslant -\ln 5$ ;

$n \geqslant \dfrac{-\ln 5}{\ln 0{,}95}$ (on divise par ln 0,95 qui est négatif).

Or $\dfrac{-\ln 5}{\ln 0{,}95} \simeq 31{,}377$.

L'inégalité $(0{,}95)^n \leqslant \dfrac{1}{5}$ est vérifiée pour $n \geqslant 32$.

**31.** *a)* Les inégalités suivantes sont équivalentes :

$(1{,}1)^n \geqslant 10$ ;

$\ln[(1{,}1)^n] \geqslant \ln 10$ ;

$n\ln(1{,}1) \geqslant \ln 10$ ;

$n \geqslant \dfrac{\ln 10}{\ln 1{,}1}$ car $\ln 1{,}1 > 0$.

Or $\dfrac{\ln 10}{\ln 1{,}1} \simeq 24{,}15$ donc l'inégalité $(1{,}1)^n \geqslant 10$ est vérifiée à partir de $n = 25$.

*b)* L'inégalité $(1{,}05)^n \geqslant 100$ est vérifiée à partir de $n = 95$.

**32.** *a)* $f'(x) = \dfrac{1}{x}$. *b)* $f'(x) = 2x + \dfrac{1}{x}$.

**33.** *a)* $f'(x) = -\dfrac{1}{x^2} + \dfrac{2}{x} = \dfrac{-1+2x}{x^2}$.

$f'(x)$ est du signe de $-1+2x = 2x-1$.

Si $x = \dfrac{1}{2}$ alors $f'(x) = 0$.

Si $x > \dfrac{1}{2}$ alors $f'(x) > 0$.

Si $0 < x < \dfrac{1}{2}$ alors $f'(x) < 0$.

**34.** *a)* $f'(x) = 2(\ln x) \times \dfrac{1}{x}$.

*b)* $f'(x) = x \times \dfrac{1}{x} + \ln x = 1 + \ln x$.

$f'(x) = 0 \Leftrightarrow \ln x + 1 = 0 \Leftrightarrow x = \dfrac{1}{e}$.

Si $x > \dfrac{1}{e}$, alors $\ln x > \ln\left(\dfrac{1}{e}\right)$,

soit $\ln x > -\ln e$.

Donc si $x > \dfrac{1}{e}$, alors $f'(x) > 0$. De même si $0 < x < \dfrac{1}{e}$, alors $f'(x) < 0$.

**35.** *a)* $f'(x) = \dfrac{x \times \dfrac{1}{x} - \ln x}{x^2} = \dfrac{1-\ln x}{x^2}$.

$f'(x)$ est du signe de $1 - \ln x$ :

- Si $x = e$ alors $f'(x) = 0$.
- Si $x > e$ alors $f'(x) < 0$.
- Si $0 < x < e$ alors $f'(x) > 0$.

**36.** *a)* $f'(x) = \dfrac{2}{2x+3}$.

*b)* $f'(x) = \dfrac{2x+1}{x^2+x+1}$.

**38.** *a)* Une primitive F de $f$ sur l'intervalle $]0\,;+\infty[$ est définie par

$F(x) = 2x + \ln x + k$.

*b)* Une primitive F de $f$ sur l'intervalle $]0\,;+\infty[$ est définie par $F(x) = x^2 + x + 3\ln x + k$.

**40.** Puisque $x \in ]1\,;+\infty[$, $x-1>0$ donc
$F(x) = \ln(x-1)+k$.

**42.** *a)* $F(x) = \ln(x^2+1)+k$.
(Pour tout réel $x$, $x^2+1>0$.)
*b)* $F(x) = \ln(x^2+x+1)+k$.
(Pour tout réel $x$, $x^2+x+1>0$.)

**44.** *a)* $f(x) = 1+\dfrac{1}{x}$, d'où $F(x) = x+\ln x+k$.

*b)* $f(x) = 1+\dfrac{1}{x}+\dfrac{1}{x^2}$, d'où $F(x) = x+\ln x-\dfrac{1}{x}+k$.

**45.** $\lim\limits_{x\to+\infty} \ln x = +\infty$ et $\lim\limits_{x\to+\infty} x = +\infty$
donc $\lim\limits_{x\to+\infty} f(x) = +\infty$.

**47.** $\lim\limits_{x\to+\infty} \ln x = +\infty$ donc $\lim\limits_{x\to+\infty} f(x) = 0$.

**49.** $f(x) = \dfrac{\ln x}{x}\times\dfrac{1}{x^2}$ ; $\lim\limits_{x\to+\infty}\dfrac{\ln x}{x} = 0$ et $\lim\limits_{x\to+\infty}\dfrac{1}{x^2} = 0$

d'où $\lim\limits_{x\to+\infty} f(x) = 0$.

**50.** $\lim\limits_{x\to+\infty} f(x) = 0$.

**53.** $\lim\limits_{x\to+\infty}(x^2+1) = \lim\limits_{x\to-\infty}(x^2+1) = +\infty$.
donc $\lim\limits_{x\to+\infty} f(x) = \lim\limits_{x\to-\infty} f(x) = +\infty$.

**55.** $\lim\limits_{x\to+\infty}\dfrac{1}{x} = 0$, donc $\lim\limits_{x\to+\infty}\ln\left(\dfrac{1}{x}\right) = -\infty$.

*Remarque :* On peut aussi utiliser l'égalité :
$\ln\left(\dfrac{1}{x}\right) = -\ln x$.

$\lim\limits_{x\to0}\dfrac{1}{x} = +\infty$ car $x>0$, donc $\lim\limits_{x\to0}\ln\left(\dfrac{1}{x}\right) = +\infty$.

**56.**
- $\lim\limits_{x\to1}(x-1) = 0$ et $x-1>0$ donc
$\lim\limits_{x\to1} f(x) = -\infty$.
- $\lim\limits_{x\to3}(x-1) = 2$, donc $\lim\limits_{x\to3} f(x) = \ln 2$.
- $\lim\limits_{x\to+\infty}(x-1) = +\infty$, donc $\lim\limits_{x\to+\infty} f(x) = +\infty$.

**58.** *a)*

| $x$ | 3 | | 4 | | $+\infty$ |
|---|---|---|---|---|---|
| $f'(x)$ | ‖ | | + | | |
| $f(x)$ | ‖ $-\infty$ | ↗ | 0 | ↗ | $+\infty$ |

La courbe de $f$ se déduit de celle de ln par translation de vecteur $\vec{v}\,(3\,;0)$.

*b)*

| $x$ | $-\infty$ | | 2 | | 3 |
|---|---|---|---|---|---|
| $f'(x)$ | | − | | − | ‖ |
| $f(x)$ | $+\infty$ | ↘ | 0 | ↘ | $-\infty$ ‖ |

La courbe se déduit de la précédente par symétrie par rapport à la droite d'équation $x = 3$.

*c)*

| $x$ | 3 | | 4 | | $+\infty$ |
|---|---|---|---|---|---|
| $f'(x)$ | ‖ | | − | | |
| $f(x)$ | ‖ $+\infty$ | ↘ | 0 | ↘ | $-\infty$ |

La courbe se déduit de la première par une symétrie par rapport à l'axe (O$x$) car $\ln\left(\dfrac{1}{x-3}\right) = -\ln(x-3)$.

**59.**

| $x$ | 0 | | $e$ | | $+\infty$ |
|---|---|---|---|---|---|
| $f'(x)$ | ‖ | + | 0 | − | |
| $f(x)$ | ‖ $-\infty$ | ↗ | $\dfrac{1}{e}$ | ↘ | 0 |

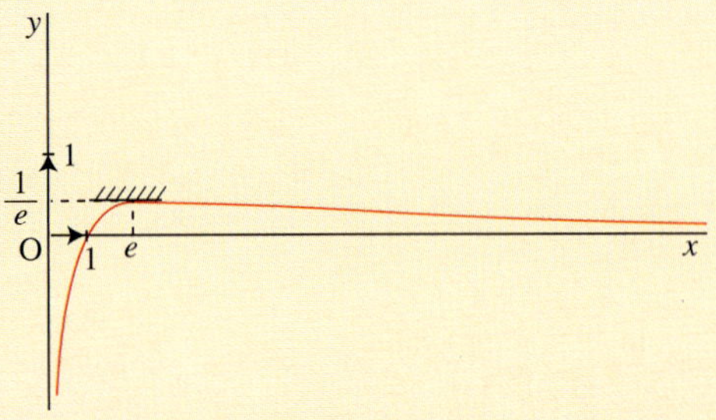


Fig. 8

## POUR CHERCHER

## Équations, inéquations, système

**61** Résoudre dans $\mathbb{R}$ l'équation $x^2 + x - 2 = 0$.
En déduire les solutions dans $\mathbb{R}$ de l'équation
$(\ln x)^2 + \ln x - 2 = 0$.

**62** Résoudre dans $\mathbb{R}$ l'équation $2x^2 - 3x - 2 = 0$.
En déduire les solutions dans $\mathbb{R}$ de l'équation
$2(\ln x)^2 - 3 \ln x - 2 = 0$.

**63** 1° Étudier dans $\mathbb{R}$ le signe de $\ln x - 1$ et de $\ln x + 1$.
2° En déduire le signe dans $\mathbb{R}$ de $(\ln x)^2 - 1$.

**64** 1° Étudier dans $\mathbb{R}$ le signe de $2 - \ln x \geqslant 0$ et $\ln x + 1 \geqslant 0$.
2° En déduire le signe dans $\mathbb{R}$ de $(2 - \ln x)(\ln x + 1)$.

**65** 1° Résoudre dans $\mathbb{R}$ l'équation $\ln (x + 1)(x + 2) = \ln 2$.
2° Résoudre dans $\mathbb{R}$ l'équation
$\ln (x + 1) + \ln (x + 2) = \ln 2$.

**66** Résoudre pour $x$ et $y$ réels le système
$$\begin{cases} x + y = 55 ; \\ \ln x + \ln y = \ln 700. \end{cases}$$

**67** *a*) Développer $(X - 2)(X^2 + 2X - 3)$.
*b*) Résoudre dans $\mathbb{R}$ l'équation $(\ln x)^3 - 7 \ln x + 6 = 0$.

## Primitives

**68** Soit la fonction $f$ définie sur $I = [0 ; 4]$ par :
$$f(x) = \frac{2x^2 + x}{x - 3}.$$
*a*) Montrer que $f(x) = 2x - 1 + \dfrac{1}{x + 1}$.
*b*) En déduire les primitives de $f$ sur l'intervalle I.

**69** Soit la fonction $f$ définie sur $I = [3 ; 10]$ par :
$$f(x) = \frac{3x^2 + 4x - 25}{x^2 + x - 6}.$$
*a*) Montrer que $f(x) = 3 + \dfrac{2}{x + 3} - \dfrac{1}{x - 2}$.
*b*) En déduire les primitives de $f$ sur I.

**70** La fonction $f$ est définie sur $I = [0 ; + \infty]$ par :
$$f(x) = \frac{2x^2 + 3x + 2}{x + 1}.$$
*a*) Montrer que $f(x) = 2x + 1 + \dfrac{1}{x + 1}$.
*b*) En déduire les primitives de $f$ sur I.

**71** *a*) Calculer la dérivée de la fonction $f$ définie sur $]0 ; + \infty[$ par $f(x) = x \ln x - x$.
*b*) En déduire une primitive de la fonction $g$ définie sur $]0 ; + \infty[$ par $g(x) = \ln x$.

**72** *a*) Calculer la dérivée de la fonction $f$ définie sur $]1 ; + \infty[$ par $f(x) = (x - 1) \ln (x - 1)$.
*b*) En déduire une primitive de la fonction $g$ définie sur $]1 ; + \infty[$ par $g(x) = \ln (x - 1)$.

**73** *a*) Calculer la dérivée de la fonction $f$ définie sur $]0 ; + \infty[$ par $f(x) = (\ln x)^2$.
*b*) En déduire une primitive de la fonction $g$ définie sur $]0 ; + \infty[$ par $g(x) = \dfrac{\ln x}{x}$.

## Étude de fonctions

**74** On considère la fonction numérique $f$ définie sur $]0 ; + \infty[$ par $f(x) = \dfrac{\ln x - 2}{x}$.
*a*) Étudier les limites de $f$ aux bornes de l'ensemble de définition.
*b*) Calculer la dérivée $f'$ de $f$ et en déduire le sens de variation de $f$.
*c*) Construire la courbe $\mathscr{C}$ représentative de $f$ dans un repère orthogonal $(O, \vec{\imath}, \vec{\jmath})$ (unités : 1 cm sur l'axe des abscisses, 10 cm sur l'axe des ordonnées).
*d*) Résoudre l'équation $f(x) = 0$, puis l'inéquation $f(x) > 0$. Retrouver ces résultats graphiquement.

**75** Soit $f$ la fonction définie sur l'intervalle $]0 ; 10]$ par
$f(x) = x - 4 - \ln (2x)$.
*a*) Étudier la limite de $f$ en 0.
*b*) Étudier les variations de $f$.
*c*) À l'aide du tableau de variation de $f$, montrer que l'équation $f(x) = 0$ a une solution unique dans l'intervalle $]0 ; 10]$. Donner un encadrement de cette solution de diamètre 0,5.
*d*) Construire la courbe $\mathscr{C}$ représentative de $f$ dans un repère orthonormé $(O, \vec{\imath}, \vec{\jmath}$ (unité 1 cm). Retrouver le résultat du *c*) graphiquement.
*e*) Soit G la fonction définie sur l'intervalle $]0 ; 10]$ par $G(x) = x \ln x - x$. Calculer la dérivée G′ de G.
Après avoir remarqué que $f(x) = x - 4 - \ln 2 - \ln x$, utiliser ce qui précède pour trouver une primitive de $f$.

**76** Soit $f$ la fonction numérique de variable réelle, définie sur l'intervalle D = $]0\,;+\infty[$ par :

$f(x) = (\ln x)^2 - 2\ln x + 1$.

*a*) Démontrer que, pour tout réel $x \in$ D, $f(x) \geqslant 0$. Interpréter graphiquement ce résultat.

*b*) Calculer $f(1)\,;f(e)\,;f\left(\frac{1}{e}\right);f(2)\,;f(e^2)\,;f(e^3)$.

*c*) Étudier les variations de $f$.

*d*) Déterminer une équation de la tangente T à la courbe $\mathscr{C}$ représentative de $f$ au point A d'abscisse $e$. Construire $\mathscr{C}$ et T.

*f*) Résoudre dans D l'équation $f(x) = 1$.

**77** Soit la fonction $f$ définie sur $]0\,;4]$ par $f(x) = 3x - \ln(3x)$.
Soit ($\mathscr{C}$) la courbe représentative de $f$ dans un repère orthogonal $(O, \vec{\imath}, \vec{\jmath})$.

1° Étudier les variations de $f$ (limite en 0, sens de variation, tableau de variation).

2° Soit A le point de ($\mathscr{C}$) d'abscisse $\frac{e}{3}$.

Écrire une équation de la tangente (T) à ($\mathscr{C}$) en A et vérifier que (T) passe par O.

3° Construire ($\mathscr{C}$) et (T).

4° *a*) En déduire que l'équation $f(x) = 2$ a une solution unique $x_0$ sur l'intervalle $[1/3\,;4]$.
*b*) À l'aide d'une calculatrice, donner un encadrement de $x_0$ à 0,1 près (expliquer).

5° Calculer la dérivée de la fonction G définie par $G(x) = -x + x\ln(3x)$.
En déduire une primitive F de $f$ sur $]0\,;4]$.

**78** Soit la fonction $f$ définie sur $]0\,;+\infty]$ par

$f(x) = x + 3 - \frac{\ln x}{x}$.

La courbe $\mathscr{C}$ représentant $f$ est donnée sur la figure ainsi que la représentation graphique des droites d'équation $y = x + 3$ et $y = 4$.

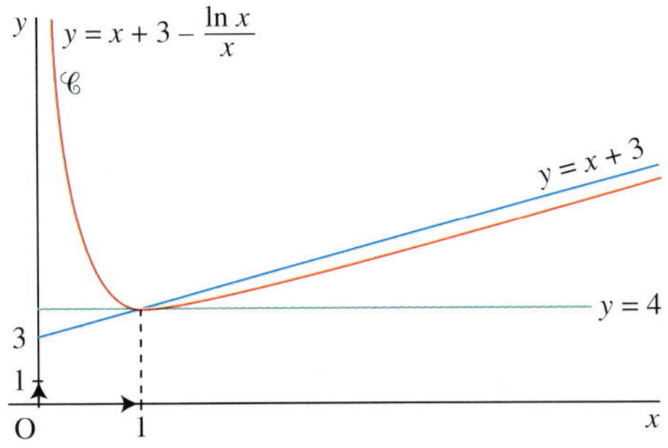


Fig. 9

1° *a*) Calculer la dérivée de $f$.
*b*) À l'aide du graphique, dresser le tableau de variation de $f$.

2° Déterminer la limite de $f$ en 0 et interpréter graphiquement ce résultat.

3° Calculer $\lim\limits_{x \to +\infty} (f(x) - x - 3)$ et donner l'interprétation graphique de cette limite.

4° À l'aide du graphique, donner la position de $\mathscr{C}$ par rapport à la droite d'équation $y = x + 3$.
Retrouver ce résultat par le calcul.

**79** 1° On donne la représentation graphique de la fonction $g$ définie sur l'intervalle $]0\,;20]$ par $g(x) = 1 - \ln x$.

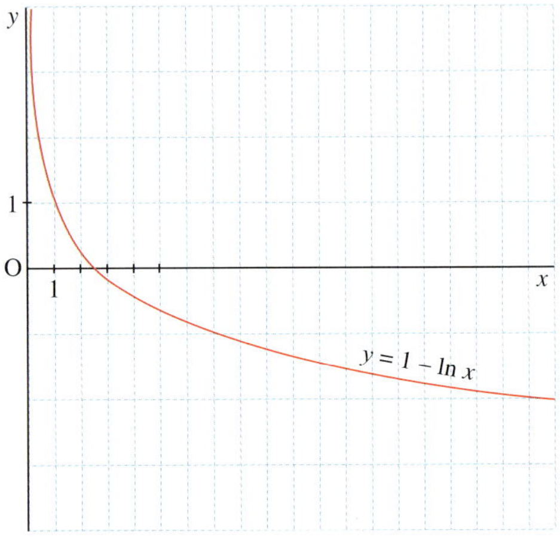


Fig. 10

*a*) Résoudre dans l'intervalle $]0\,;20]$ l'équation $g(x) = 0$.
*b*) Déterminer à l'aide du graphique le **signe** de $g(x)$.

2° Soit $f$ la fonction définie sur l'intervalle $]0\,;20]$ par $f(x) = x(2 - \ln x)$.
*a*) Calculer la dérivée $f'$ de $f$.
*b*) Étudier le signe de $f'(x)$ en utilisant le 1°.
*c*) Dresser le tableau de variation de $f$ (on ne demande pas de calculer la limite de $f$ en 0).
*d*) Tracer la courbe $\mathscr{C}$ représentative de $f$.

3° Déterminer une équation de la tangente à $\mathscr{C}$ au point A$(1\,;f(1))$ et la tracer.

**80** Le plan est rapporté à un repère orthonormé $(O, \vec{\imath}, \vec{\jmath})$ (unité : 1 cm sur chaque axe).

1° Soit la fonction numérique $f$ définie sur $[-6\,;6]$ par :

$f(x) = \frac{x^2}{4} - 1$.

*a*) Étudier le sens des variations de $f$.
*b*) Tracer la courbe $(C_f)$ représentant la fonction $f$ dans le repère $(O, \vec{\imath}, \vec{\jmath})$. On précisera les points de $(C_f)$ d'abscisses respectives $-6\,;-4\,;-2\,;0\,;1\,;3\,;5\,;6$.

2° Soit la fonction numérique $g$ définie sur $]0\,;6]$ par :

$g(x) = \frac{x^2}{4} - 1 - 2\ln x$.

Soit $(C_g)$ la courbe représentant la fonction $g$ dans le repère $(O, \vec{\imath}, \vec{\jmath})$.

*a*) Étudier la limite de $g(x)$ lorsque $x$ tend vers 0. Que peut-on en déduire pour la droite d'équation $x = 0$ ?

*b*) Étudier le sens des variations de $g$ sur $]0; 6]$.

*c*) Tracer la courbe $(C_g)$. On précisera les points de $(C_g)$ d'abscisses respectives $\frac{1}{2}$ ; 1 ; $e$ ; 4 ; 5 ; 6.

*d*) Déterminer par le calcul les coordonnées du point d'intersection de $(C_f)$ et $(C_g)$.

*e*) Résoudre graphiquement l'inéquation

$f(x) \geqslant g(x)$ pour $x \in \, ]0; 6]$.

3° Soit $h$ la fonction numérique définie sur $]0; 6]$ par :

$h(x) = x \ln x - x$.

Calculer $h'(x)$. Utiliser ce résultat pour déterminer une primitive G de $g$.

**81** On considère la fonction numérique $f$ de la variable réelle $x$ définie sur $]0; +\infty[$ par $f(x) = 3 \ln x - x + 1$.

On désigne par C la courbe représentative de la fonction $f$ dans le plan rapporté à un repère orthogonal $(O, \vec{\imath}, \vec{\jmath})$. On prendra pour unités graphiques :
- 1 cm sur l'axe des abscisses,
- 2 cm sur l'axe des ordonnées.

**A.** 1° Déterminer la fonction dérivée $f'$ de $f$.

2° *a*) Déterminer la limite de $f$ en 0 et en déduire l'existence d'une asymptote.

*b*) $f(x)$ peut s'écrire :

$$f(x) = x\left(3\,\frac{\ln x}{x} - 1 + \frac{1}{x}\right).$$

En déduire la limite de $f$ en $+\infty$.

3° Donner le tableau de variation de la fonction $f$.

**B.** 1° Calculer, à $10^{-1}$ près, $f\left(\frac{1}{2}\right)$, $f(1)$, $f(2)$ ; $f(3)$ ; $f(5)$ ; $f(8)$ ; $f(10)$ ; $f(12)$ ; $f(15)$.

2° Déterminer une équation de la tangente T à la courbe C au point d'abscisse 1. Tracer cette tangente.
Construire C.

3° Montrer graphiquement que l'équation $f(x) = 0$ admet deux solutions. Déterminer graphiquement un encadrement, à l'aide d'entiers consécutifs, de la solution non entière.

4° Soit la fonction G définie sur $]0; +\infty[$ par

$G(x) = x \ln x - x$.

Montrer que G est une primitive sur $]0; +\infty[$ de la fonction $g$ définie par $g(x) = \ln x$. En déduire une primitive F sur $]0; +\infty[$ de $f$.

**82** I désigne l'intervalle $[1; 4[$.
Soit $f$ la fonction définie sur I par
$f(x) = \ln x + \ln(4 - x)$.

Soit $\mathscr{C}$ la courbe représentative de $f$ dans un repère orthonormal (unité 3 cm).

1° Vérifier que $f'(x) = \dfrac{4 - 2x}{x(4 - x)}$.

2° Déterminer la limite de $f$ en 4. Que peut-on en déduire pour la droite $\mathscr{D}$ d'équation $x = 4$ ?

3° Étudier le signe de $f'(x)$ à l'aide d'un tableau de signes et dresser le tableau de variation de $f$ sur I.

4° Tracer $\mathscr{C}$ et $\mathscr{D}$ dans le repère $(O, \vec{\imath}, \vec{\jmath})$.

5° Résoudre sur l'intervalle I l'équation $f(x) = 0$ et en déduire l'abscisse du point d'intersection de $\mathscr{C}$ avec l'axe des abscisses : on donnera la valeur exacte et une valeur approchée à 0,01 près par défaut.

6° Soit F la fonction définie sur I par

$F(x) = (x - 4) \ln(4 - x) + x \ln x - 2x$.

Vérifier que F est une primitive de $f$ sur I.

## Mathématiques appliquées

**83** ***Caisse d'épargne***

On place 1 000 F à la Caisse d'épargne (taux : 4,5 % l'an, intérêts composés). $C_n$ est le capital obtenu au bout de $n$ années (en ne touchant pas au livret pendant ces $n$ années).

*a*) Calculer $C_1, C_2, C_3 \ldots$

*b*) Montrer que $(C_n)$ est une suite géometrique dont on donnera la raison $q$.

*c*) Au bout de combien d'années $C_n$ aura-t-il dépassé 10 000 F ? (On demande de résoudre cette question sans utiliser la touche $x^y$ de la calculatrice.)

**84** ***Population mondiale***

*Dans cet exercice, on demande de ne pas utiliser la touche $x^y$ de la calculatrice : utiliser les logarithmes.*

On admet que le taux de croissance annuel de la population mondiale est actuellement de 2,4 %.

*a*) Soit $P_n$, la population de la Terre dans $n$ années. En supposant que le taux de croissance soit constant, montrer que $(P_n)$ est une suite géométrique.
Dans combien d'années la population aura-t-elle doublé ?

*b*) Le monde est aujourd'hui peuplé de 5 milliards d'habitants. Quelle sera la population dans 90 ans ?

*c*) Les terres émergées ayant une superficie d'environ 130 millions de $km^2$, à quelle date n'y aura-t-il plus qu'un mètre carré par habitant ?
L'hypothèse faite à la question *a*) est-elle réaliste ?

**85** *Dans cet exercice, on demande de ne pas utiliser la touche* $x^y$ *de la calculatrice : utiliser les logarithmes.*

Une population de $10^6$ bactéries diminue dans une proportion de 10 % par heure.
Au bout de combien d'heures la population sera-t-elle inférieure ou égale au quart de la population initiale ?
Au bout de combien d'heures la population sera-t-elle inférieure ou égale au dixième de la population initiale ?
Les résultats précédents dépendent-ils de la population initiale ?

**86** *Dans cet exercice, on demande de ne pas utiliser la touche* $x^y$ *de la calculatrice : utiliser les logarithmes.*

1° Une personne place 10 000 F, à intérêts composés, au taux de 8 % par an.

*a*) De quel capital cette personne dispose-t-elle au bout d'un an ? deux ans ? cinq ans ?
*b*) Dans combien d'années le capital disponible sera-t-il supérieur ou égal à 30 000 F ?

2° On place un capital C à intérêts composés au taux annuel de 8%.
Combien faut-il d'années pour que le capital double ? triple ? quadruple ?

# 7 Fonctions exponentielles

- Fonctions exponentielles de base $a$
- Calculs sur les puissances
- Fonction exponentielle de base $e$
- Croissances comparées de $e^x$ et $x^n$ ($n \in \mathbb{N}$)

## ACTIVITÉ 1 Marché aux puces

***Objectif :*** réviser les suites géométriques et arithmétiques.

Dans un pays en plein développement, le prix d'un composant électronique est de 150 F au moment de son apparition sur le marché (année 0). On demande à un expert d'étudier plusieurs schémas d'évolution du prix de ce produit.

### A. Premier scénario

Le prix de ce composant suit l'évolution générale des prix du pays, à savoir une augmentation de 10 % par an. On désigne par $P_n$ le prix du produit au bout de $n$ années.

1° *Calculer* $P_1$, $P_2$ *et* $P_3$.

2° *Montrer que* $(P_n)$ *est une suite géométrique dont on précisera la raison. Exprimer* $P_n$ *en fonction de* n.

3° *Quel sera le prix du produit au bout de 10 ans ?*

### B. Deuxième scénario

Le prix de ce composant augmente modérément, sous l'effet de la concurrence et de l'abaissement des coûts de fabrication. On suppose que $P_n$ vérifie

$$P_n = 15(n + 10).$$

1° *Vérifier que* $P_0 = 150$. *Calculer* $P_1$, $P_2$ *et* $P_3$.

2° *Calculer* $P_{n+1} - P_n$. *En déduire que* $(P_n)$ *est une suite arithmétique dont on précisera la raison.*

3° *Quel sera le prix du produit au bout de 10 ans ?*

### C. Troisième scénario

On suppose que $(P_n)$ suit la loi suivante :

$$P_{n+1} = P_n \times 1{,}1 - 10.$$

1° *Calculer* $P_1$, $P_2$, $P_3$.
*La suite* $(P_n)$ *est-elle arithmétique ? géométrique ?*

2° *À l'aide d'une calculatrice, de préférence programmée, calculer le prix du produit au bout de* 10 *ans.* (Le calcul sera plus rapide et plus précis si on utilise une mémoire de la machine : mettre $P_3$ en mémoire, le ressortir pour calculer $P_4$, etc.).

3° Un autre expert prétend que $P_n$ peut se calculer directement avec la formule

$$P_n = 50\,(1{,}1)^n + 100.$$

*Le vérifier.*

## ACTIVITÉ 2 La puissance prolongée

***Objectif :*** introduire la notion de fonction exponentielle.

*Matériel :* règle graduée, papier quadrillé, calculatrice.

### A. Une suite

1° *Compléter le tableau :*

| $x$ | 0 | 1 | 2 | 3 | 4 | 5 |
|---|---|---|---|---|---|---|
| $\left(\frac{3}{2}\right)^n$ | | | | | | $\frac{243}{32}$ |
| Valeur approchée | | | | | | 7,6 |

2° *Dans un repère orthonormé* $(O, \vec{i}, \vec{j})$, *construire la représentation graphique de la suite de terme général* $\left(\frac{3}{2}\right)^n$, *ou* $1{,}5^n$ *(unité : 2 cm; graduation : de* – 4 *à* + 5 *sur l'axe des abscisses).*

### B. Prolongement à $\mathbb{Z}$

1° On sait que $\left(\frac{3}{2}\right)^{-n} = \dfrac{1}{\left(\frac{3}{2}\right)^n} = \left(\frac{2}{3}\right)^n$.

*Dresser un tableau de valeurs du même type que le précédent, avec* n = – 1, n = – 2, n = – 3, n = – 4.

2° *Compléter le graphique précédent pour obtenir la représentation graphique de la fonction* f *définie sur* $\mathbb{Z}$ *par*

$f(n) = \left(\frac{3}{2}\right)^n$ ($n$ entier positif ou négatif).

### C. Prolongement à $\mathbb{R}$

1° *À partir des points construits en A et B, tracer la courbe la plus régulière possible passant par ces points.*
On définit ainsi une fonction sur $\mathbb{R}$.

2° *Compléter le tableau suivant :*

| $x$ | – 3,5 | – 0,5 | 0,5 | 1,5 | 2,3 | 4,7 |
|---|---|---|---|---|---|---|
| **Image de $x$** lue sur le dessin | | | | | | |
| **Calcul de $(1,5)^x$** à l'aide de la touche $\boxed{x^y}$ | | | | | | |

On sait que, pour tous entiers $n$ et $p$,

$$(1,5)^{n+p} = (1,5)^n \times (1,5)^p.$$

*Contrôler (à la machine), sur des valeurs* x *et* y *du tableau ci-dessus, que*

$$(1,5)^{x+y} = (1,5)^x \times (1,5)^y.$$

## ACTIVITÉ 3 Croissance de population

***Objectif :*** introduire la notion de fonction exponentielle « en situation ».

Les statistiques prouvent que la population d'un pays du tiers monde a augmenté de 32 % durant les dix dernières années.
La population en 1994 est de 6,2 millions d'habitants. On note P(0) la population en 1994 (en millions), P(1) la population en 2004, P(2) la population en 2014, etc.
On fait l'hypothèse que la population va continuer à croître au même rythme pendant plusieurs décennies.

### A. Étude de la suite P

1° *Compléter le tableau :*

| Année | 1994 | 2004 | 2014 | 2024 |
|---|---|---|---|---|
| Rang $n$ | 0 | 1 | 2 | 3 |
| Population P($n$) | 6,2 | | | |

*Montrer que la suite* P *est géométrique, et préciser sa raison.*
*Exprimer* P(n) *en fonction de l'entier* n.
*Représenter graphiquement les points* (n ; P(n)).

2° *Quelle était la population en 1984 ? Compléter le graphique.*

### B. Une fonction exponentielle

1° *Joindre les points du graphique de la façon la plus régulière possible. À partir du graphique obtenu, estimer quelle sera la population en* 1999, *puis en* 2011. *Donner une estimation de la population en* 1989.

2° *À l'aide de la touche* $\boxed{x^y}$ *de la calculatrice, fournir une nouvelle estimation de la population aux années* + 5, + 17 *et* – 5.

ACTIVITÉ 4

# Approche de la fonction exponentielle de base $e$

***Objectif :*** faire connaissance avec la fonction exp, et conjecturer certaines de ses propriétés à l'aide d'une calculatrice et d'un graphique.

## A. Étude de la fonction donnée par la touche $\boxed{e^x}$

La courbe ci-dessous a été tracée point par point en utilisant la touche $\boxed{e^x}$ d'une calculatrice. Cette courbe représente la fonction exponentielle de base $e$ notée $x \mapsto e^x$ (ou exp $x$).

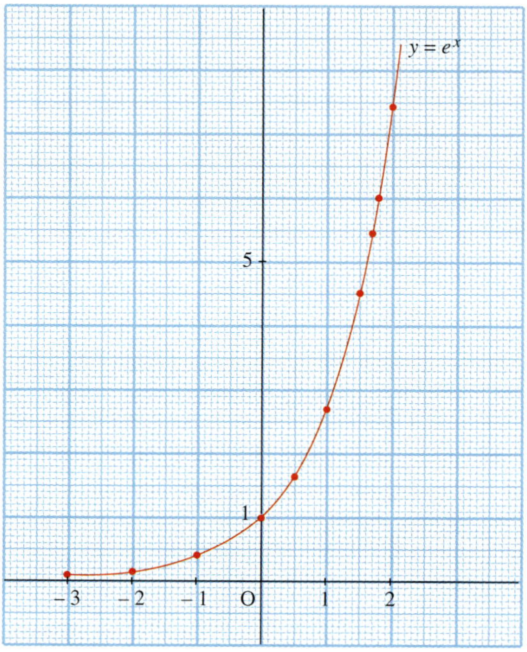


Fig. 1

**1° Calcul de quelques valeurs de $e^x$**

*a) À l'aide d'une calculatrice, compléter le tableau suivant :*

| $x$ | – 3 | – 2 | – 1 | – 0,5 | 0 | 0,5 | 1 | 1,5 | 2 |
|---|---|---|---|---|---|---|---|---|---|
| $e^x$ | | | | | | | | | |

*b) Vérifier les résultats en utilisant le graphique.*

**2° Limites**

*a) Compléter comme précédemment le tableau suivant :*

| $x$ | 5 | 10 | 100 | 200 | – 5 | – 10 | – 100 | – 200 |
|---|---|---|---|---|---|---|---|---|
| $e^x$ | | | | | | | | |

*b) À l'aide de ce tableau ou de la courbe, conjecturer* $\lim\limits_{x \to +\infty} e^x$ *et* $\lim\limits_{x \to -\infty} e^x$.

**3° Sens de variation**

*À l'aide de la courbe, indiquer le sens de variation de la fonction exponentielle et dresser son tableau de variation complété des limites trouvées au 2°.*

### B. Vers une courbe bien connue

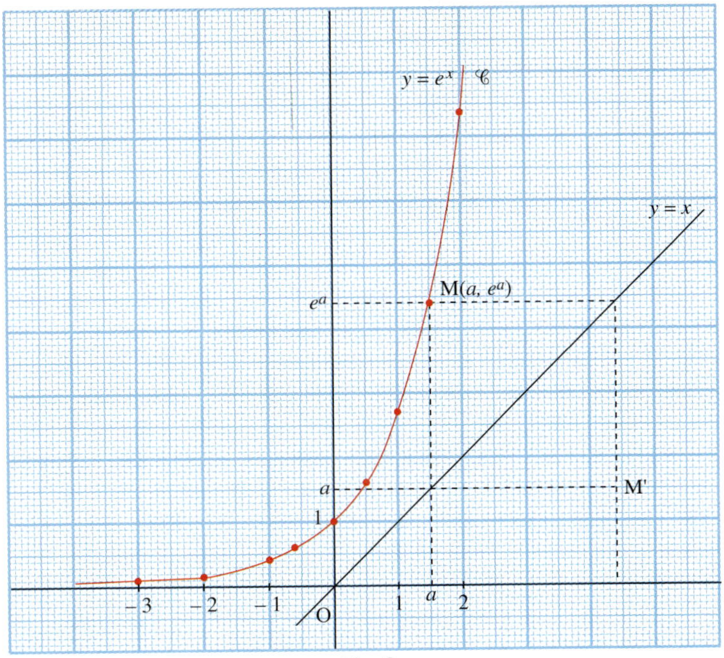


Fig. 2

Dans cette partie on utilise la courbe ci-dessus que l'on pourra reproduire.

1° Le point M de la courbe $\mathscr{C}$ a pour abscisse $a$. *Expliquer comment construire, à l'aide d'une règle, le point* M′ *à partir du point* M.

2° *Choisir d'autres valeurs de* a. *Tracer chaque point* M *et le point* M′ *correspondant.*

3° *Esquisser une courbe (la plus régulière possible) passant par les points* M′. *Quelle fonction cette courbe représente-t-elle ?*

4° *En utilisant ce qui précède, donner les coordonnées du point* M′ *de la figure en fonction de* a.
*Compléter alors :* $\ln(e^a) = \ldots$
$e^{\ln a} = \ldots \quad (a > 0)$.
*Vérifier les égalités précédentes à l'aide d'une calculatrice en prenant quelques valeurs pour* a.

## ACTIVITÉ 5 La course à l'infini

1° *Sur un même graphique, tracer les courbes représentant les fonctions* $x \mapsto e^x$ *et* $x \mapsto x$ *sur l'intervalle* $[0\,;5]$. *Laquelle de ces deux fonctions tend le plus vite vers* $+\infty$ ?

2° *Faire le même travail avec les fonctions* $x \mapsto e^x$ *et* $x \mapsto x^2$.

3° *Recommencer avec les fonctions* $x \mapsto e^x$ *et* $x \mapsto x^4$. (Ne pas conclure trop vite !)

4° *Expliquer comment on peut retrouver le résultat du 3 sur le graphique de la figure ci-dessous :*

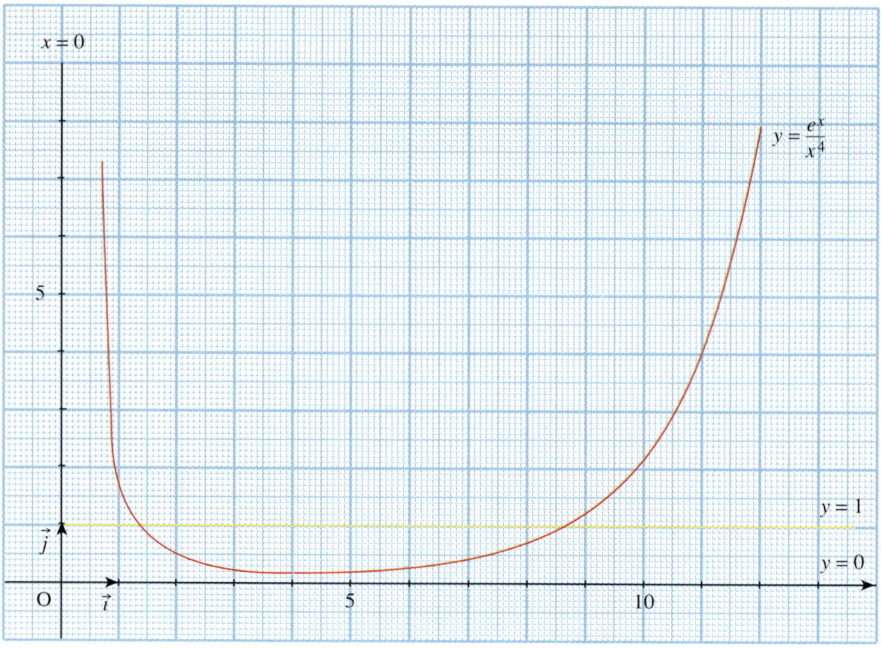


Fig. 3

# INFORMATION

Il existe plusieurs façons de présenter les fonctions exponentielles. Celle que nous avons choisie est la plus naturelle pour vous, car elle part des suites géométriques que vous connaissez déjà, et que vous rencontrez souvent dans les situations de la vie économique.

## 1. Fonctions exponentielles de base *a*

### a *Un exemple*

$\mathbb{Z}$ est l'ensemble des entiers, positifs, négatifs ou nuls.

Soit la fonction $u$ définie sur $\mathbb{Z}$ par $u(n) = 2^n$.

Par exemple, $u(4) = 16$, $u(0) = 1$, $u(-1) = 2^{-1} = \frac{1}{2}$.

Nous savons de plus que
$2^{n+p} = 2^n \times 2^p$ pour tous entiers $n$ et $p$.

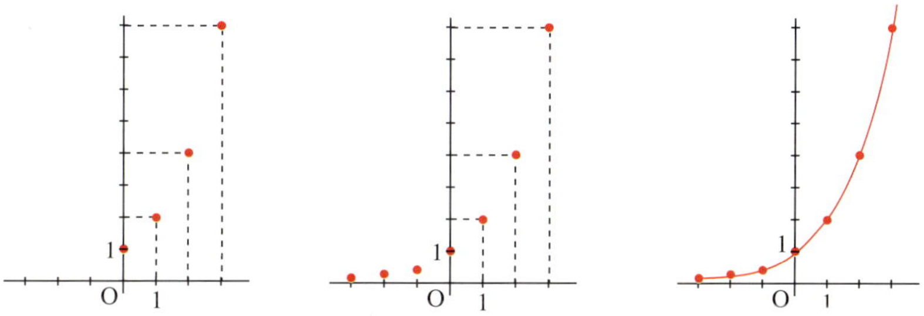


Suite $(2^n)$ $(n \in \mathbb{N})$ — Fig. 4

Fonction $n \mapsto 2^n$ $(n \in \mathbb{Z})$ — Fig. 5

Fonction $x \mapsto 2^x$ $(x \in \mathbb{R})$ — Fig. 6

Voir activité 2.

Nous admettons (voir figure) que cette fonction se prolonge en une fonction définie sur $\mathbb{R}$, notée $x \mapsto 2^x$, et vérifiant :
pour tous réels $x$ et $y$, $2^{x+y} = 2^x \times 2^y$.

### b *Généralisation*

Soit $a$ un réel **strictement positif.**
La fonction $n \mapsto a^n$ $(n \in \mathbb{Z})$ se prolonge en une fonction de $\mathbb{R}$ dans $\mathbb{R}$, notée $x \mapsto a^x$, et vérifiant, pour tous réels $x$ et $y$ :

$$a^{x+y} = a^x \times a^y.$$

Nous admettons ce résultat.

> Soit un réel **positif** $a$, différent de 0 et de 1.
> La fonction définie sur $\mathbb{R}$ par $x \mapsto a^x$
> est appelée fonction exponentielle de base $a$.
> Elle vérifie :
> pour tout réel $x$, $a^x > 0$
> pour tous réels $x$ et $y$ : $a^{x+y} = a^x \times a^y$.

L'expression $a^x$ avait déjà un sens pour $x$ entier. Ainsi, $2^3 = 8$, $3^{-2} = \frac{1}{9}$, $4^0 = 1$, etc.

▶ Calculer ces valeurs avec la touche $\boxed{x^y}$ de la calculatrice.
Essayer avec $(-2)^{0,3}$.

Désormais, des notations telles que $5^{\frac{3}{2}}$, $(\sqrt{2})^{\pi}$, $2^{\sqrt{3}}$, $3^{-1,6}$... ont elles aussi un sens. La touche $\boxed{x^y}$ des calculatrices permet d'en obtenir une valeur approchée.

### C Variation et représentation graphique

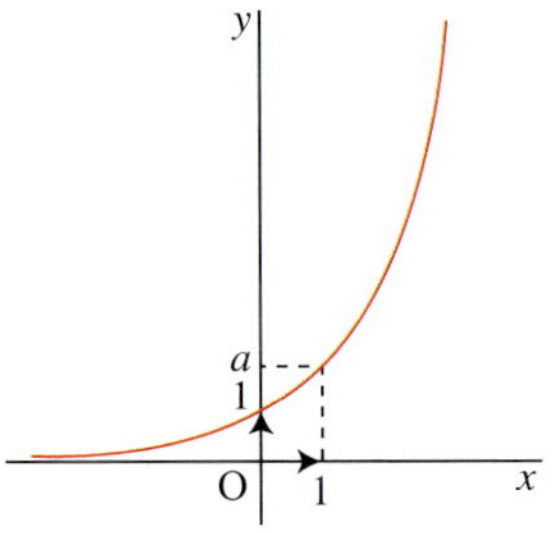


Fig. 7

**Fonction $x \mapsto a^x$ avec $a > 1$**
Si $a > 1$, la fonction $x \mapsto a^x$ est strictement **croissante** sur $\mathbb{R}$

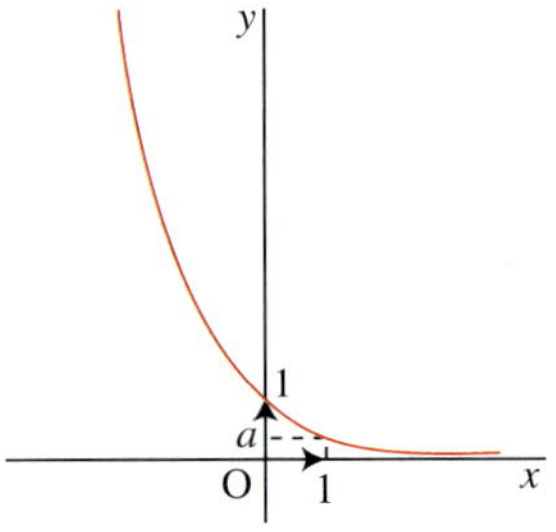


Fig. 8

**Fonction $x \mapsto a^x$ avec $a < 1$**
Si $0 < a < 1$, la fonction $x \mapsto a^x$ est strictement **décroissante** sur $\mathbb{R}$

Conséquence :

Pour $a > 0$ et $a \neq 1$ $\quad a^x = a^y \Leftrightarrow x = y$.

## 2. Calculs de puissances

### a Propriétés

Les propriétés ci-dessous sont déjà connues pour $x$ et $y$ entiers. Nous admettons qu'elles s'étendent au cas où $x$ et $y$ sont des réels quelconques.

Pour tous réels $a$ et $b$ strictement positifs, pour tous réels $x$ et $y$ :

(1) $a^x > 0$.
(2) $a^{x+y} = a^x \times a^y$.
(3) $a^{x-y} = \frac{a^x}{a^y}$.
(4) $(a^x)^y = a^{xy}$.
(5) $(ab)^x = a^x \times b^x$.

EXEMPLES

$2^{-3}$ est positif.
$2^{x+3} = 2^x \times 2^3 = 8 \times 2^x$.
$\frac{3^x}{3} = 3^{x-1}$.
$(2^x)^3 = 2^{3x}$.
$2^x \times 3^x = 6^x$.

### b Racine carrée

▶ À l'aide d'une calculatrice vérifier que $9^{\frac{1}{2}} = 3$ et que $2^{\frac{1}{2}} = \sqrt{2}$.

Soit un réel $a$ strictement positif.

$(\sqrt{a})^2 = a$ et $(a^{\frac{1}{2}})^2 = a^{\frac{1}{2} \times 2} = a^1 = a$.

De plus, $a > 0$. Donc $\sqrt{a} = a^{\frac{1}{2}}$.

### c Une équation

EXEMPLE

Comment calculer $a$, sachant que $a^5 = 12$ ?
On utilise le théorème suivant :

Ce théorème est utile en mathématiques financières.

> Pour $a > 0$, $b > 0$ et $x \neq 0$ :
>
> $a^x = b$ est équivalent à $a = b^{\frac{1}{x}}$.

En effet : $\left(b^{\frac{1}{x}}\right)^x = b^{\frac{1}{x}x} = b^1 = b$.
Dans l'exemple ci-dessus :

Utiliser la touche $x^{\frac{1}{y}}$ ou la touche $\sqrt[y]{\ }$ des calculatrices pour en avoir une valeur approchée.

$a^5 = 12$ est équivalent à $a = 12^{\frac{1}{5}}$.

$12^{\frac{1}{5}}$ est aussi noté $\sqrt[5]{12}$ ; c'est la racine cinquième de 12. On trouve $a \approx 1{,}64$.

### d Puissances et logarithme

Nous connaissons l'égalité $\ln(a^x) = x \ln a$, valable pour $x$ entier. Cette propriété s'étend au cas où $x$ est un réel quelconque.

> **Pour tout réel strictement positif $a$, pour tout réel $x$ :**
> $$\ln(a^x) = x \ln a.$$

EXEMPLE

$\ln(a^{\frac{1}{5}}) = \frac{1}{5} \ln a$, pour $a > 0$.

## 3. Fonction exponentielle de base *e*

Le nombre $e$ vaut 2,718 à 0,001 près.

Le nombre $e$ a déjà été présenté dans le chapitre précédent. On sait qu'il vérifie :
$$\ln e = 1.$$

La fonction exponentielle de base $e$ est notée exp.
On écrira donc $\exp(x) = e^x$.
Tout ce qui est vrai pour les fonctions exponentielles en général l'est aussi pour la fonction exp. Mais celle-ci vérifie en plus des propriétés particulières que nous allons étudier maintenant.

### a Exponentielle et logarithme

Soit un nombre $x$ et son image $y = e^x$ par la fonction exp. Nous avons :
$$\ln y = \ln(e^x) = x \ln e.$$

Par exemple :

$1 \overset{\exp}{\mapsto} e$ et $e \overset{\ln}{\mapsto} 1$

$0 \overset{\exp}{\mapsto} 1$ et $1 \overset{\ln}{\mapsto} 0$.

Or $\ln e = 1$, donc $\ln y = x$.
Ainsi, si $\exp(x) = y$, alors $\ln y = x$.
Les fonctions exp et ln sont donc *réciproques* l'une de l'autre. Pour cette raison, la fonction exp est aussi appelée exponentielle *népérienne*.
La fonction ln est une fonction de $]0\,;+\infty[$ vers $\mathbb{R}$.
Sa réciproque exp est une fonction de $\mathbb{R}$ vers $]0\,;+\infty[$.

**À retenir :**

- **Pour tout réel $x$ et tout réel $y > 0$ :**
$$y = e^x \Leftrightarrow x = \ln y. \quad (1)$$
- **Pour tout réel $x$, $e^x$ est un nombre strictement positif. (2)**

La propriété (1) peut aussi se traduire ainsi :

$$x \overset{\exp}{\longmapsto} e^x \overset{\ln}{\longmapsto} x.$$

Voir activité 4.

**À retenir :** Pour tout réel $x$ : $\ln(e^x) = x$.

De même :

pour $x > 0$, $x \overset{\ln}{\longmapsto} \ln x \overset{\exp}{\longmapsto} x$.

▶ Vérifier sur une calculatrice que, par exemple : $e^{\ln 3} = 3$.

**À retenir :** Pour tout réel *strictement positif* $x$ : $e^{\ln x} = x$.

EXEMPLES

Si $y = e^3$, alors $3 = \ln y$.
Si $x = \ln 2$, alors $2 = e^x$.
$e^{\ln 3} = 3$ et $\ln(e^2) = 2$.

**Représentation graphique**

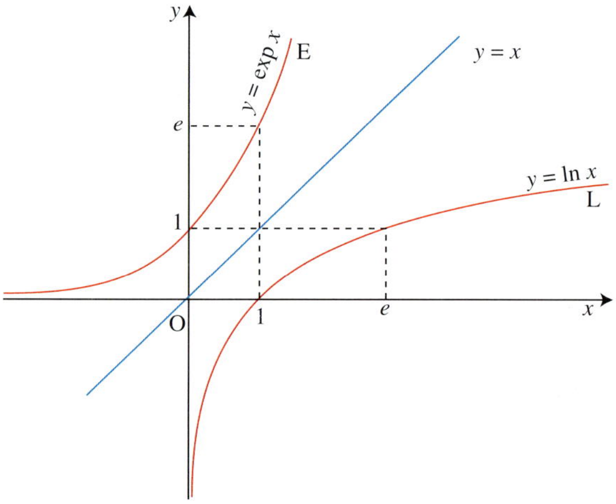


Fig. 9

On observe que, dans un repère orthonormal, la courbe E d'équation $y = \exp x$ est la symétrique de la courbe L d'équation $y = \ln x$ par rapport à la 1re bissectrice (d'équation $y = x$).
L'axe des abscisses est asymptote à E puisque l'axe des ordonnées est asymptote à L.

## b *Dérivée*

Pour tout réel $x$ :

$$\ln[\exp(x)] = x. \quad (1)$$

La fonction ln est dérivable sur l'intervalle $]0\,;+\infty[$ ; on admet que la fonction exp est dérivable sur $\mathbb{R}$.
On sait que, si $u(x) > 0$, la fonction $x \mapsto \ln[u(x)]$ a pour dérivée la fonction

$$x \mapsto \frac{1}{u(x)} \times u'(x).$$

Par conséquent, en dérivant les fonctions $x \mapsto \ln[\exp(x)]$ et $x \mapsto x$ définies par les deux membres de l'égalité (1), on obtient :

$$\frac{1}{\exp(x)} \times \exp'(x) = 1.$$

On en déduit : $\exp'(x) = \exp x.$

Ainsi :

La fonction exponentielle est égale à sa dérivée.

Si $f(x) = e^x$, alors $f'(x) = e^x$.

## C Sens de variation et limites

**Sens de variation :**

On sait que d'une part $(\exp)'(x) = \exp(x)$ et que d'autre part, pour tout réel $x$, $\exp(x) > 0$.

On en déduit que la fonction exp a une dérivée strictement positive. La fonction exp est donc strictement croissante sur $]-\infty, +\infty[$ .

On peut aussi remarquer que $e > 1$, donc que la fonction $x \mapsto e^x$ est croissante sur $\mathbb{R}$ (voir paragraphe 1, *c*).

| $x$ | $-\infty$ 0 1 $+\infty$ |
|---|---|
| $\exp'(x)$ | + |
| $\exp x$ | $0 \nearrow 1 \nearrow e \nearrow +\infty$ |

La droite d'équation $y = x + 1$ est tangente à la courbe au point de coordonnées (0 ; 1).

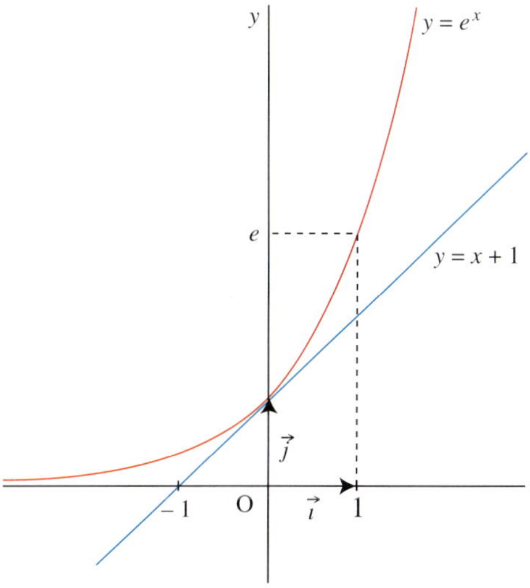


Fig. 10

**Limites :**

Les courbes L et E des fonctions ln et exp sont symétriques par rapport à la 1re bissectrice (voir figure 9, page 124). Sachant que $\lim_{x \to +\infty} \ln x = +\infty$ et $\lim_{x \to 0} \ln x = -\infty$, on en déduit les résultats ci-dessous :

$$\lim_{x \to -\infty} e^x = 0 \qquad \lim_{x \to +\infty} e^x = +\infty.$$

**EXERCICE RÉSOLU**

**Résoudre dans $\mathbb{R}$ l'inéquation : $e^{2x+5} > 3$.**

*1re méthode*

On remarque que : $3 = e^{\ln 3}$ ;

d'où : $e^{2x+5} > 3 \Leftrightarrow e^{2x+5} > e^{\ln 3}$.

La fonction exp étant strictement croissante sur $\mathbb{R}$, on obtient :

$$e^{2x+5} > e^{\ln 3} \Leftrightarrow 2x + 5 > \ln 3 \Leftrightarrow x > \frac{\ln 3 - 5}{2}.$$

L'ensemble $\mathcal{S}$ des solutions est $\left]\dfrac{\ln 3 - 5}{2}\,;+\infty\right[$.

*2ᵉ méthode*

On remarque que : $\ln(e^{2x+5}) = 2x + 5$ ;

donc $e^{2x+5} > 3 \Leftrightarrow \ln(e^{2x+5}) > \ln 3$ (car la fonction ln est strictement croissante sur $]0\,;+\infty[$).

D'où : $$e^{2x+5} > 3 \Leftrightarrow 2x + 5 > \ln 3 \Leftrightarrow x > \frac{\ln 3 - 5}{2}.$$

On retrouve : $$\mathcal{S} = \left]\frac{\ln 3 - 5}{2}\,;+\infty\right[.$$

### d Résumé des propriétés algébriques de la fonction exp

Les propriétés vérifiées par les fonctions $x \mapsto a^x$ sont vraies en particulier pour la fonction $x \mapsto e^x$.

Pour tous réels $x$ et $y$ :

| | |
|---|---|
| $e^x > 0$ | $e^{-x} = \dfrac{1}{e^x}$ |
| $e^1 = e$ | $(e^x)^y = e^{xy}$ |
| $e^0 = 1$ | |
| $e^{x+y} = e^x \times e^y$ | |

## 4. Fonction $e^u$

### a Dérivée de $e^u$

Soit une fonction $u$ dérivable sur un intervalle I.

Posons $v = e^u$ ; alors $\ln v = u$ (1).

En dérivant chacun des deux membres de l'égalité (1), on obtient :

$$\frac{v'}{v} = u', \quad \text{soit} \quad v' = vu'.$$

$$v = e^u ; \quad \text{par conséquent} \quad v' = e^u \times u'.$$

On a donc : $$(e^u)' = u'e^u.$$

**Si $f(x) = e^{u(x)}$ alors $f'(x) = u'(x)\,e^{u(x)}$.**

EXEMPLE

Soit : $f(x) = e^{x^2 - 3x + 5}$.

Posons $u(x) = x^2 - 3x + 5$, alors $f(x) = e^{u(x)}$ et $u'(x) = 2x - 3$.

D'où $f'(x) = (2x - 3)\,e^{x^2 - 3x + 5}$.

### b Recherche de primitives

D'après le paragraphe $a$ : **$u'e^u$ a pour primitive $e^u$.**

**EXERCICE RÉSOLU**

**Trouver une primitive de la fonction $f$ définie sur $\mathbb{R}$ par $f(x) = xe^{x^2}$.**

Posons $u(x) = x^2$ ; alors $u'(x) = 2x$, et $f(x) = \frac{1}{2}u'(x)\,e^{u(x)}$.

On en déduit une primitive F de $f$ :

$$F(x) = \frac{1}{2}e^{x^2}.$$

## 5. Relation entre $a^x$ et $e^x$

Soit un réel $a$ strictement positif. On sait que :
$a = e^{\ln a}$, car les fonctions exp et ln sont réciproques l'une de l'autre.
Par conséquent :

$$a^x = (e^{\ln a})^x = e^{(\ln a)x}.$$

**Pour tout réel $a > 0$ et tout réel $x$ :**

$$a^x = e^{x \ln a}.$$

Ainsi, par exemple : $3^2 = e^{2 \ln 3}$.
En effet, on a bien : $e^{2 \ln 3} = e^{\ln 9} = 9$.
Cette relation permet de calculer n'importe quelle puissance à partir des fonctions ln et exp. C'est le procédé utilisé par la plupart des calculatrices pour la touche $\boxed{x^y}$.
Cette relation permet aussi de calculer la dérivée de la fonction $x \mapsto a^x$.

**EXERCICE RÉSOLU**

**Calculer la dérivée de la fonction $f$ définie sur $\mathbb{R}$ par $f(x) = 4^x$.**
On a $4^x = e^{x \ln 4}$, et en posant $u(x) = x \ln 4$ : $u'(x) = \ln 4$.
$(e^u)' = u'e^u$.
D'où $f'(x) = \ln 4 \; e^{x \ln 4}$, soit $f'(x) = (\ln 4)\, 4^x$.

## 6. Croissances comparées de $e^x$ et $x$

On sait que les fonctions $x \mapsto e^x$ et $x \mapsto x$ ont toutes les deux comme limite $+\infty$ en $+\infty$. Mais peut-être l'une des deux tend-elle vers l'infinie plus vite que l'autre ? L'étude de la limite en $+\infty$ de la fonction $f : x \mapsto \dfrac{e^x}{x}$ fournira la réponse.

La limite de $f$ en $+\infty$ se présente sous forme indéterminée. On peut faire quelques calculs pour avoir une idée du résultat.

| $x$ | 1 | 10 | 100 |
|---|---|---|---|
| $f(x)$ | $e$ | $\simeq 2\,200$ | $\simeq 3 \times 10^{41}$ |

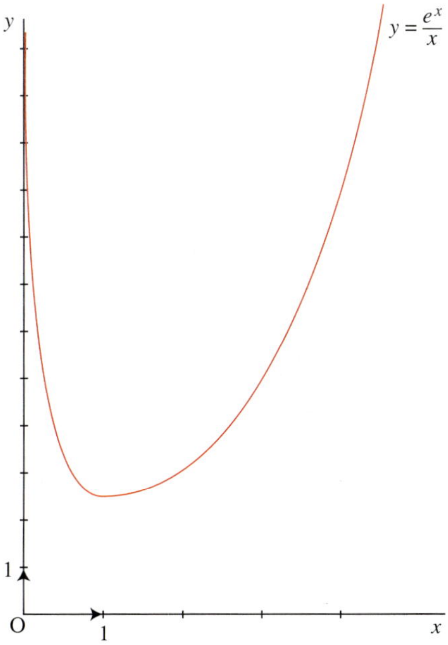


Fig. 11

Il semble que $\lim_{x \to +\infty} \frac{e^x}{x} = +\infty$, ce que le graphique paraît confirmer.

La démonstration suivante repose sur un résultat déjà connu depuis le chapitre précédent.

$$\lim_{x \to +\infty} \frac{\ln x}{x} = 0.$$

On sait que, pour $x > 0$, $x = e^{\ln x}$.

Donc : pour $x > 0$, $\frac{e^x}{x} = \frac{e^x}{e^{\ln x}} = e^{x - \ln x}$.

Quand $x$ tend vers $+\infty$, la limite de $x - \ln x$ se présente sous forme indéterminée. On écrit que :

$x - \ln x = x\left(1 - \frac{\ln x}{x}\right)$, et ainsi on voit que

$$\lim_{x \to +\infty} \left(1 - \frac{\ln x}{x}\right) = 1, \quad \text{donc} \quad \lim_{x \to +\infty} (x - \ln x) = +\infty.$$

Quand $x$ tend vers $+\infty$, $e^x$ tend vers $+\infty$ plus vite que $x$. « L'exponentielle de $x$ l'emporte sur $x$. »

On en déduit que

$$\lim_{x \to +\infty} e^{x - \ln x} = +\infty \text{ et donc } \lim_{x \to +\infty} \frac{e^x}{x} = +\infty.$$

De façon analogue, on démontre le résultat plus général :

« L'exponentielle de $x$ l'emporte sur toute puissance de $x$».

Pour tout $n \in \mathbb{N}$, $\lim_{x \to +\infty} \frac{e^x}{x^n} = +\infty$.

Par exemple, $\lim_{x \to +\infty} \frac{e^x}{x^2} = +\infty$.

# TRAVAUX PRATIQUES

## T.P. 1 Croissance exponentielle

***Objectif :*** proposer un exemple concret d'utilisation d'une fonction exponentielle, avec un moyen de tester le modèle.

Voici un tableau donnant la population des États-Unis au siècle dernier, en millions d'habitants :

| Année | 1800 | 1820 | 1840 | 1860 | 1880 | 1900 |
|---|---|---|---|---|---|---|
| Rang $n$ | 0 | 1 | 2 | 3 | 4 | 5 |
| Population $p_n$ | 5,7 | 9,6 | 17 | 31 | 50 | 76 |
| Rapport $\frac{p_{n+1}}{p_n}$ | | | | | | |

Il s'agit de trouver un modèle mathématique pour cette situation. C'est-à-dire, dans le cas présent, trouver une fonction qui approche les termes donnés et qui permette d'estimer la population des États-Unis pour d'autres dates que celles du tableau.

### A. Recherche du modèle

1° Placer sur un graphique les points de coordonnées $(n\,;p_n)$.

2° Calculer les rapports $\frac{p_{n+1}}{p_n}$, pour $n = 0, 1, 2, 3, 4$.

3° La disposition des points sur le graphique suggère la courbe d'une fonction exponentielle. Cette idée est renforcée par le fait que les rapports $\frac{p_{n+1}}{p_n}$ sont sensiblement constants.
On considère donc, pour rendre compte de cette situation, la fonction $f$ définie par :

$$f(x) = ka^x \quad \text{avec} \quad f(0) = 5{,}7 \quad \text{et} \quad f(5) = 76.$$

*Calculer* a *et* k.

### B. Validation du modèle

1° *Sur le graphique précédent, représenter la fonction* f. *Pour quelle année le modèle traduit-il le moins bien la réalité ?*

2° *À l'aide de la fonction* f, *donner une estimation de la population des États-Unis en* 1790, *en* 1810, *en* 1850, *en* 1910 *et en* 1950.

3° Voici un tableau de la population des États-Unis (en millions) :

| Année | 1790 | 1810 | 1830 | 1850 | 1870 | 1890 | 1900 |
|---|---|---|---|---|---|---|---|
| Population | 4 | 7 | 13 | 23 | 40 | 63 | 76 |

| Année | 1910 | 1930 | 1950 | 1960 | 1970 | 1980 | 1990 |
|---|---|---|---|---|---|---|---|
| Population | 92 | 123 | 151 | 180 | 203 | 226 | 250 |

*Comparer avec les résultats obtenus au 2°. Discuter.*

## T.P. 2 Vérifiez vos programmes

***Objectif :*** vous entraîner à programmer votre calculatrice pour la calcul d'une expression où une fonction exponentielle intervient.

Les deux premières lignes du tableau sont justes : *le vérifier.*

*Compléter les cases vides et corriger les erreurs dans les deux dernières lignes.*

| $x$ | $e^{2x}$ | $42 \times 1{,}085^x$ | $e^{x^2}$ | $e^{2x} - e^{x^2}$ | $(x-1)e^x$ | $\frac{e^x}{x}$ | $\frac{x}{e^x}$ | $\frac{e^x - 1}{e^x + 2}$ |
|---|---|---|---|---|---|---|---|---|
| – 2 | 0,018 315 6 | 35,677 12 | 54,598 15 | – 54,579 83 | – 0,406 006 | – 0,067 668 | – 14,778 11 | – 0,404 932 |
| – 1 | 0,135 335 3 | 38,709 68 | 2,718 281 8 | – 2,582 947 | – 0,735 759 | – 0,367 879 | – 2,718 282 | – 0,266 956 |
| – 0,5 | 0,367 879 4 | | 1,284 025 4 | – 0,916 146 | | – 1,213 061 | – 0,824 361 | |
| 0 | 1 | 42 | | 0 | – 1 | ERROR | | 0 |
| 0,5 | 2,718 281 8 | 43,748 60 | 1,284 025 4 | | | 3,297442 5 | 0,303 265 3 | 0,177 794 1 |
| 1 | | | | 4,670 774 3 | 0 | 2,718 281 8 | 0,367 879 4 | |
| 1,5 | 200,855 37 | 47,467 23 | 9,487 735 8 | 1,597 801 | 2,240 844 5 | 2,987 792 7 | 0,334 695 2 | 0,537 157 7 |
| 2 | – 54,581 5 | 49,434 54 | 554,598 15 | 0 | 7,389 056 1 | – 3,694 528 | 0,270 670 6 | 0,680 479 1 |

# EXERCICES ET PROBLÈMES

| **POUR SAVOIR FAIRE** **Objectifs à atteindre** | **Exercices appropriés** |
|---|---|
| Calculer des puissances | 1 à 4 |
| Étudier et utiliser les fonctions exponentielles de base *a* | 5 à 16 |
| Effectuer des calculs algébriques sur la fonction exp | 17 à 20 |
| Comparer des représentations graphiques | 21 |
| Résoudre des équations | 22 à 25 |
| Résoudre des inéquations | 26 à 28 |
| Calculer une dérivée | 29 à 33 |
| Calculer une primitive | 34 à 37 |
| Déterminer une limite | 38 à 46 |
| Exprimer $a^x$ à l'aide de la fonction exp | 47 et 48 |
| Étudier une fonction | 49 à 52 |

| **POUR CHERCHER** **Sujets abordés** | **Exercices appropriés** |
|---|---|
| Calcul de taux de croissance | 53 à 56 |
| Résolution d'équations | 57 à 60 |
| Calcul de primitives | 61 à 64 |
| Étude de fonctions | 65 à 73 |
| Problèmes à supports graphiques | 74 à 77 |
| Croissance de populations, placements | 78 à 80 |

## POUR SAVOIR FAIRE

### Calcul de puissances

**1** Sans utiliser une calculatrice, écrire sous forme décimale ou fractionnaire :

$9^{\frac{1}{2}}$ ; $0{,}49^{\frac{1}{2}}$ ; $16^{\frac{3}{2}}$ ; $5^{-1}$ ; $\left(5^{\frac{1}{2}}\right)^4$ ;

$1{,}718^{3,5} \times 1{,}718^{-2,5}$.

Pour $a > 0$ : $a^{\frac{1}{2}} = \sqrt{a}$.

**2** Même exercice avec :

$16^{-0,5}$ ; $0{,}25^{0,5}$ ; $9^{1,5}$ ; $4^{2,5}$ ; $\left(\frac{1}{9}\right)^{-0,5}$.

**3** Avec une calculatrice, déterminer à 0,001 près :

$27^{\frac{1}{3}}$ ; $8^{\frac{4}{3}}$ ; $4{,}23^{-2,1}$ ; $\frac{3^{1,4}}{2^{1,4}}$ ; $\left(\frac{5}{3}\right)^{-2,8}$ ; $6^{\sqrt{3}}$ ;

$7{,}182\,8^{9,5} \times 7{,}182\,8^{-4,5}$.

**4** Développer :

$(2^x + 2^{-x})^2$ ; $(3^x - 1)(3^x + 1)$.

### Exponentielle de base *a*

**5** Soit la fonction exponentielle de base $\frac{5}{4}$, définie sur $\mathbb{R}$ par $f(x) = \left(\frac{5}{4}\right)^x$.

*a*) Indiquer le sens de variation de *f*.

*b*) Construire la représentation graphique de *f*.

*c*) Résoudre dans $\mathbb{R}$ les équations :

$\left(\frac{5}{4}\right)^x = 1$ ; $\left(\frac{5}{4}\right)^x = \frac{25}{16}$ ; $\left(\frac{5}{4}\right)^x = \frac{16}{25}$ ; $\left(\frac{5}{4}\right)^x = 0$.

*d*) Résoudre dans $\mathbb{R}$ les inéquations :

$\left(\frac{5}{4}\right)^x < 1$ ; $\left(\frac{5}{4}\right)^x \geqslant \frac{25}{16}$.

**6** Soit la fonction $f$ définie sur $\mathbb{R}$ par $f(x) = 0{,}7^x$.
*a*) Quelle est la base de cette fonction exponentielle ? Quel est le sens de variation de $f$ ?
*b*) Construire la représentation graphique de $f$.
*c*) Résoudre dans $\mathbb{R}$ les équations :
$0{,}7^x = 1$ ; $0{,}7^x = 0{,}49$ ; $0{,}7^x = -0{,}49$.
*d*) Résoudre dans $\mathbb{R}$ les inéquations :
$0{,}7^x \geqslant 1$ ; $0{,}7^x < 0{,}49$.

**7** Soit la fonction $f$ définie sur $\mathbb{R}$ par $f(x) = 1{,}2^x - 3$.
Indiquer le sens de variation de $f$, puis tracer sa représentation graphique.

**8** Soit la fonction $f$ définie sur $\mathbb{R}$ par $f(x) = 0{,}81^x$.
*a*) Indiquer le sens de variation de $f$.
*b*) Construire sa représentation graphique.
Quel est le signe de $0{,}81^x$ ?
*c*) Calculer $x$ tel que $0{,}81^x = 0{,}9$.
*d*) À l'aide d'une calculatrice ou de la fonction ln, trouver une valeur approchée à 0,01 près de $x$ tel que $0{,}81^x = 0{,}5$.

**9** Résoudre dans $\mathbb{R}$ les équations :
$$3^x = 9;\quad 3^x = 1;\quad 3^x = 0;\quad 3^x = 9^{-1};\quad 3^x = \sqrt{3}.$$

**10** Résoudre dans $\mathbb{R}$, en utilisant la fonction ln :
*a*) $3^x = 2$ ; *b*) $2^{x-3} = \dfrac{1}{5}$ ; *c*) $0{,}7^x - 2 = 0$.

**11** Même exercice que **10** avec :
*a*) $2^{x+1} \geqslant 41$ ; *b*) $3^{-x} \geqslant 1\,089$ ; *c*) $0{,}17^x \geqslant 5{,}9$.

**12** Déterminer la fonction exponentielle dont la représentation graphique passe par A :
*a*) A(2 ; 8) ; *b*) A(– 2 ; 9).

**13** Soit la fonction $f$ définie sur $\mathbb{R}$ par $f(x) = ka^x$.
Déterminer $k$ et $a$ sachant que :
*a*) $f(0) = 3$
et $f(8) = 6$.
*b*) $f(2) = 8\,000$
et $f(12) = 6\,000$.
On donnera des valeurs approchées avec 4 chiffres significatifs.

Pour $a > 0$, $b > 0$ et $x \neq 0$ :
$a^x = b \Leftrightarrow a = b^{\frac{1}{x}}$.

**14** Même exercice que **13** avec :
*a*) $f(-1) = 10$ et $f(8) = 22$.
*b*) $f(0{,}5) = 3$ et $f(4) = 9$.

**15** Les courbes $\mathscr{C}_1$, $\mathscr{C}_2$, $\mathscr{C}_3$, $\mathscr{C}_4$ ont pour équations, dans le désordre :
$y = 5^x$ ; $y = 0{,}5^x$ ;
$y = 2^x$ ; $y = 0{,}2^x$.

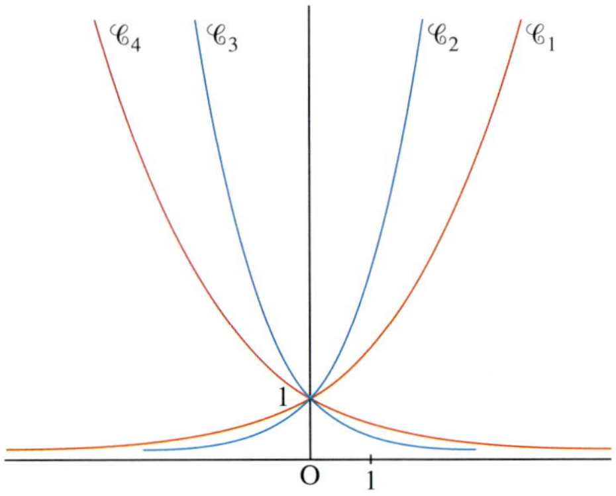

Fig. 12

Retrouver les équations des courbes $\mathscr{C}_1$, $\mathscr{C}_2$, $\mathscr{C}_3$, $\mathscr{C}_4$.

**16** ***Chiffre d'affaires***
Le graphique ci-dessous représente l'évolution du chiffre d'affaires d'une entreprise :

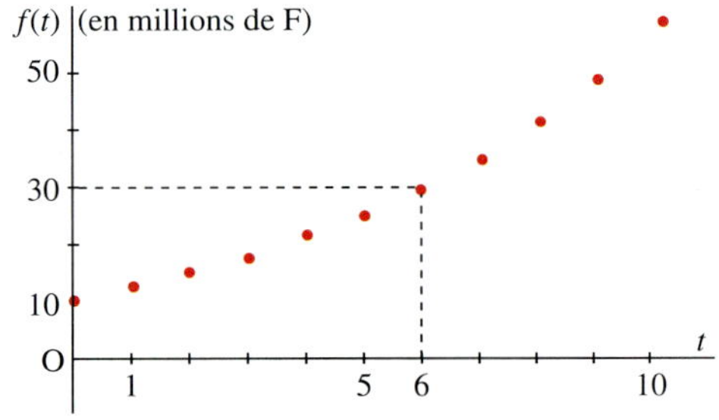

Fig. 13

$t$ est le temps (en années) écoulé depuis une année de référence.
*a*) Trouver une fonction du type $f(t) = ka^t$ exprimant l'évolution de ce chiffre d'affaires.
*b*) Au bout de combien de temps le C.A. initial a-t-il doublé ?

## Exponentielle de base *e*

**17** Simplifier les expressions :
*a*) $\exp(\ln 5)$. *b*) $\ln\left(\dfrac{1}{e^2}\right)$.
*c*) $e^{2 \ln 3}$. *d*) $\ln \sqrt{e}$.

$e^{\ln a} = a$ (pour $a > 0$)
$\ln(e^a) = a$.

**18** Même énoncé que **17** :
*a*) $\exp(1 + \ln 5)$ *b*) $e^{-2 \ln 3}$.

**19** Écrire sous la forme $e^a$ :
$$\frac{1}{e^x};\quad (e^{-x})^2;\quad \frac{e^{3x}}{e^x};\quad e^x \times e;\quad \left(\frac{1}{e^x}\right)^3;\quad 1.$$

**20** Calculer $\left(\frac{e^x + e^{-x}}{2}\right)^2 - \left(\frac{e^x - e^{-x}}{2}\right)^2$.

**21** Représenter sur un même graphique les fonctions définies par :

$f(x) = e^x$; $g(x) = -e^x$ et $h(x) = e^{-x}$.

Signaler les symétries observées.

## Équations, inéquations

*Pour les exercices **22** à **24**, résoudre les équations dans* $\mathbb{R}$.

**22** *a)* $e^{3x} = 1$.
*b)* $e^x + 3 = 0$.
*c)* $(e^x - 3)(e^x + 1) = 0$.

$e^a = e^b \Leftrightarrow a = b$.

**23** *a)* $\exp(-5x) = e$.
*b)* $e^{-x} + \frac{1}{2} = 0$.
*c)* $\left(e^x - \frac{1}{2}\right)(e^x + e) = 0$.

**24** *a)* $e^{2x} - 4e^x + 3 = 0$. (*Indication :* poser $e^x = X$).
*b)* $e^{2x} + 1 = 2e^x$.
*c)* $e^{4x} + e^{2x} = 2$.

**25** Pour $x$ et $y$ réels, résoudre le système

$\begin{cases} 2e^x + 3e^y = 1 \\ e^x - 5e^y = 7. \end{cases}$

**26** Résoudre dans $\mathbb{R}$ les inéquations :
*a)* $e^{2x} > 3$.
*b)* $e^{1+\ln x} < 2$.
*c)* $e^{-x} + 3 > 0$.

**27** Étudier, suivant les valeurs de $x$, le signe des expressions :
$f(x) = (x-1)\,e^x$.
$g(x) = (e^x - 2)(e^x + 1)$.
$h(x) = x(e - e^x)$.

**28** Résoudre dans $\mathbb{R}$ les inéquations :
*a)* $\frac{e^{x-1}}{e^x + 2} > 0$.
*b)* $x^2e^x + 2xe^x - 3e^x \geqslant 0$.
*c)* $\frac{e^{-x} + 1}{1 - e^{-x}} \leqslant 0$.

## Dérivées et primitives

*Pour les exercices **29** à **33**, calculer la dérivée de la fonction* f *définie sur l'intervalle* I. *Si* I *n'est pas précisé, il est égal à* $\mathbb{R}$.

**29** *a)* $f(x) = 3e^x - xe^3 + 2e^2$.
*b)* $f(x) = e^x \ln x$; $I = ]0\,;+\infty[$.
*c)* $f(x) = \frac{1}{x}e^x$; $I = ]0\,;+\infty[$.

**30** *a)* $f(x) = xe^x + e^3$. *b)* $f(x) = \frac{x}{e^x}$.

**31** *a)* $f(x) = x^2e^x$. *b)* $f(x) = (\exp x)^2$.

**32** *a)* $f(x) = e^{3x}$.
*b)* $f(x) = 2e^{-x}$.

$(e^u)' = u'e^u$.

**33** *a)* $f(x) = e^{1-x}$.
*b)* $f(x) = \exp(x^3 - 2x + 7)$.
*c)* $f(x) = e^{x^2 + 3x}$.

**34** Déterminer une primitive de la fonction $f$ sur $\mathbb{R}$ :
*a)* $f(x) = \frac{1}{3}e^x$. *b)* $f(x) = 2e^x - 3e$.

**35** *a)* Calculer la dérivée de la fonction $f$ définie par $f(x) = e^{-2x}$.

*b)* En déduire une primitive des fonctions $g$ et $h$ définies sur $\mathbb{R}$ par $g(x) = 2e^{-2x}$ et $h(x) = e^{-2x}$.

**36** Déterminer une primitive sur $\mathbb{R}$ de la fonction $f$ :
*a)* $f(x) = e^{3x}$.
*b)* $f(x) = -4e^{2x}$.
*c)* $f(x) = e^{2x} - 3e^x$.

**37** Déterminer une primitive sur $\mathbb{R}$ de la fonction $f$, après avoir remarqué que $f$ peut s'écrire sous la forme $ku'e^u$ :
*a)* $f(x) = 2xe^{x^2}$.
*b)* $f(x) = (x+2)\exp(x^2 + 4x - 1)$.
*c)* $f(x) = e^{1-x}$.

## Limites

**38** Déterminer les limites en $+\infty$, en $-\infty$ et en 0 de la fonction $f$ définie sur $\mathbb{R}$ :
*a)* $f(x) = e^x + 3$.
*b)* $f(x) = 5 - e^{2x}$.
*c)* $f(x) = x + e^x$.

**39** Déterminer les limites en $+\infty$, en $-\infty$ et en 0 de la fonction $f$ :
*a)* $f(x) = e^{-x}$. *b)* $f(x) = \frac{1}{1 + e^{-x}}$.

**40** Déterminer les limites en $+\infty$ et en $-\infty$ de la fonction $f$ définie sur $\mathbb{R}$ par :

$$f(x) = \frac{1}{e^{x} + e^{-x}}.$$

**41** Soit la fonction $f$ définie sur $]0\,;+\infty[$ par

$$f(x) = 1 - \frac{3}{e^{x} - 1}.$$

Étudier la limite de $f$ en $+\infty$ et en 0.

**42** Étudier les limites en $-\infty$ et en 0 de la fonction $f$ définie sur $]-\infty\,;0[$ par $f(x) = \dfrac{e^{x} + 2}{e^{x} - 1}$.

**43** Trouver les limites en $+\infty$ et en $-\infty$ de la fonction $f$ définie sur $\mathbb{R}$ par :

$f(x) = xe^{x} - x$.

*Indication :* remarquer que

$f(x) = x(e^{x} - 1)$.

**44** Étudier les limites en $+\infty$ et en 0 de la fonction $f$ définie sur $]0\,;+\infty[$ par :

*a)* $f(x) = \dfrac{e^{x}}{2x}$.

*b)* $f(x) = -\dfrac{e^{x}}{x^{2}}$.

$\lim\limits_{x \to +\infty} \dfrac{e^{x}}{x^{n}} = +\infty$ ($n = 1$ ou $n = 2$).

**45** Déterminer les limites en $-\infty$ et en $+\infty$ de la fonction $f$ définie sur $\mathbb{R}$ par :

$f(x) = 2x - e^{x}$.

*Indication :* pour la limite en $+\infty$, remarquer que

$f(x) = x\left(2 - \dfrac{e^{x}}{x}\right)$, pour $x \neq 0$.

**46** Même exercice que **45** avec $f(x) = e^{x} - x^{2}$.

*Indication :* pour la limite en $+\infty$, remarquer que

$f(x) = x^{2}\left(\dfrac{e^{x}}{x^{2}} - 1\right)$, pour $x \neq 0$.

## Expression de $a^{x}$ à l'aide de la fonction exp

**47** Écrire $f(x)$ sous la forme $e^{u(x)}$, puis calculer $f'(x)$.

*a)* $f(x) = 2^{x}$.

*b)* $f(x) = 3^{-x}$.

$a^{x} = e^{x \ln a}$ (pour $a > 0$).

**48** Même exercice avec :

*a)* $f(x) = \dfrac{1}{3^{x}}$.

*b)* $f(x) = \dfrac{3^{x}}{2^{x}}$.

## Étude de fonctions

**49** Soit la fonction $f$ définie sur $\mathbb{R}$ par

$$f(x) = \frac{e^{x} - e^{-x}}{2}.$$

*a)* Étudier la parité de $f$.

*b)* Déterminer les limites de $f$ en $-\infty$ et en $+\infty$.

*c)* Calculer la dérivée, étudier son signe.

*d)* Dresser le tableau de variation de $f$ et tracer sa courbe représentative.

**50** Même exercice que **49** avec $f(x) = \dfrac{e^{x} + e^{-x}}{2}$.

**51** Même exercice que **49** avec $f(x) = \dfrac{1}{e^{x} + e^{-x}}$.

**52** Étudier la fonction $f$ définie sur $]0\,;+\infty[$ par $f(x) = \dfrac{1}{e^{x} - 1}$ (limites en 0 et en $+\infty$, dérivée, variation). Tracer la courbe représentative.

## RÉSULTATS DES EXERCICES DONT LE NUMÉRO EST EN COULEUR

**1.** $9^{\frac{1}{2}} = \sqrt{9} = 3$ ; $0{,}49^{\frac{1}{2}} = 0{,}7$ ; $16^{\frac{3}{2}} = \left(16^{\frac{1}{2}}\right)^{3} = 64$ ;

$5^{-1} = \dfrac{1}{5}$ ; $\left(5^{\frac{1}{2}}\right)^{4} = 25$ ; $1{,}718^{3{,}5} \times 1{,}718^{-2{,}5} = 1{,}718$.

**3.** 3 ; 16 ; 0,048 ; 1,764 ; 0,239 ; 22,274 ; 19 119,163.

**4.** $(2^{x} + 2^{-x})^{2} = 2^{2x} + 2 + 2^{-2x} = 4^{x} + 2 + 4^{-x}$.

**5.** *a)* $\dfrac{5}{4} > 1$, donc $f$ est croissante sur $\mathbb{R}$.

*c)* $x = 0$ ; $x = 2$ ; $x = -2$ ; pas de solution.

*d)* $\mathcal{S} = ]-\infty\,;0[$ ; $\mathcal{S} = [2\,;+\infty[$.

**8.** *a)* $0{,}81 < 1$, donc $f$ est décroissante sur $\mathbb{R}$.

*b)* $0{,}81^{x} > 0$ pour tout $x$.

*c)* $x = \dfrac{1}{2}$ *d)* $x = 3{,}29$.

**12.** *a)* $a^{2} = 8$, d'où $a = 2\sqrt{2}$, car $a > 0$.

*b)* $a^{-2} = 9$, d'où $a^{2} = \dfrac{1}{9}$, donc $a = \dfrac{1}{3}$ car $a > 0$.

**13.** *a)* $k = 3$ ; $a \simeq 1{,}09$.

*b)* $k \simeq 8\,474$ ; $a \simeq 0{,}971\,6$.

**16.** *a)* $ka^{0} = 10$ d'où $k = 10$.

On voit que $ka^{6} = 30$, d'où l'on déduit $a$.

**17.** *a)* 5; *b)* $\ln(e^{-2}) = -2$;

*c)* 9; *d)* $\ln\sqrt{e} = \ln\left(e^{\frac{1}{2}}\right) = \frac{1}{2}$.

**20.** On trouve 1.

**22.** *a)* $\{0\}$; *b)* $\varnothing$; *c)* $e^x + 1 = 0$ est impossible ;
$e^x = 3 \Leftrightarrow \ln(e^x) = \ln 3 \Leftrightarrow x = \ln 3$; $\mathcal{S} = \{\ln 3\}$.

**24.** *a)* $e^{2x} = (e^x)^2$. On obtient donc l'équation $X^2 - 4X + 3 = 0$, qui a pour solutions 1 et 3. On trouve alors $\mathcal{S} = \{0; \ln 3\}$.
*b)* $\mathcal{S} = \{0\}$.
*c)* Poser $X = e^{2x}$. On trouve $\mathcal{S} = \{0\}$.

**26.** *a)* $e^{2x} > 3 \Leftrightarrow \ln(e^{2x}) > \ln 3$ car la fonction ln est strictement croissante sur $\mathbb{R}$.
On trouve $\mathcal{S} = ]\ln\sqrt{3}; +\infty[$.
*b)* $\left]0; \frac{2}{e}\right[$. *c)* $\mathbb{R}$.

**27.** $e^x + 1 > 0$ pour tout $x$, donc $g(x)$ est du signe de $e^x - 2$.
$e^x - 2 = 0 \Leftrightarrow e^x = 2 \Leftrightarrow x = \ln 2$.
Si $x > \ln 2$, alors $e^x > 2$ car exp est croissante. Si $x < \ln 2$, alors $e^x < 2$. D'où :

| $x$ | $-\infty$ | | $\ln 2$ | | $+\infty$ |
|---|---|---|---|---|---|
| $g(x)$ | | $-$ | 0 | $+$ | |

**29.** *a)* $f'(x) = 3e^x - e^3$.
*b)* $f'(x) = e^x\left(\frac{1}{x} + \ln x\right)$. *c)* $f'(x) = \frac{e^x}{x}\left(1 - \frac{1}{x}\right)$.

**31.** *a)* $f'(x) = x(x+2)e^x$.
*b)* $f'(x) = 2(\exp x)^2 = 2e^{2x}$.

**32.** *a)* $f'(x) = 3e^{3x}$.
*b)* $f'(x) = -2e^{-x}$.

**34.** *a)* $F(x) = \frac{1}{3}e^x$. *b)* $F(x) = 2e^x - 3xe$.

**36.** *a)* $F(x) = \frac{1}{3}e^{3x}$. *b)* $F(x) = -2e^{2x}$.

*c)* $F(x) = \frac{1}{2}e^{2x} - 3e^x$.

**38.** *b)* $\lim_{+\infty} f = -\infty$; $\lim_{-\infty} f = 5$; $\lim_{0} f = f(0) = 4$.

**39.** *a)* $\lim_{x \to +\infty} (-x) = -\infty$, donc $\lim_{x \to -\infty} e^{-x} = 0$.
$\lim_{x \to -\infty} (-x) = +\infty$, donc $\lim_{x \to -\infty} e^{-x} = +\infty$.
$\lim_{x \to 0} (-x) = 0$, donc $\lim_{x \to 0} e^{-x} = e^0 = 1$.

*b)* $\lim_{+\infty} f = 1$; $\lim_{-\infty} f = 0$; $\lim_{0} f = \frac{1}{2}$.

**41.** $\lim_{+\infty} f = 1$. D'autre part : $\lim_{x \to 0} (e^x - 1) = 0$

et $e^x - 1 > 0$ car $x > 0$, donc $\lim_{x \to 0} \frac{3}{e^x - 1} = +\infty$

et $\lim_{0} f = -\infty$.

**43.** $f(x) = x(e^x - 1)$,
$\lim_{x \to +\infty} (e^x - 1) = +\infty$ d'où $\lim_{+\infty} f = +\infty$.
$\lim_{x \to -\infty} (e^x - 1) = -1$, d'où $\lim_{-\infty} f = +\infty$.

**44.** *a)* $\lim_{+\infty} f = +\infty$; $\lim_{0} f = +\infty$ car quand $x$ tend vers 0, avec $x > 0$, $\frac{1}{2x} \to +\infty$.

**46.** $\lim_{-\infty} f = -\infty$.

Pour $x \neq 0$, $f(x) = x^2\left(\frac{e^x}{x^2} - 1\right)$.

$\lim_{x \to +\infty} \frac{e^x}{x^2} = +\infty$, donc $\lim_{x \to +\infty} \left(\frac{e^x}{x^2} - 1\right) = +\infty$.
De plus $\lim_{x \to +\infty} x^2 = +\infty$, donc $\lim_{+\infty} f = +\infty$.

**47.** *a)* $f(x) = e^{x \ln 2}$. Posons $u(x) = x \ln 2$.
On a $u'(x) = \ln 2$ car ln 2 est une constante, donc $f'(x) = (\ln 2)\, e^{x \ln 2}$.
*b)* $f(x) = e^{-x \ln 3}$. $f'(x) = (-\ln 3)\, e^{-x \ln 3}$.

**49.** *a)* $f(-x) = -f(x)$, donc $f$ est impaire ; $f'(x) = \frac{e^x + e^{-x}}{2}$.

Tableau de variation :

| $x$ | $-\infty$ | | $+\infty$ |
|---|---|---|---|
| $f'(x)$ | | $+$ | |
| $f(x)$ | $-\infty$ | ↗ | $+\infty$ |

La courbe est symétrique par rapport à l'origine du repère.

**52.** Dérivée : $f'(x) = \frac{-e^x}{(e^x - 1)^2}$.

Tableau de variation :

| $x$ | 0 | | $+\infty$ |
|---|---|---|---|
| $f'(x)$ | ‖ | $-$ | |
| $f(x)$ | ‖ $+\infty$ | ↘ | 0 |

Les droites d'équations $x = 0$ et $y = 0$ sont asymptotes à la courbe.

# POUR CHERCHER

## Calcul de taux

**53** Une suite géométrique vérifie $u_0 = 2$ et $u_4 = 362$. Calculer sa raison.

Pour $a > 0$, $b > 0$ et $x \neq 0$, $a^x = b \Leftrightarrow a = b^{\frac{1}{x}}$.

**54** Une suite géométrique vérifie $u_0 = -3$ et $u_5 = -36$. Calculer sa raison ; en donner une valeur approchée à 0,01 près.

**55** ***Population d'une ville***

La population d'une ville est passée en 8 ans de 75 000 à 96 000 habitants. On se propose de calculer le taux de croissance annuel, en admettant que ce taux est constant. Soit $P_0$ la population initiale, $P_n$ la population au bout de $n$ années, et $t$ le taux annuel cherché.

1° Calculer $P_{n+1}$ en fonction de $P_n$ et de $t$. En déduire que $(P_n)$ est une suite géométrique.

2° Exprimer $P_8$ en fonction de $P_0$ et de $t$. Calculer $t$.

**56** ***Un bon placement ?***

Un organisme financier lance une campagne de publicité :

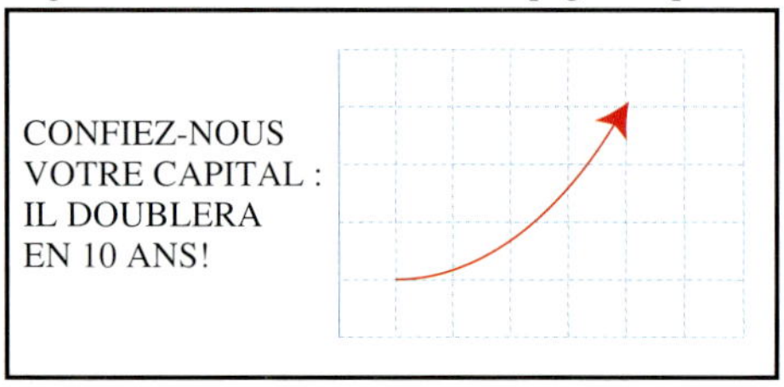


Calculer le taux d'intérêt annuel correspondant à cette promesse.

## Résolution d'équations

**57** 1° Développer, réduire et ordonner le produit : $(x-2)(x^2-6x+5)$.

2° En déduire la résolution des équations :

*a*) $x^3 - 8x^2 + 17x - 10 = 0$.

*b*) $e^{3x} - 8e^{2x} + 17e^x = 10$.

**58** 1° On considère le polynôme P défini par $P(x) = 2x^3 - 3x^2 - 17x + 30$,

où $x$ est un nombre réel.

Vérifier que $P(x) = (x-2)(2x^2 + x - 15)$.

2° Résoudre dans $\mathbb{R}$ les équations suivantes d'inconnue $x$.

*a*) $P(x) = 0$.

*b*) $2e^{3x} - 3e^{2x} - 17e^x + 30 = 0$.

**59** Résoudre dans $\mathbb{R}$ les équations :

*a*) $2x^2 - 3x - 2 = 0$ ;

*b*) $2e^{2t} - 3e^t - 2 = 0$ ;

*c*) $2 \times 5^{2t} - 3 \times 5^t - 2 = 0$.

**60** 1° Résoudre dans $\mathbb{R}$ l'équation : $3x^2 - x - 14 = 0$.

2° Résoudre dans $\mathbb{R}$ les équations suivantes :

*a*) $\dfrac{3e^{2x} - 7}{7 + e^x} = 1$.

*b*) $3(\ln x)^2 - \ln x - 14 = 0$.

## Calcul de primitives

**61** *a*) Calculer la dérivée de la fonction $f$ définie sur $\mathbb{R}$ par $f(x) = e^{-x^2}$.

*b*) En déduire une primitive G de la fonction $g$ définie sur $\mathbb{R}$ par $g(x) = xe^{-x^2}$.

**62** *a*) Soit la fonction $f$ définie sur $\mathbb{R}$ par $f(x) = xe^x$. Calculer $f'(x)$.

*b*) En déduire une primitive F de $f$.

**63** Soit la fonction $f$ définie sur $\mathbb{R}$ par $f(x) = \dfrac{x+2}{e^x}$.

*a*) Démontrer que la fonction F définie sur $\mathbb{R}$ par $F(x) = -\dfrac{x+3}{e^x}$ est une primitive de $f$.

*b*) Déterminer la primitive G de $f$ telle que $G(0) = 0$.

**64** Soit la fonction $f$ définie sur $\mathbb{R}$ par $f(x) = e^x(e^x - 4)$.

*a*) Démontrer que la fonction F définie sur $\mathbb{R}$ par $F(x) = \dfrac{1}{2}(e^x - 4)^2$ est une primitive de $f$.

*b*) Déterminer la primitive G de $f$ telle que $G(0) = 1$.

## Étude de fonctions

**65** Soit la fonction $f$ définie sur $]0 ; +\infty[$ par $f(x) = \dfrac{e^x}{x}$.

1° Étudier la fonction $f$ (limites en 0 et $+\infty$, dérivée, signe de la dérivée, tableau de variation).

2° Tracer la courbe représentative de $f$.

**66** On se propose d'étudier les solutions réelles de l'équation : $4x^2e^x - 1 = 0$.

*a*) Étudier sur l'intervalle $[-5 ; 1]$ le sens de variation de la fonction $f$ telle que :

$f(x) = 4x^2e^x - 1$.

*b*) De la lecture du tableau de variation de $f$, déduire le nombre des solutions de l'équation :

$4x^2e^x - 1 = 0$.

Encadrer chaque solution par deux entiers relatifs consécutifs.

**67** On considère la fonction $f$ définie sur $\mathbb{R}$ par :

$f(x) = \frac{1}{2} e^{2x} - 4e^x + 3x$.

*a*) Déterminer $f'$, fonction dérivée de $f$.

*b*) Déterminer $\lim_{x \to -\infty} f(x)$ et $\lim_{x \to +\infty} e^x\left(\frac{e^x}{2} - 4\right)$ ;

en déduire $\lim_{x \to +\infty} f(x)$.

*c*) Dresser le tableau de variation de $f$.

*d*) Donner une équation de la tangente à la courbe $\mathscr{C}$, représentative de $f$, au point d'abscisse ln 2.

*e*) Après avoir calculé $f(-\ln 3)$ et $f(\ln 7)$, représenter la courbe $\mathscr{C}$ dans un repère orthonormal $(O, \vec{i}, \vec{j})$.

**68** Soit la fonction $f$ définie sur $]0\,;+\infty[$ par

$f(x) = \frac{(2x-1)\,e^x - 2x + 2}{e^x - 1}$.

1° Vérifier que, pour tout $x$ de $]0\,;+\infty[$ :

$f(x) = 2x - 1 + \frac{1}{e^x - 1}$.

2° Déterminer les limites de $f$ aux bornes de $]0\,;+\infty[$.

3° *a*) Calculer la dérivée de $f$.

*b*) Vérifier que, pour tout réel $x$ :

$2e^{2x} - 5e^x + 2 = (2e^x - 1)(e^x - 2)$.

*c*) Montrer que, si $x > 0$, alors $2e^x - 1 > 0$.

*d*) En déduire les variations de $f$ et les résumer dans un tableau.

4° Montrer que la droite D d'équation $y = 2x - 1$ est asymptote à la courbe $\mathscr{C}$ représentative de $f$.

5° Construire la courbe $\mathscr{C}$, avec ses asymptotes.

**69** Soit la fonction $f$ de la variable numérique $x$, définie sur $]0\,;+\infty[$ par $f(x) = \frac{e^x + 1}{e^x - 1}$.

*a*) Montrer que pour tout $x > 0$,

$f(x) = 1 + \frac{2}{e^x - 1}$.

*b*) Calculer $\lim_{x \to +\infty} f(x)$.

*c*) Étudier les variations de $f$, et construire la courbe représentative $\mathscr{C}$ dans un repère orthonormé.

*d*) Déterminer l'abscisse du point A d'ordonnée 4 de la courbe $\mathscr{C}$.

Donner une équation de la tangente en A à $\mathscr{C}$ et tracer cette tangente.

**70** Soit la fonction $f$ définie sur $\mathbb{R}$ par :

$f(x) = (x+2)e^{-x}$.

Soit $\mathscr{C}$ la courbe représentative de $f$ dans le plan rapporté au repère orthonormé $(O, \vec{i}, \vec{j})$ ; unité 2 cm.

1° Étudier la fonction $f$ : variations, limites.

Pour la limite en $+\infty$, vérifier que $f(x) = \frac{x}{e^x} + \frac{2}{e^x}$.

2° *a*) Déterminer une équation de la droite $(T_1)$ tangente à la courbe $\mathscr{C}$ au point d'abscisse $x = -2$.

*b*) Déterminer une équation de la droite $(T_2)$ tangente à la courbe $\mathscr{C}$ au point d'abscisse $x = 0$.

*c*) Tracer $(T_1)$, $(T_2)$ et $\mathscr{C}$.

3° Soit (D) la droite dont une équation est $y = 2x + 4$. Calculer les coordonnées des points d'intersection de (D) et de $\mathscr{C}$.

4° Discuter graphiquement, suivant les valeurs du paramètre réel $m$, le nombre et le signe des solutions de l'équation $f(x) = m$.

**71** On considère la fonction $f$ définie pour tout réel $x$ par :

$f(x) = e^x(e^x - 2)$.

On désigne par $\mathscr{F}$ la courbe représentative de $f$ dans le plan muni d'un repère orthonormé $(O, \vec{i}, \vec{j})$ (unité : 1 cm).

1° Déterminer la limite de $f(x)$ quand $x$ tend vers $+\infty$, puis la limite de $f(x)$ quand $x$ tend vers $-\infty$

2° Étudier les variations de $f$ et dresser le tableau de variation.

3° Écrire une équation de la tangente D à $\mathscr{F}$ au point d'abscisse ln 2.

4° Tracer D, puis $\mathscr{F}$.

5° Déterminer graphiquement, en fonction du réel $m$, le nombre de solutions de l'équation :

$e^{2x} - 2e^x - m = 0$.

6° *a*) Vérifier que $e^{2x} - 2e^x - 3 = (e^x + 1)(e^x - 3)$.

*b*) Résoudre dans $\mathbb{R}$ l'inéquation : $e^{2x} - 2e^x - 3 \leqslant 0$. Vérifier graphiquement.

**72** Le plan est rapporté à un repère orthonormé $(O, \vec{i}, \vec{j})$ (unité de longueur 1 cm). Soit la fonction numérique $f$ définie, pour tout réel $x \leqslant 1$, par

$f(x) = e^{2x} + 2x - 2$

et $\mathscr{C}$ sa courbe représentative.

1° Étudier la fonction $f$ : limite lorsque $x$ tend vers $-\infty$, dérivée et tableau de variation.

2° Soit (D) la droite d'équation $y = 2x - 2$.

*a*) Déterminer $\lim_{x \to -\infty} [f(x) - (2x-2)]$.

*b*) Que peut-on en déduire pour la droite (D) ?

3° Écrire une équation de la tangente (T) à $\mathscr{C}$ au point A d'abscisse 1. Tracer les droites (T) et (D) et la courbe $\mathscr{C}$.

4° Déterminer une primitive G de la fonction $g$ définie par $g(x) = e^{2x}$ et en déduire une primitive F de $f$.

Calculer $F(0) - F\left(\frac{1}{4}\right)$.

**73** Soit la fonction numérique de la variable réelle $x$ définie sur $I = \left]-\infty ; \dfrac{3}{2}\right]$ par $f(x) = e^{2x} - 4e^{x} + 3$,

et soit $\mathscr{C}$ sa courbe représentative dans un repère orthogonal $(O, \vec{\imath}, \vec{\jmath})$ (unités : 2 cm sur l'axe des abscisses et 1 cm sur l'axe des ordonnées).

1° Résoudre l'équation : $f(x) = 0$ (on pourra poser $e^{x} = X$). En déduire les coordonnées des points d'intersection de $\mathscr{C}$ et de l'axe des abscisses.

2° *a*) Déterminer la limite de la fonction $f$ en $-\infty$.
Que peut-on en déduire pour la droite $\Delta$ d'équation $y = 3$ ?
*b*) Soit $f'$ la fonction dérivée de $f$. Calculer $f'(x)$. On montrera que $f'(x)$ peut se mettre sous la forme :
$f'(x) = 2e^{x}(e^{x} - 2)$.

*c*) Étudier le signe de $f'(x)$ et dresser le tableau de variation de $f$.

3° Calculer les valeurs approchées à $10^{-1}$ près par défaut de :

$$f(-3) ; \quad f(-2) ; \quad f(-1) ; \quad f\left(\frac{1}{2}\right) ; \quad f(1) ; \quad f\left(\frac{3}{2}\right).$$

4° La droite $\Delta$ coupe la courbe $\mathscr{C}$ en un point A d'abscisse $a$.
Calculer $a$ et déterminer le coefficient directeur de la tangente T à $\mathscr{C}$ au point A.

5° Construire T et $\mathscr{C}$.

6° Soit $g$ la fonction définie sur $I = \left]-\infty ; \dfrac{3}{2}\right]$ par

$$g(x) = \frac{1}{2} e^{2x} - 4e^{x}.$$

*a*) Calculer la dérivée $g'$ de $g$.
*b*) En déduire une primitive de $f$ sur I.

## Problèmes à supports graphiques

**74** Une fonction $f$ est définie sur $\mathbb{R}$ par :

$$f(x) = \frac{e^{x} - 4}{e^{x} + 2}.$$

Sa représentation graphique est donnée sur la figure. On demande de répondre à chacune des questions ci-dessous par le calcul ou le raisonnement, puis d'expliquer comment on contrôle le résultat sur la figure.

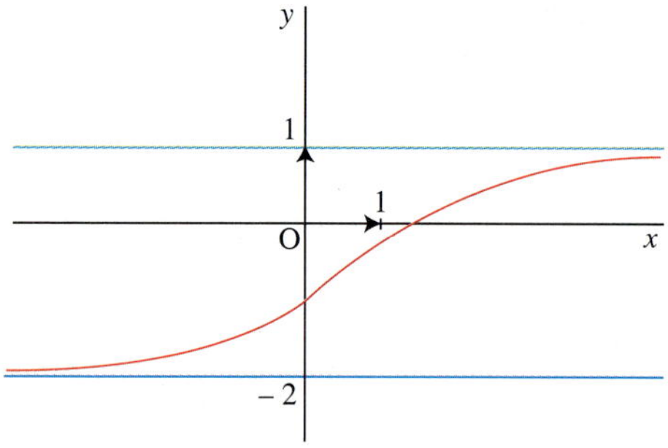


Fig. 14

*a*) Étudier le sens de variation de $f$.
*b*) Déterminer la limite de $f$ en $-\infty$.
*c*) Vérifier que, pour tout réel $x$ :

$$f(x) = \frac{1 - 4e^{-x}}{1 + 2e^{-x}}.$$

En déduire la limite de $f$ en $+\infty$.
*d*) Préciser les asymptotes à la courbe $\mathscr{C}$.
*e*) Soit A le point de $\mathscr{C}$ d'abscisse 0. Déterminer une équation de la tangente à $\mathscr{C}$ en A.

*f*) Résoudre l'équation $f(x) = \dfrac{1}{2}$.

**75** Le plan est rapporté au repère orthogonal $(O, \vec{\imath}, \vec{\jmath})$ (unités graphiques : 2 cm sur l'axe des abscisses, 1 cm sur l'axe des ordonnées). La fonction $f$ définie sur l'intervalle $[-3 ; +3]$ par $f(x) = (x + 3)e^{-x}$ a, dans ce plan, la représentation graphique ci-dessous :

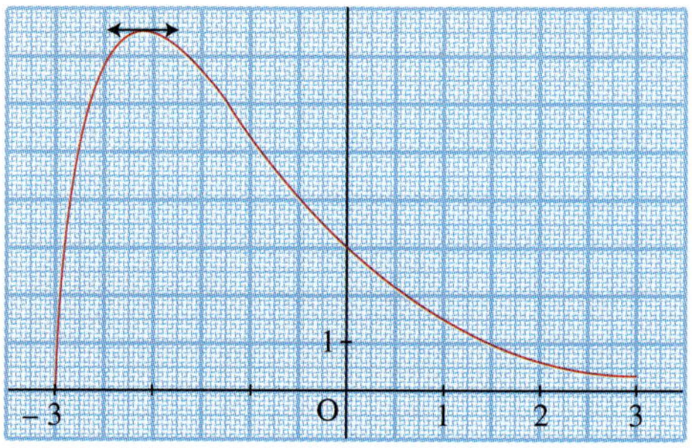


Fig. 15

1° Résoudre *graphiquement* les équations ou inéquations suivantes :
*a*) $f(x) = 0$. *b*) $f(x) = 3$. *c*) $f(x) \geqslant 3$.
Puis, $f'$ désignant la fonction dérivée de $f$ :
*d*) $f'(x) = 0$. *e*) $f'(x) < 0$.

2° Dresser le tableau de variation de $f$ en utilisant le graphique.
Retrouver ce résultat par le calcul et vérifier la cohérence avec la courbe.

**76** Le but du problème est de reconnaître la représentation graphique d'une fonction numérique.
Soit $f$ la fonction définie sur $\mathbb{R}$ par
$f(x) = 1 - x^{2}e^{x}$.

Dans un repère $(O, \vec{\imath}, \vec{\jmath})$ on note $\mathscr{C}$ la courbe représentative de $f$ et (D) la droite d'équation $y = 1$.

1° Montrer que $[f(x) - 1]$ est négatif pour tout $x$ réel. Que peut-on en déduire pour $\mathscr{C}$ et (D) ?

2° Étudier les limites de $f$ en $(+\infty)$ et $(-\infty)$. (On donne $\lim\limits_{x \to -\infty} x^{2}e^{x} = 0$.)

3° Étudier les variations de $f$ et dresser son tableau de variation.

4° Déterminer $\mathscr{C}$ parmi les représentations graphiques proposées ; en utilisant **uniquement** ce qui précède, on justifiera l'élimination des trois autres graphiques proposés.

5° Montrer que l'équation $f(x) = 0$ admet une solution unique $\alpha$ dans $[0 ; 1]$ que l'on encadrera à $10^{-2}$ près (on précisera le théorème employé et la méthode d'encadrement).

6° Montrer que la fonction

$G : x \mapsto (x^2 - 2x + 2)e^x$

est une primitive de la fonction $g : x \mapsto x^2 e^x$. En déduire une primitive F de $f$ et calculer $F(0) - F(-1)$.

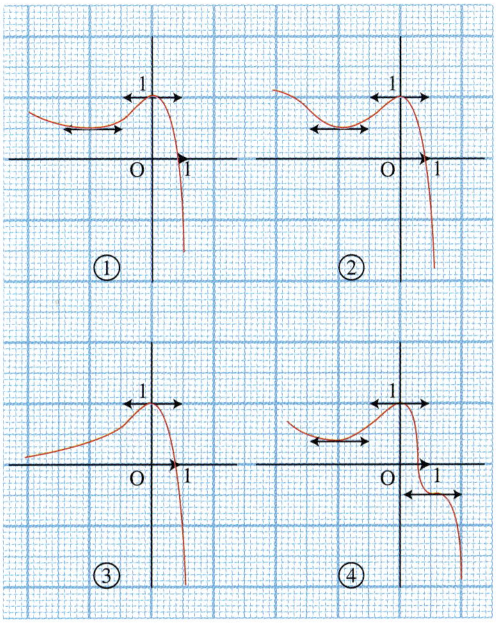


Fig. 16

**77** Soit la fonction $f$ définie sur $\mathbb{R}$ par : $f(x) = 3 + x - 2e^{-x}$ et $\mathscr{C}$ la courbe représentative de cette fonction dans le plan muni du repère orthonormal $(O, \vec{\imath}, \vec{\jmath})$.

1° *a*) Étudier les limites de $f(x)$ quand $x$ tend vers $+\infty$ et quand $x$ tend vers $-\infty$.
*b*) Montrer que la droite (D) d'équation $y = x + 3$ est asymptote à la courbe $\mathscr{C}$.
Étudier les positions relatives de $\mathscr{C}$ et (D).

2° Calculer $f'(x)$. En déduire que $f$ est croissante.

3° *a*) Déterminer une équation de la tangente (T) à la courbe $\mathscr{C}$ au point A de $\mathscr{C}$ d'abscisse 0.
*b*) Reproduire le graphique de la figure 17.
Tracer la droite (D) et la tangente (T).

4° Expliquer pourquoi l'équation $f(x) = 2$ a une solution unique $\alpha$ dans $\mathbb{R}$. À l'aide de la calculatrice, déterminer un encadrement de $\alpha$ d'amplitude 0,1.

5° Déterminer la primitive F de $f$ qui prend la valeur 0 pour $x = 0$.

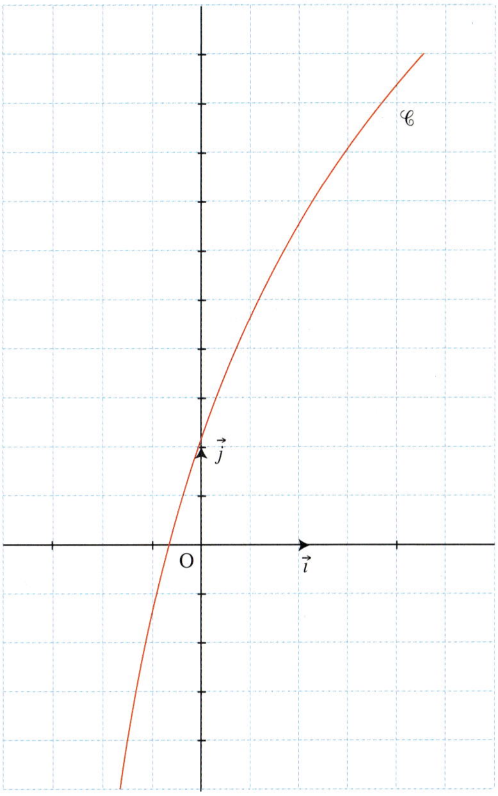


Fig. 17

## Placements et populations

**78** ***Croissances comparées***

Deux villes A et B ont, au 1er janvier 1990, des populations respectives de 3 millions et 1,5 million d'habitants. La population de A s'accroît de 2 % par an, tandis que celle de B augmente de 10 % par an. On note $f(n)$ et $g(n)$ les populations respectives de A et de B, exprimées en millions d'habitants, au 1er janvier de l'année $1990 + n$ ($n$ entier naturel).

1° Préciser $f(0)$. Exprimer $f(n+1)$ en fonction de $f(n)$, et en déduire $f(n)$ en fonction de $n$.

2° Faire le même travail avec $g$.

3° En admettant que les deux populations croissent très régulièrement, on prolonge les suites $f$ et g à $\mathbb{R}$, définissant deux fonctions exponentielles qu'on notera aussi $f$ et $g$.
Représenter ces deux fonctions sur le même graphique (unité en abscisses : 1 cm pour une année, en ordonnées : 2 cm pour un million d'habitants).

4° Résoudre l'équation $f(x) = g(x)$ (utiliser la fonction ln). À partir de quelle année la population de B dépassera-t-elle celle de A ? En quel mois précis ?

5° À quelle date (à un mois près), la population de B dépassera-t-elle le double de celle de A ?

**79** *Placement de capital*

Il y a 4 ans, M. Dupont a placé un certain capital, au taux annuel de 4,5 %, sur un compte d'épargne auquel il n'a pas touché depuis. Il vient de recevoir un relevé de compte portant la mention :

Avoir au 1^er^ janvier 1995 : 11 925,19 F.

*a*) On pose $C_0 = 11\ 925{,}19$, et on appelle $C_n$ le capital inscrit sur le compte le 1^er^ janvier de l'année 1995 + *n*.
Calculer $C_1$, $C_2$, $C_3$.
Montrer que $(C_n)$ est une suite géométrique.
Exprimer $C_n$ en fonction de *n*.

*b*) Calculer le capital au premier janvier des années 1994, 1993, 1992 et 1991. (Cela revient à prolonger la suite $(C_n)$ à l'ensemble $\mathbb{Z}$ des entiers relatifs.)

*c*) On appelle F la fonction exponentielle prolongeant la suite $(C_n)$ à $\mathbb{R}$.
Soit un réel *t* ; exprimer F(*t*) en fonction de *t*.
Représenter graphiquement la fonction F.

*d*) M. Dupont décide de retirer son capital le 1^er^ avril 1997. Calculer la somme obtenue :
– en utilisant F(*t*) ;
– en calculant par la méthode utilisée dans la réalité, qui consiste à servir un intérêt simple pour la période du 1^er^ janvier à la date de retrait, lorsque cette période est inférieure à un an.
Quelle est la méthode de calcul la plus avantageuse pour M. Dupont ?

**80** *Population mondiale*

On s'intéresse à l'évolution de la population mondiale :

| *n* | 0 | 1 | 2 | 3 | 4 |
|---|---|---|---|---|---|
| Année $a_n$ | 1950 | 1960 | 1970 | 1980 | 1990 |
| Population $P_n$ (en milliards d'habitants) | 2,5 | 3,0 | 3,6 | 4,4 | 5,2 |

Source : *Quid.*

1° Exprimer en pourcentage l'augmentation de la population entre 1950 et 1960 ; 1960 et 1970 ; 1970 et 1980 ; 1980 et 1990.

2° Ce taux étant sensiblement constant, on pense à une fonction exponentielle pour rendre compte de l'évolution de la population. On appelle *f* la fonction définie par
$f(x) = ka^x$, avec $f(0) = 2{,}5$ et $f(4) = 5{,}2$.
Calculer *k* et *a*.

3° Représenter sur un même graphique la fonction *f* et les points $(n\,;\,p_n)$, avec les échelles suivantes :
2 cm pour 10 ans sur l'axe des abscisses, 2 cm pour un milliard d'habitants sur l'axe des ordonnées.
Pour quelle année le modèle traduit-il le moins bien la réalité ?

4° Avec la fonction *f*, quelle population peut-on prévoir sur la planète Terre pour l'an 2000 ? pour l'an 2005 ?

5° Déterminer en quelle année seraient atteints les 10 milliards d'habitants (utiliser la fonction ln).

# 8 Fonctions puissances

- Étude de la fonction $x \mapsto x^a$ ($a \in \mathbb{R}$)

## ACTIVITÉ On a perdu l'exposant !

Les courbes des figures 1 à 8 représentent chacune une fonction $x \mapsto x^n$ ($n$ entier).

*a*) *Déterminer l'exposant* n *dans chaque cas.*

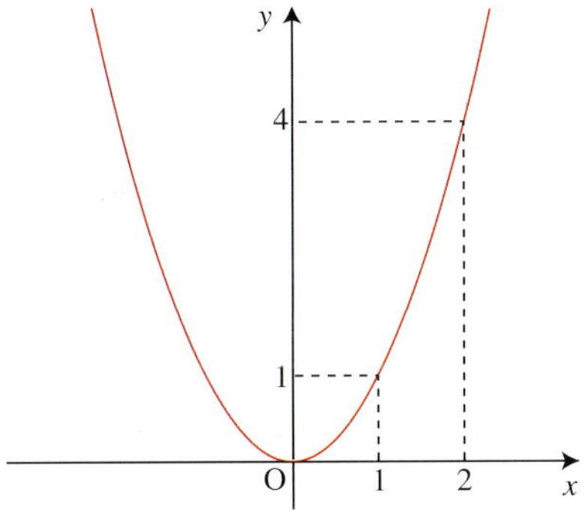


Fig. 1

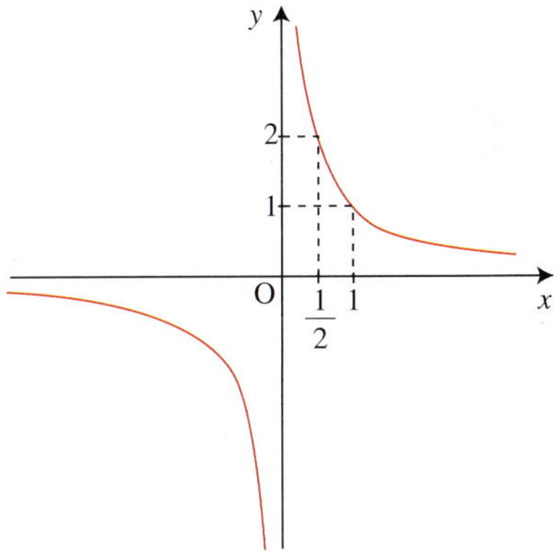


Fig. 2

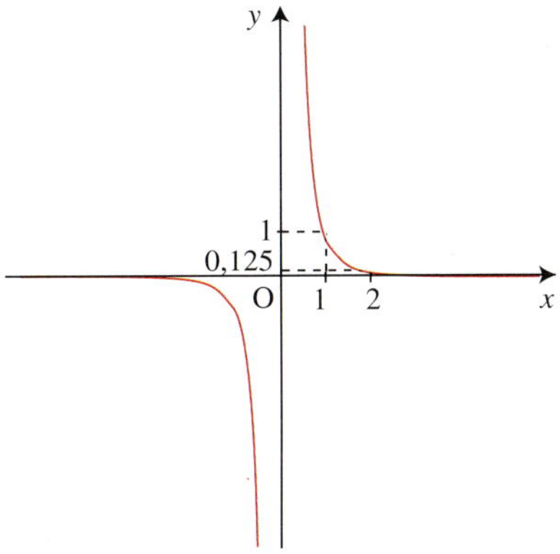


Fig. 3

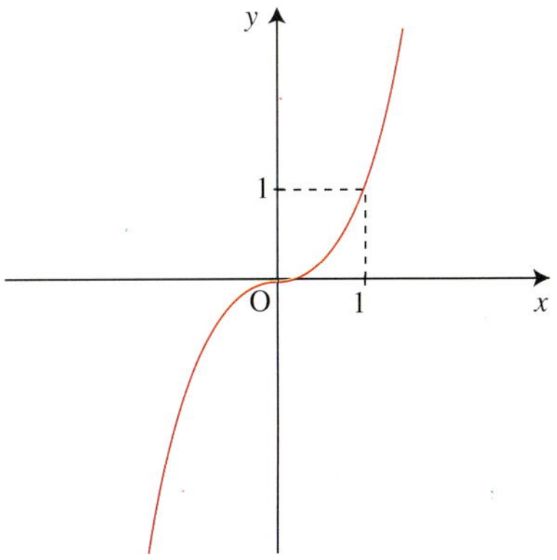


Fig. 4

On sait de plus que 2 a pour image 8.

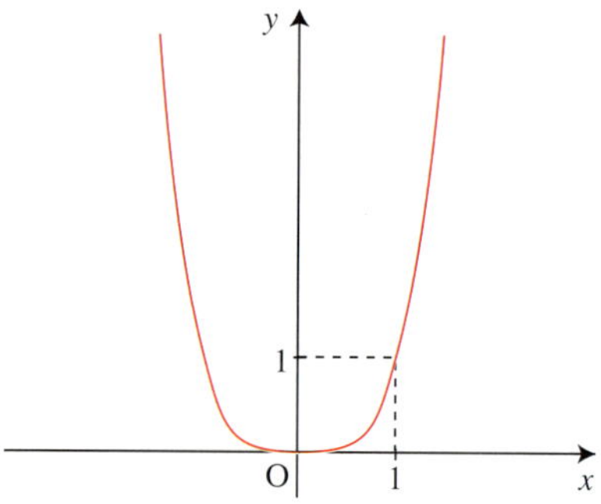


Fig. 5

On sait de plus que
2 a pour image 16.

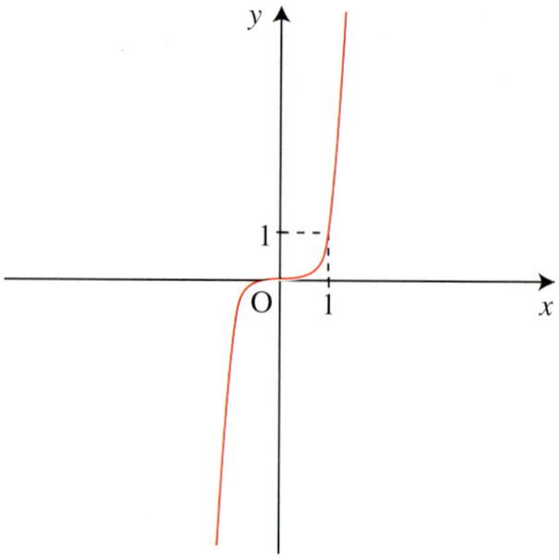


Fig. 6

On sait de plus que
2 a pour image 32.

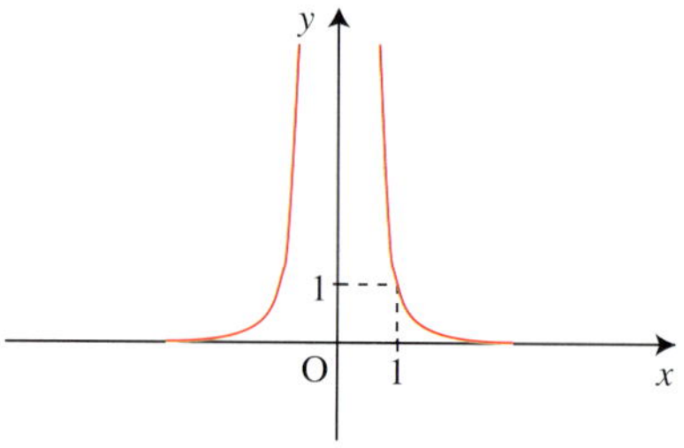


Fig. 7

On sait de plus que
$\frac{1}{2}$ a pour image 16.

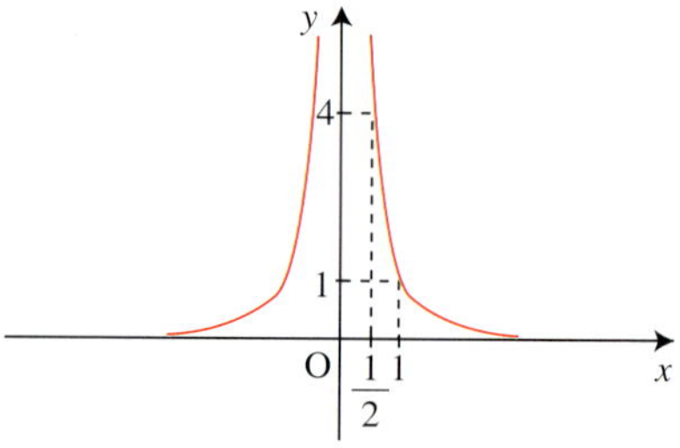


Fig. 8

*b) En s'aidant du a), donner le signe d'une fonction puissance entière*

$$x \mapsto x^n \quad (n \in \mathbb{Z}).$$

On envisagera quatre cas : *n* pair positif, *n* pair négatif, *n* impair positif et *n* impair négatif.

*c) En s'aidant du a), dresser le tableau de variation d'une fonction puissance entière* $x \mapsto x^n$*, en envisageant là encore quatre cas.*
*Préciser les limites aux bornes du domaine de définition de chacune de ces fonctions.*

# INFORMATION

Dans le chapitre précédent, nous avons défini les fonctions $x \mapsto a^x$, où la variable est l'exposant.

Nous allons, dans ce chapitre, étudier les fonctions puissances $x \mapsto x^a$, où l'exposant est fixe.

## 1. Définition et propriétés des fonctions puissances

### a Définition

Soit un réel $a$.

On appelle *fonction puissance a* la fonction $f$ définie sur $]0 ; +\infty[$ par

$$f(x) = x^a.$$

On rappelle que $x^a = e^{a \ln x}$.

**Conséquence :** pour tout réel $x > 0$, $\quad x^a > 0$.

EXEMPLE

Pour $a = \frac{1}{3}$, on obtient la fonction $f$ telle que $f(x) = x^{\frac{1}{3}} = e^{\frac{1}{3}\ln x}$, avec $x > 0$.

Voir aussi page 122.

### b Principales propriétés des puissances

Soit un réel $x$ strictement positif :

$$x^{a+b} = x^a \times x^b.$$

$$\frac{x^a}{x^b} = x^{a-b}.$$

$$(x^a)^b = x^{ab}.$$

Désignons par $x$ et $y$ deux réels strictement positifs et par $a$ un réel non nul :

Si $x^3 = 2$, alors $x = 2^{\frac{1}{3}}$.

$$\text{si} \quad x^a = y, \quad \text{alors} \quad x = y^{\frac{1}{a}}.$$

### c Cas particulier : les fonctions puissances entières $x \mapsto x^n$ ($n \in \mathbb{Z}$)

On retrouve des fonctions bien connues : $x \mapsto x$; $x \mapsto x^2$; $x \mapsto x^3$; $x \mapsto x^{-1}$; $x \mapsto x^{-2}$...

Ces fonctions sont définies sur $\mathbb{R}$ si $n > 0$ et sur $\mathbb{R}^*$ si $n < 0$.

Leurs représentations graphiques sont rappelées figures 1 à 8, au début de ce chapitre.

## 2. Dérivée d'une fonction puissance

### a Cas des fonctions puissances entières

Si $f(x) = x^n$ ($n \in \mathbb{N}^*$), alors on sait que $f'(x) = nx^{n-1}$.

### b Cas général

On considère la fonction $f$ définie pour $x > 0$ par $f(x) = x^a$.

On a $$f(x) = e^{a \ln x}.$$

En posant $u(x) = a \ln x$, on obtient $f(x) = e^{u(x)}$.

De $u'(x) = \frac{a}{x}$ d'une part et $(e^u)' = u'e^u$ d'autre part, on tire

$$f'(x) = \frac{a}{x}\, e^{a \ln x},$$

C'est-à-dire $f'(x) = \frac{a}{x} \times x^a$. On obtient $f'(x) = a \times x^{a-1}$.

Les fonctions puissance $a$ ont donc les mêmes propriétés que les fonctions puissances entières, ce qui justifie la notation $x^a$.

> *Théorème*
>
> **Pour tout réel $a$, la fonction $f : x \mapsto x^a$ est dérivable sur $]0\,;+\infty[$ et $f'(x) = ax^{a-1}$.**

EXEMPLE

Si $f(x) = x^{\frac{1}{3}}$ ($x > 0$), alors $f'(x) = \frac{1}{3} x^{\frac{1}{3}-1}$, c'est-à-dire $f'(x) = \frac{1}{3} x^{-\frac{2}{3}}$.

Application à la dérivée de la fonction *racine carrée.*

Si $f(x) = x^{\frac{1}{2}}$ ($x > 0$), alors $f'(x) = \frac{1}{2} x^{\frac{1}{2}-1}$, c'est-à-dire $f'(x) = \frac{1}{2} x^{-\frac{1}{2}} = \frac{1}{2x^{\frac{1}{2}}}$.

Sachant que $x^{\frac{1}{2}} = \sqrt{x}$ on obtient :

> Pour $x > 0$, si $f(x) = \sqrt{x}$, alors $f'(x) = \frac{1}{2\sqrt{x}}$.

### c Primitives d'une fonction puissance

Du théorème précédent, on déduit que la fonction $x \mapsto \frac{1}{a+1} x^{a+1}$ ($a \neq -1$) est une primitive, sur l'intervalle $]0\,;+\infty[$ de la fonction $x \mapsto x^a$.

▶ Donner une primitive de $f(x) = x^{-1}$ sur $]0\,;+\infty[$.

En effet, si $F(x) = \frac{1}{a+1} x^{a+1}$ ($a \neq -1$), alors $F'(x) = \frac{1}{a+1} \times (a+1)\, x^{(a+1)-1}$, c'est-à-dire $F'(x) = x^a$.

EXEMPLE

Considérons la fonction $f$ définie sur $]0\,;+\infty[$ par $f(x) = x^{\frac{2}{3}}$. Elle a pour primitive la fonction F telle que

$$F(x) = \frac{1}{\frac{2}{3}+1} x^{\frac{2}{3}+1}, \text{ c'est-à-dire } F(x) = \frac{3}{5} x^{\frac{5}{3}}.$$

▶ Cette fonction F est-elle la seule primitive de $f$ ?

# 3. Étude d'une fonction puissance (exemples)

## EXERCICES RÉSOLUS

**1** **Soit la fonction numérique $f$ de la variable réelle $x$ définie sur $]0\,;+\infty[$ par $f(x)=x^{\frac{3}{4}}$.**

**Étudier cette fonction (dérivée, sens de variation, limites aux bornes du domaine de définition) et la représenter dans un repère $(O,\vec{\imath},\vec{\jmath})$.**

On a $f'(x)=\frac{3}{4}x^{\frac{3}{4}-1}$, c'est-à-dire $f'(x)=\frac{3}{4}x^{-\frac{1}{4}}$.

Donc, pour tout réel $x\in\,]0\,;+\infty[$, $f'(x)>0$.

Recherche des limites de $f$ en 0 et en $+\infty$ :

On a $f(x)=x^{\frac{3}{4}}=e^{\frac{3}{4}\ln x}$.

$\lim\limits_{x\to 0}\frac{3}{4}\ln x=-\infty$ et $\lim\limits_{x\to -\infty}e^{y}=0$, donc $\lim\limits_{x\to 0}f(x)=0$.

$\lim\limits_{x\to +\infty}\frac{3}{4}\ln x=+\infty$ et $\lim\limits_{x\to +\infty}e^{y}=+\infty$, donc $\lim\limits_{x\to +\infty}f(x)=+\infty$.

**Tableau de variation**

| $x$ | 0 | $+\infty$ |
|---|---|---|
| $f'(x)$ | ‖ | + |
| $f(x)$ | ‖ 0 | ↗ $+\infty$ |

**Représentation graphique**

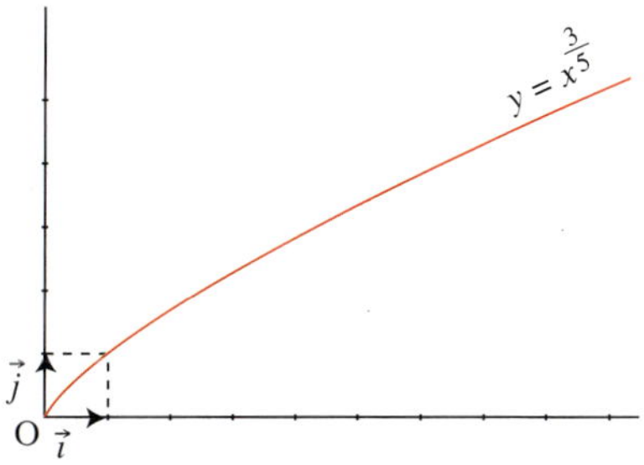


Fig. 9

**2** **Soit la fonction numérique $f$ de la variable réelle $x$ définie sur $]0\,;+\infty[$ par $f(x)=x^{\frac{4}{3}}$.**

**Étudier cette fonction (dérivée, sens de variation, limites aux bornes du domaine de définition) et la représenter dans un repère $(O,\vec{\imath},\vec{\jmath})$.**

On a $f'(x)=\frac{4}{3}x^{\frac{4}{3}-1}$ c'est-à-dire $f'(x)=\frac{4}{3}x^{\frac{1}{3}}$.

Donc, pour tout réel $x>0$, $f'(x)>0$.

Recherche des limites de $f$ en 0 et en $+\infty$ :

On a $f(x)=e^{\frac{4}{3}\ln x}$.

$\lim\limits_{x\to 0}\frac{4}{3}\ln x=-\infty$ donc $\lim\limits_{x\to 0}f(x)=0$.

$\lim\limits_{x\to +\infty}\frac{4}{3}\ln x=+\infty$ donc $\lim\limits_{x\to +\infty}f(x)=+\infty$.

**Tableau de variation**

| $x$ | $0$ | | $+\infty$ |
|---|---|---|---|
| $f'(x)$ | ‖ | $+$ | |
| $f(x)$ | ‖ $0$ | $\nearrow$ | $+\infty$ |

**Représentation graphique**

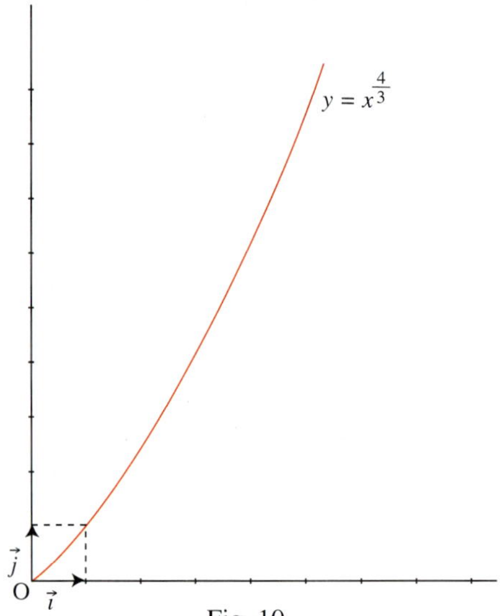


Fig. 10

3 **Soit la fonction numérique $f$ de la variable réelle $x$ définie sur $]0\,;+\infty[$ par $f(x) = x^{-\frac{1}{3}}$.**

**Étudier cette fonction (dérivée, sens de variation, limites aux bornes du domaine de définition) et la représenter dans un repère $(O, \vec{\imath}, \vec{\jmath})$.**

On a $f'(x) = -\dfrac{1}{3}x^{-\frac{1}{3}-1}$ c'est-à-dire $f'(x) = -\dfrac{1}{3}x^{-\frac{4}{3}}$.

Donc, pour tout réel $x > 0$, $f'(x) < 0$.

Recherche des limites de $f$ en 0 et en $+\infty$ :

On a $f(x) = e^{-\frac{1}{3}\ln x}$.

$\lim\limits_{x \to 0} -\dfrac{1}{3}\ln x = +\infty$ donc $\lim\limits_{x \to 0} f(x) = +\infty$.

$\lim\limits_{x \to +\infty} -\dfrac{1}{3}\ln x = -\infty$ donc $\lim\limits_{x \to +\infty} f(x) = 0$.

**Tableau de variation**

| $x$ | $0$ | | $+\infty$ |
|---|---|---|---|
| $f'(x)$ | ‖ | $-$ | |
| $f(x)$ | ‖ $+\infty$ | $\searrow$ | $0$ |

**Représentation graphique**

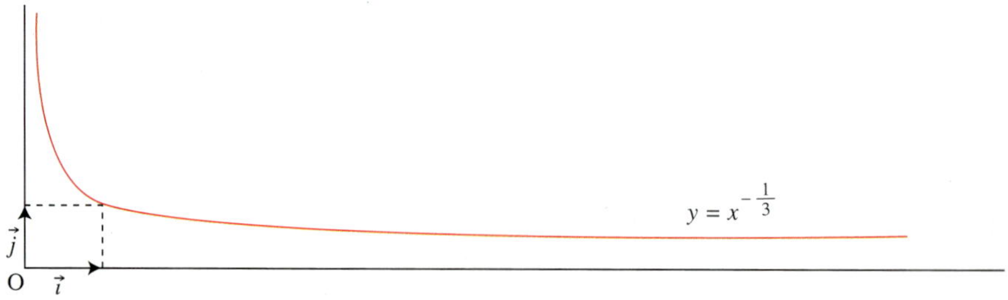


Fig. 11

# EXERCICES ET PROBLÈMES

| **POUR SAVOIR FAIRE** Objectifs à atteindre | Exercices appropriés |
|---|---|
| Utiliser la définition de $x^a$ | 1 à 4 |
| Résoudre des équations du type $x^a = b$ | 5 à 15 |
| Calculer la dérivée d'une fonction puissance | 16 à 19 |
| Déterminer une primitive d'une fonction puissance | 20 à 24 |
| Déterminer les limites en 0 et + ∞ d'une fonction puissance | 25 à 29 |
| Étudier les variations d'une fonction puissance et faire sa représentation graphique | 30 à 36 |
| Reconnaître sur un graphique les différents types de fonction puissance | 37 |

| **POUR CHERCHER** Sujets abordés | Exercices appropriés |
|---|---|
| Équations | 38 et 39 |
| Calcul de dérivées | 40 et 41 |
| Étude de fonctions | 42 et 43 |
| Recherche de limites | 44 à 46 |
| Mathématiques financières | 47 à 51 |

## POUR SAVOIR FAIRE

*Pour les exercices **1** à **4**, compléter les égalités (on suppose dans chaque cas que x est strictement positif).*

**1** *a)* $x^2 = e^{\cdots}$.

*b)* $x^{\frac{1}{2}} = e^{\cdots}$.

**2** *a)* $x^{\frac{3}{4}} = e^{\cdots}$.

*b)* $x^{-\frac{1}{3}} = e^{\cdots}$.

**3** *a)* $e^{5 \ln x} = x^{\cdots}$.

*b)* $e^{\frac{-1}{2} \ln x} = x^{\cdots}$.

**4** *a)* $e^{0,2 \ln x} = x^{\cdots}$.

*b)* $e^{\ln (x^{-4})} = x^{\cdots}$.

## Équations

RAPPEL

Pour $x > 0$, $y > 0$ et $a \neq 0$ :

si $x^a = y$ alors $x = y^{\frac{1}{a}}$

*Pour les exercices **5** à **10**, résoudre dans* $]0 ; +\infty[$ *l'équation.*

**5** $x^4 = 1$.

**6** $x^{\frac{1}{5}} = -1$.

**7** $x^2 = 2$.

**8** $x^{-3} = 8$.

**9** $(1 + x)^{\frac{1}{3}} = 5$.

**10** $x^{\frac{3}{4}} = 2$.

*Pour les exercices **11** à **15**, résoudre dans* $]0\,;+\infty[$ *l'équation et donner une valeur approchée à* $10^{-2}$ *près de la solution.*

**11** $x^7 = 1{,}5$.

**12** $x^8 = 0{,}7$.

**13** $(1+x)^{10} = 1{,}4$.

**14** $x^{-\frac{3}{5}} = 3$.

**15** $x^{-\frac{1}{5}} = \frac{1}{5}$.

## Dérivée

*Pour les exercices **16** à **19**, calculer la dérivée de la fonction* f *définie sur* $]0\,;+\infty[$.

Rappel : $x^{\frac{1}{2}} = \sqrt{x}$.

**16** *a)* $f(x) = 2x^3$.

*b)* $f(x) = \frac{1}{5}x^5$.

**17** *a)* $f(x) = 2\sqrt{x}$.

*b)* $f(x) = 2x^{\frac{1}{2}}$.

*c)* $f(x) = \frac{1}{2}x^{\frac{3}{4}}$.

**18** *a)* $f(x) = x^{-\frac{1}{4}}$.

*b)* $f(x) = x^{-\frac{2}{5}}$.

**19** *a)* $f(x) = \frac{1}{x^{\frac{3}{4}}}$.

*b)* $f(x) = \frac{1}{2x^4}$.

## Primitives

*Pour les exercices **20** à **24**, calculer une primitive de la fonction* f *sur* $]0\,;+\infty[$.

**20** *a)* $f(x) = x^3$.
*b)* $f(x) = 2x^2$.

**21** *a)* $f(x) = x^{\frac{1}{2}}$.
*b)* $f(x) = \sqrt{x}$.
*c)* $f(x) = 3x^{-\frac{1}{3}}$.

**22** *a)* $f(x) = 5x^{\frac{2}{3}}$.
*b)* $f(x) = \frac{1}{2}x^{-0{,}1}$.

**23** *a)* $f(x) = x - x^{-\frac{1}{2}}$.
*b)* $f(x) = -2x^{-\frac{1}{4}} + x^{-2}$.

**24** *a)* $f(x) = x^{-1}$.
*b)* $f(x) = 2x^{-1} + x^{-0{,}2}$.

## Limites

*Pour les exercices **25** à **29**, déterminer les limites de la fonction* f *en 0 et en* $+\infty$.

**25** $f(x) = x^{\frac{1}{2}}$.

**26** $f(x) = x^{-\frac{2}{3}}$.

**27** $f(x) = x^{\frac{5}{4}}$.

**28** $f(x) = \frac{1}{x^{\frac{2}{3}}}$.

**29** $f(x) = \frac{1}{x^{-\frac{3}{4}}}$.

## Variations

*Pour les exercices **30** à **36**, étudier les variations de la fonction* f *sur* $]0\,;+\infty[$, *et tracer sa représentation graphique.*

**30** $f(x) = x^{\frac{1}{3}}$.

**31** $f(x) = x^{\frac{7}{2}}$.

**32** $f(x) = x^{0{,}01}$.

**33** $f(x) = x^{-\frac{2}{3}}$.

**34** $f(x) = x^{-\frac{3}{2}}$.

**35** $f(x) = x^{\sqrt{3}}$.

**36** $f(x) = x^{-3}$.

**37** Sur la figure, les courbes $\mathscr{C}_1$, $\mathscr{C}_2$, $\mathscr{C}_3$ représentent chacune une des fonctions $f$, $g$, $h$ suivantes :
$f(x) = x^{0{,}6}$ ; $g(x) = x^{-0{,}4}$ ; $h(x) = x^{1{,}5}$.

Retrouver à l'aide du graphique l'équation de $\mathscr{C}_1$, de $\mathscr{C}_2$ et de $\mathscr{C}_3$.

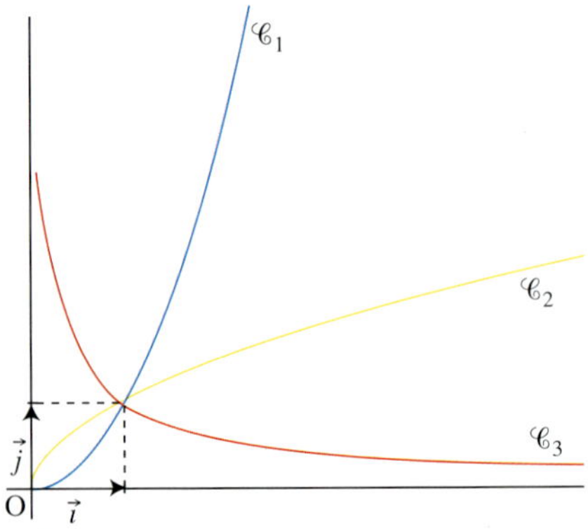


Fig. 12

## RÉSULTATS DES EXERCICES DONT LE NUMÉRO EST EN COULEUR

**1.** *a)* $x^2 = e^{2\ln x}$.

*b)* $x^{\frac{1}{2}} = e^{\frac{1}{2}\ln x}$ (on a également $x^{\frac{1}{2}} = \sqrt{x}$).

**3.** *a)* $e^{5\ln x} = x^5$. *b)* $e^{-\frac{1}{2}\ln x} = x^{-\frac{1}{2}}$.

**6.** $\mathcal{S} = \varnothing$ car $x^{\frac{1}{5}} > 0$.   **7.** $\mathcal{S} = \{2^{\frac{1}{2}}\} = \{\sqrt{2}\}$.

**8.** $\mathcal{S} = \{8^{-\frac{1}{3}}\} = \left\{\frac{1}{2}\right\}$.

**9.** $\mathcal{S} = \{124\}$.   **10.** $\mathcal{S} = \{2^{\frac{4}{3}}\}$.

**11.** $\mathcal{S} = \{(1{,}5)^{\frac{1}{7}}\}$ ; $(1{,}5)^{\frac{1}{7}} \simeq 1{,}06$.

**13.** $x = 1{,}4^{0{,}1} - 1 \simeq 0{,}03$.

**14.** $\mathcal{S} = \{3^{-\frac{5}{3}}\}$ ; $3^{-\frac{5}{3}} \simeq 0{,}16$.

**17.** *a)* $f'(x) = 2\,\dfrac{1}{2\sqrt{x}} = \dfrac{1}{\sqrt{x}}$.

*b)* $f'(x) = 2 \times \dfrac{1}{2}\,x^{\frac{1}{2}-1} = x^{-\frac{1}{2}} = \dfrac{1}{\sqrt{x}}$ (voir *a*)).

*c)* $f'(x) = \dfrac{1}{2} \times \dfrac{3}{4}\,x^{\frac{3}{4}-1}$, d'où $f'(x) = \dfrac{3}{8}\,x^{-\frac{1}{4}}$.

**19.** *a)* $f(x) = x^{-\frac{3}{4}}$, d'où…

**20.** *a)* $\mathrm{F}(x) = \dfrac{x^4}{4} + k$.

*b)* $\mathrm{F}(x) = \dfrac{2x^3}{3} + k$.

**21.** *a)* $\mathrm{F}(x) = \dfrac{2}{3}\,x^{\frac{3}{2}} + k$.

*b)* $\sqrt{x} = x^{\frac{1}{2}}$. Voir *a)* :

une primitive de $x \mapsto \sqrt{x}$ est $x \mapsto \dfrac{2}{3}\,x\sqrt{x} = \dfrac{2}{3}\,x^{\frac{3}{2}}$.

*c)* $\mathrm{F}(x) = \dfrac{9}{2}\,x^{\frac{2}{3}} + k$.

**24.** *a)* $\mathrm{F}(x) = \ln x + k$.

*b)* $\mathrm{F}(x) = 2\ln x + \dfrac{5}{4}\,x^{0{,}8}$ car $\dfrac{5}{4} = \dfrac{1}{0{,}8}$.

**25.** $f(x) = x^{\frac{1}{2}} = \sqrt{x}$.

On sait que $\lim\limits_{x \to 0} f(x) = 0$ et $\lim\limits_{x \to +\infty} f(x) = +\infty$.

**26.** $f(x) = e^{-\frac{2}{3}\ln x}$.

$\lim\limits_{x \to +\infty} \left(-\dfrac{2}{3}\ln x\right) = -\infty$, donc $\lim\limits_{x \to +\infty} f(x) = 0$.

$\lim\limits_{x \to 0} \left(-\dfrac{2}{3}\ln x\right) = +\infty$, donc $\lim\limits_{x \to 0} f(x) = +\infty$.

**27.** $f(x) = e^{\frac{5}{4}\ln x}$.

$\lim\limits_{x \to +\infty} \left(\dfrac{5}{4}\ln x\right) = +\infty$, donc $\lim\limits_{x \to +\infty} f(x) = +\infty$.

$\lim\limits_{x \to 0} \left(\dfrac{5}{4}\ln x\right) = -\infty$, donc $\lim\limits_{x \to 0} f(x) = 0$.

**28.** $f(x) = x^{-\frac{2}{3}}$ (Voir **26.**)

**30.** $f'(x) = \dfrac{1}{3}\,x^{-\frac{2}{3}}$, donc $f'(x) > 0$.

| $x$ | $0$ | $+\infty$ |
|---|---|---|
| $f'(x)$ | \|\| | $+$ |
| $f(x)$ | \|\| $0$ ↗ | $+\infty$ |

**33.** $f'(x) = -\dfrac{2}{3}\,x^{-\frac{5}{3}}$, donc $f'(x) < 0$.

| $x$ | $0$ | $+\infty$ |
|---|---|---|
| $f'(x)$ | \|\| | $-$ |
| $f(x)$ | \|\| $+\infty$ ↘ | $0$ |

## POUR CHERCHER

### Équations

*Pour les exercices **38** et **39**, résoudre dans* $]0\,;+\infty[$ *les équations.*

**38** *a)* $(x^3-1)(x^{\frac{1}{2}}-2)=0$.

*b)* $(x^{0,1}+1)(x^{-\frac{1}{4}}-3)=0$.

**39** *a)* $(1+x)^3=2$.
*b)* $(x-1)^5=3$.

### Dérivées

**40** Calculer la dérivée de la fonction $f$ définie sur $]-1\,;+\infty[$ par $f(x)=\dfrac{1}{(x+1)^3}$.

**41** On considère la fonction $f$ définie sur $]1\,;+\infty[$ par

$$f(x)=\frac{1}{(x-1)^{\frac{2}{3}}}.$$

Calculer $f'(x)$.

### Étude de fonctions

**42** Soit la fonction $f$ définie sur l'intervalle $]0\,;+\infty[$ par

$$f(x)=\frac{1}{x^{\frac{2}{3}}+1}.$$

*a)* Calculer la dérivée $f'$ de $f$.
*b)* Déterminer les limites de $f$ en 0 et en $+\infty$.
*c)* Représenter graphiquement la fonction $f$ dans un repère $(O, \vec{\imath}, \vec{\jmath})$.

**43** Reprendre l'exercice **42** avec $f(x)=\dfrac{1}{x^{-\frac{2}{3}}+3}$.

### Recherche de limites

**44** On considère la fonction $f$ définie sur l'intervalle $]0\,;+\infty[$ par $f(x)=\dfrac{x^5}{e^x}$.

Le but de cet exercice est de déterminer $\lim\limits_{x\to+\infty}\dfrac{x^5}{e^x}$.

*a)* Montrer que $f(x)$ peut s'écrire $e^{u(x)}$.
*b)* Calculer $\lim\limits_{x\to+\infty}(5\ln x-x)$.

*Indication :* mettre $x$ en facteur.

*c)* En déduire la réponse à la question.

**45** Reprendre l'exercice **44** avec $f(x)=x^{-3}\,e^x$.

**46** On considère la fonction $f$ définie sur l'intervalle $]0\,;+\infty[$ par $f(x)=x^a$.
Déterminer, suivant les valeurs de $a$, la limite de $f$ en 0 et en $+\infty$.

### Mathématiques financières

**47** Quel est le taux d'intérêt composé avec capitalisation annuelle pour lequel une somme double en 5 ans ?

**48** La valeur d'un capital a augmenté de 68 % en six ans. Ce capital était placé à un taux annuel de $t$ %, à intérêts composés. Calculer $t$.

**49** Un capital de 38 000 F est placé à 7 % annuel.
Un autre capital, de 32 000 F, a été placé à un taux de $t$ % annuel. Au bout de 7 ans, les valeurs acquises sont les mêmes. Calculer $t$.

**50** En combien d'années un capital placé à un taux annuel de 9 % avec intérêt composé voit-il sa valeur doubler ?

**51** Soit $I(n)$ l'indice de la production annuelle d'une entreprise observée le 31 décembre de chaque année.
On connaît $I(1989)=100$ et on sait que la production de l'entreprise a connu les taux de croissance *annuels* ci-après :
– 5 % entre le 31 décembre 1989 et le 31 décembre 1990 ;
+ 8 % entre le 31 décembre 1990 et le 31 décembre 1991 ;
+ 2 % en moyenne, entre le 31 décembre 1991 et le 31 décembre 1993 ;
+ 3 % entre le 31 décembre 1992 et le 31 décembre 1993.

1° Trouver les valeurs de l'indice $I(n)$ pour les années 1990, 1991, 1993, puis 1992.

2° Faisons l'hypothèse que le taux de croissance annuel $t$ ait été constant entre le 31 décembre 1989 et le 31 décembre 1993. L'indice initial étant de 100 et l'indice final étant l'indice $I(1993)$ calculé ci-dessus, quelle aurait été la valeur de ce taux $t$ ?

Remarque : $t$ est appelé taux moyen de croissance annuel entre 1989 et 1993.

# 9 Calcul intégral

- Intégrale d'une fonction dérivable
- Interprétation géométrique de l'intégrale : calcul d'aires
- Comparaison d'intégrales

## ACTIVITÉ 1 Encadrement de l'aire d'une ellipse

***Objectif :*** encadrer l'aire d'une ellipse en utilisant un quadrillage.

On note $\mathcal{A}$ l'aire de l'ellipse ε dessinée ci-dessous.

1° *Donner un encadrement de* $\mathcal{A}$ *dans chacun des cas.*

1re étape

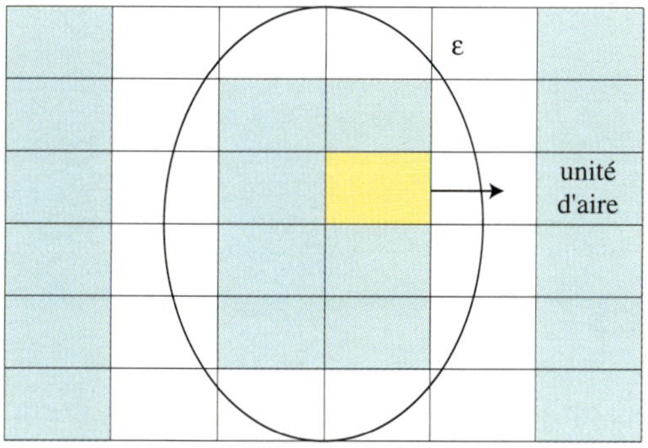


Fig. 1

2e étape

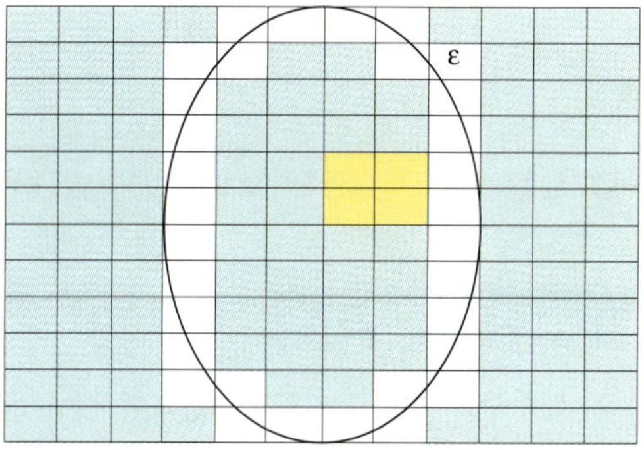


Fig. 2

3e étape

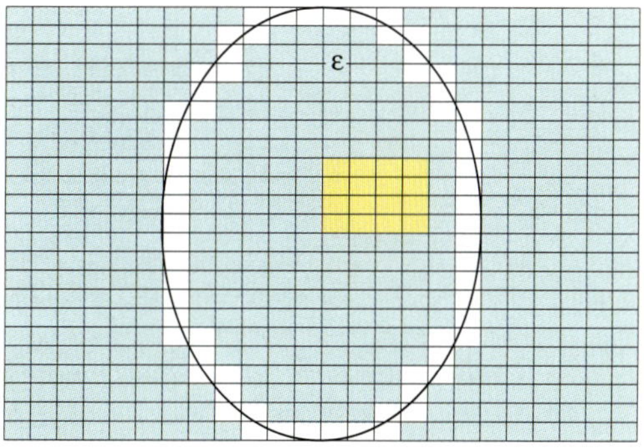


Fig. 3

2° *Conjecturer une méthode permettant d'obtenir un encadrement de* $\mathcal{A}$ *de plus en plus précis.*

# ACTIVITÉ 2 Changement d'unités

*Calculer l'aire de la partie coloriée en prenant comme unité d'aire :*
*a*) Le carré (1). *b*) Le carré (2). *c*) Le carré (3).
*d*) Le rectangle (4). *e*) Le rectangle (5).

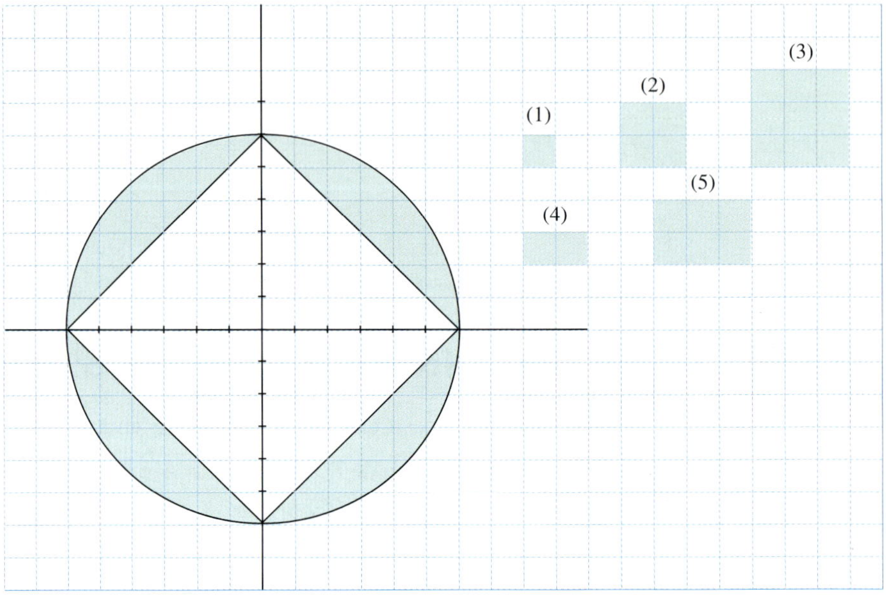


Fig. 4

# ACTIVITÉ 3 Calcul d'aires

On considère un repère orthonormé $(O, \vec{\imath}, \vec{\jmath})$ ; unité choisie : le cm.

1° Soit la fonction $f$ définie sur $[2 ; 4]$ par $f(x) = 1$.
On note $\mathscr{C}$ la représentation graphique de $f$ dans le repère $(O, \vec{\imath}, \vec{\jmath})$ et R la partie du plan limitée par $\mathscr{C}$, l'axe des abscisses et les droites d'équations $x = 2$ et $x = 4$.

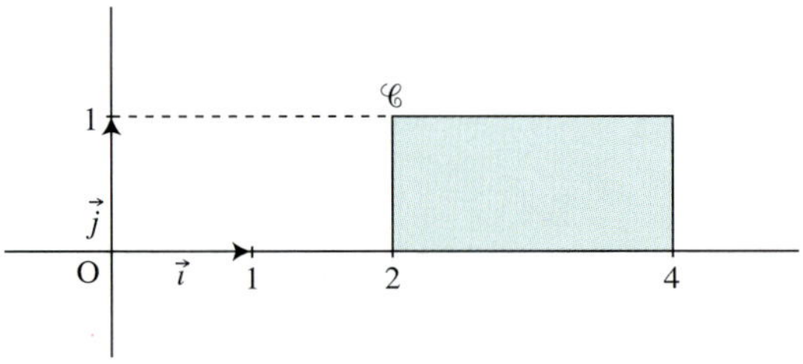


Fig. 5

*a*) *Calculer en* $cm^2$ *l'aire du rectangle* R.
*b*) *Caractériser* R *par un système d'inéquations du type*

$$\begin{cases} \ldots \leqslant x \leqslant \ldots \\ \ldots \leqslant y \leqslant \ldots \end{cases}$$

*c*) *Déterminer une primitive* F *de* f *sur l'intervalle* $[2 ; 4]$.
*d*) *Calculer* $F(4) - F(2)$.

2° Soit la fonction $f$ définie sur $[0 ; 2]$ par $f(x) = \frac{3}{2} x$.

On note $\mathscr{C}$ la représentation graphique de $f$ dans le repère $(O, \vec{\imath}, \vec{\jmath})$ et T la partie du plan limitée par $\mathscr{C}$, l'axe des abscisses et les droites d'équations $x = 0$ et $x = 2$.

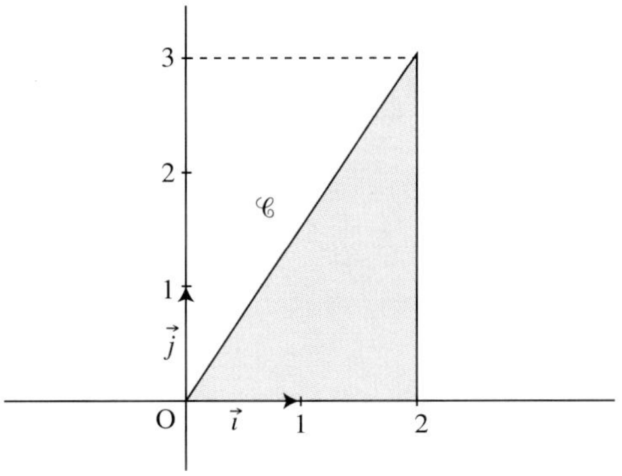


Fig. 6

*a)* *Calculer en* $cm^2$ *l'aire du triangle* T.

*b)* *Déterminer un système d'inéquations caractérisant le triangle* T.

*c)* *Déterminer une primitive* F *de* f *sur l'intervalle* $[0 ; 2]$.

*d)* *Calculer* $F(2) - F(0)$.

3° *a)* *Calculer en* $cm^2$ *l'aire du trapèze* ABCD *ci-dessous.*

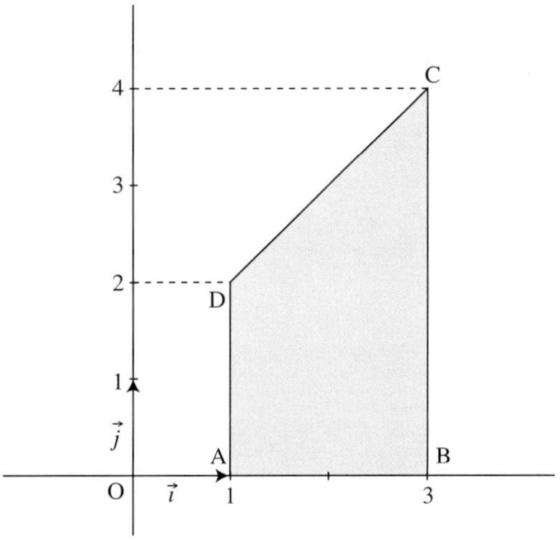


Fig. 7

*b)* *Déterminer un système d'inéquations caractérisant le trapèze* ABCD.

*c)* *Déterminer la fonction* f *dont le segment* [CD] *est la représentation graphique dans le repère* $(O, \vec{\imath}, \vec{\jmath})$.

*d)* *Déterminer une primitive* F *de* f *sur l'intervalle* $[1 ; 3]$ *et calculer* $F(3) - F(1)$.

4° Soit la fonction $f$ définie sur [1 ; 3], dont la représentation graphique $\mathscr{C}$ est donnée figure 8.

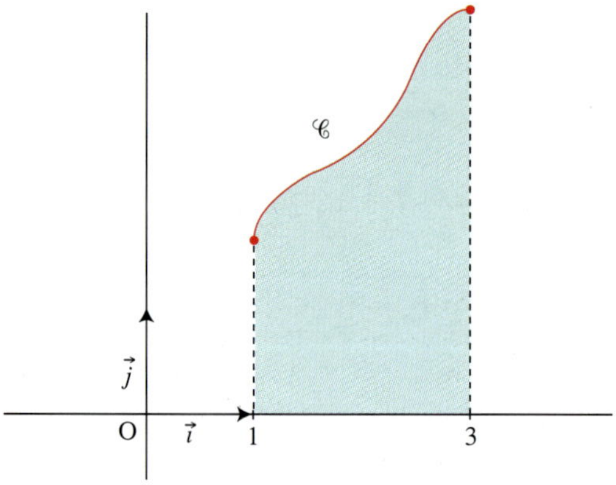


Fig. 8

On suppose que $f$ admet une primitive F sur l'intervalle [1 ; 3].
*Conjecturer une méthode de calcul de l'aire de la partie du plan limitée par* $\mathscr{C}$, *l'axe des abscisses, les droites d'équations* $x = 1$ *et* $x = 3$.

# INFORMATION

## 1. Définition de l'intégrale

Soit $f$ une fonction dérivable sur un intervalle I ; on sait que $f$ possède des primitives sur cet intervalle.
Si F et G sont deux primitives de $f$ sur I, alors on a, pour tout $x$ de I :
$F(x) = G(x) + k$, où $k$ est une constante ;

ou encore $$F(x) - G(x) = k.$$

On en déduit que, quels que soient les réels $a$ et $b$ de I,

$$F(b) - G(b) = F(a) - G(a) = k.$$

D'où :

$$F(b) - F(a) = G(b) - G(a).$$

Le réel $F(b) - F(a)$ est donc indépendant du choix de la primitive de $f$ sur l'intervalle I.
Ce résultat permet de donner la définition suivante :

***Définition***
**Soit $f$ une fonction dérivable sur un intervalle I, et F une primitive de $f$ sur I.**
**Étant donnés deux éléments $a$ et $b$ de I, on pose :**

$$\int_a^b f(x)\,dx = F(b) - F(a).$$

On lit « somme de $a$ à $b$ de $f(x)\,dx$ ».

Ce nombre est appelé **intégrale de $f$ entre $a$ et $b$.** On note souvent

$$\int_a^b f(x)\,dx = [F(x)]_a^b ;$$

REMARQUE : $\int_a^b f(x)\,dx = \int_a^b f(t)\,dt = \int_a^b f(z)\,dz.$

EXEMPLES

- $\int_{-2}^{0} x^3\,dx = \left[\frac{x^4}{4}\right]_{-2}^{0} = \frac{0^4}{4} - \frac{(-2)^4}{4} = 0 - \frac{16}{4} = -4.$
- $\int_0^1 e^x\,dx = \left[e^x\right]_0^1 = e - 1.$
- $\int_1^e \frac{1}{x}\,dx = [\ln x]_1^e = \ln e - \ln 1 = 1.$

# 2. Interprétation géométrique : aire

## a Fonctions positives

Nous admettons que le résultat constaté en activité 3 sur quelques fonctions est général. Plus précisément :

Lorsqu'on note $[a; b]$, on suppose toujours $a$ inférieur ou égal à $b$.

***Théorème***

**Soit $f$ une fonction dérivable et positive sur $[a, b]$ et, dans un repère orthogonal $(O, \vec{\imath}, \vec{\jmath})$, le domaine défini par :**

$$\begin{cases} a \leqslant x \leqslant b \\ 0 \leqslant y \leqslant f(x) \end{cases}$$

**L'aire de ce domaine est égale à l'intégrale $\int_a^b f(x)\,dx$, dans l'unité d'aire définie par le repère.**

*u. a.* signifie unité d'aire.

• Si le repère est orthonormé l'unité d'aire est l'aire du carré OIKJ. L'aire de la partie en couleur est :

$$\mathscr{A} = \left[\int_a^b f(x)\,dx\right] \text{u. a.}$$

Si l'unité graphique est 1 cm, l'unité d'aire est 1 $cm^2$ et alors

$$\mathscr{A} = \left[\int_a^b f(x)\,dx\right] cm^2.$$

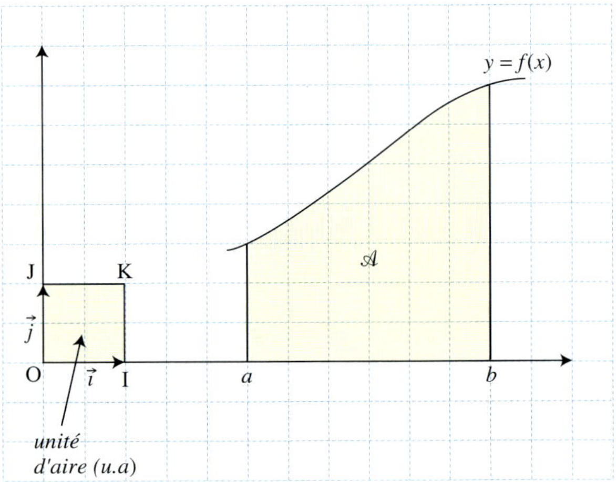


Fig. 9

• Si le repère n'est pas orthonormé mais seulement orthogonal, l'unité d'aire est l'aire du rectangle OIKJ.

Dans l'exemple ci-contre, on a pris comme unités 2 cm sur l'axe des abscisses et 1 cm sur l'axe des ordonnées.

L'unité d'aire est 2 $cm^2$.

On a donc

$$\mathscr{A} = \left[\int_a^b f(x)\,dx\right] \times 2\ cm^2.$$

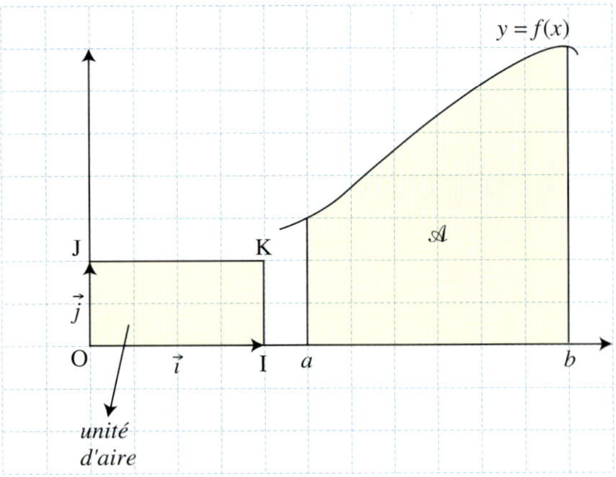


Fig. 10

REMARQUE : dans un exercice si l'on demande de calculer une aire, l'unité choisie est, sauf avis contraire, celle définie par le repère.

**EXERCICE RÉSOLU**

u.a. signifie unité d'aire.

On a pris pour unités 3 cm en abscisses, 2 cm en ordonnées.
Donc
$\mathcal{A} = \left(e - \frac{1}{e}\right) \times 6 \text{ cm}^2$.

**Calculer l'aire $\mathcal{A}$ du domaine défini par :** $\begin{cases} -1 \leqslant x \leqslant 1 \\ 0 \leqslant y \leqslant e^x. \end{cases}$

La fonction $f$ définie sur $[-1 ; 1]$ par $f(x) = e^x$ est dérivable et positive sur l'intervalle $[-1 ; 1]$.

L'aire $\mathcal{A}$ à calculer est donc égale à $\left(\int_{-1}^{1} e^x \, dx\right)$ u.a.

La fonction $f$ a pour primitive $F(x) = e^x$, d'où :

$$\mathcal{A} = \int_{-1}^{1} e^x \, dx = [e^x]_{-1}^{1} = \left(e - \frac{1}{e}\right) \text{ u.a.}$$

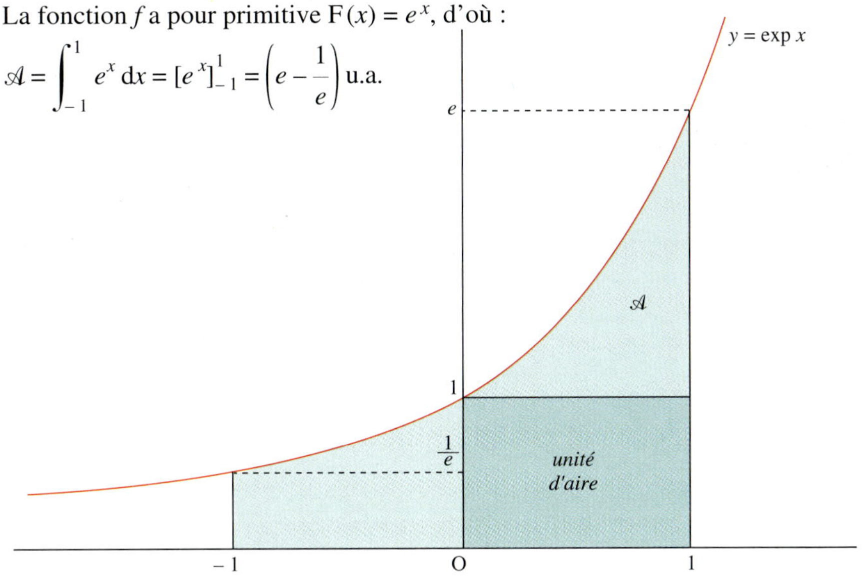


Fig. 11

## b Fonctions négatives

EXEMPLE

On a représenté sur le graphique ci-dessous les fonctions $f$ et $g$ définies sur $\mathbb{R}$ par $f(x) = e^x$ et $g(x) = -e^x$.

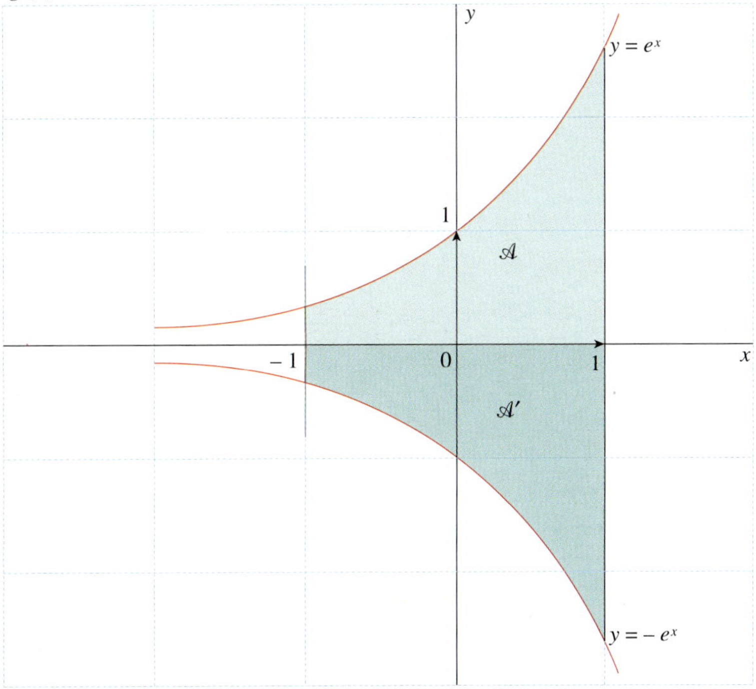


Fig. 12

Dans l'exercice résolu précédent, on a trouvé que l'aire du domaine défini par

$$\begin{cases} -1 \leqslant x \leqslant 1 \\ 0 \leqslant y \leqslant f(x) \end{cases} \quad \text{est} \quad \mathcal{A} = \left(e - \frac{1}{e}\right) \text{u.a.}$$

En raison de la symétrie des courbes $\mathcal{C}_f$ et $\mathcal{C}_g$ par rapport à l'axe des abscisses, il est clair que l'aire du domaine défini par $\begin{cases} -1 \leqslant x \leqslant 1 \\ g(x) \leqslant y \leqslant 0 \end{cases}$ est égale à $\mathcal{A}$.

Ainsi $\mathcal{A}' = \int_{-1}^{1} f(x)\,dx = \int_{-1}^{1} -g(x)\,dx$.

Plus précisément :

***Théorème***

Soit $f$ une fonction dérivable et **négative** sur $[a, b]$.

Dans un repère orthogonal $(O, \vec{i}, \vec{j})$, l'aire du domaine défini par $\begin{cases} a \leqslant x \leqslant b \\ f(x) \leqslant y \leqslant 0 \end{cases}$ est l'intégrale $\int_a^b -f(x)\,dx$, en unités d'aires.

# 3. Propriétés

## a Linéarité

À partir de la définition, on démontre le théorème ci-dessous :

***Théorème***

**Soient $f$ et $g$ deux fonctions dérivables sur un intervalle I, $a$ et $b$ deux réels de I. On a :**

$$\int_a^b (f(x) + g(x))\,dx = \int_a^b f(x)\,dx + \int_a^b g(x)\,dx.$$

**De plus, $k$ étant un nombre réel :**

$$\int_a^b kf(x)\,dx = k\int_a^b f(x)\,dx.$$

EXEMPLES

$$\int_0^1 (x + e^x)\,dx = \int_0^1 x\,dx + \int_0^1 e^x\,dx = \left[\frac{1}{2}x^2\right]_0^1 + \left[e^x\right]_0^1 = \frac{1}{2} + e^1 - e^0 = -\frac{1}{2} + e.$$

$$\int_1^2 \frac{5}{x}\,dx = \int_1^2 5 \times \frac{1}{x}\,dx = 5\int_1^2 \frac{1}{x}\,dx = 5\left[\ln x\right]_1^2 = 5(\ln 2 - \ln 1) = 5\ln 2.$$

## b Relation de Chasles

Si $a \leqslant b \leqslant c$ et $f \geqslant 0$, l'interprétation de cette relation à l'aide des aires est immédiate.

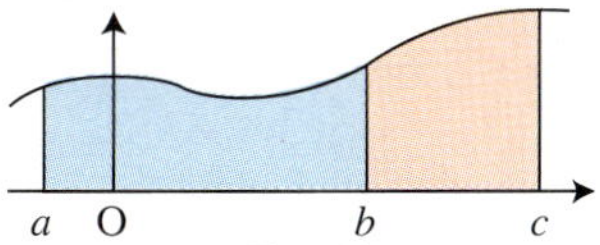

Fig. 13

*Théorème*

**Soit $f$ une fonction dérivable sur un intervalle I et $a$, $b$ et $c$ des éléments de I. Alors**

$$\int_a^b f(x)\,\mathrm{d}x + \int_b^c f(x)\,\mathrm{d}x = \int_a^c f(x)\,\mathrm{d}x.$$

**Démonstration :**

Soit F une primitive de $f$, alors :

$$\int_a^b f(x)\,\mathrm{d}x = \mathrm{F}(b) - \mathrm{F}(a).$$

$$\int_b^c f(x)\,\mathrm{d}x = \mathrm{F}(c) - \mathrm{F}(b).$$

D'où, en ajoutant membre à membre :

$$\int_a^b f(x)\,\mathrm{d}x + \int_b^c f(x)\,\mathrm{d}x = \mathrm{F}(c) - \mathrm{F}(a) = \int_a^c f(x)\,\mathrm{d}x.$$

REMARQUE

Si $c = a$, on obtient :

$$\int_a^b f(x)\,\mathrm{d}x + \int_b^a f(x)\,\mathrm{d}x = 0.$$

D'où $$\int_b^a f(x)\,\mathrm{d}x = -\int_a^b f(x)\,\mathrm{d}x.$$

EXEMPLE

$$\int_1^2 f(x)\,\mathrm{d}x = -\int_2^1 f(x)\,\mathrm{d}x.$$

## c Comparaison d'intégrales

Soit $f$ une fonction dérivable sur un intervalle I et F une primitive de $f$ sur I.
Supposons que $f \geqslant 0$ sur I. La dérivée de F est $f$, elle est donc positive sur I.
On en déduit que F est croissante sur I.
Par conséquent, si $a$ et $b$ sont des réels de I tels que $a \leqslant b$, on a :

$$\mathrm{F}(a) \leqslant \mathrm{F}(b).$$

Ou encore : si $a \leqslant$ b, alors $\mathrm{F}(b) - \mathrm{F}(a) \geqslant 0$.

En se rappelant que sous ces hypothèses $\int_a^b f(x)$ représente une aire, ce résultat est intuitivement évident.

*Théorème*

**Soit $f$ une fonction dérivable sur un intervalle $[a\,;b]$.**
**Si $f(x) \geqslant 0$ pour tout $x$ de $[a\,;b]$, alors :**

$$\int_a^b f(x)\,\mathrm{d}x \geqslant 0.$$

**Conséquence :**

Si $f(x) \geqslant g(x)$, alors $f(x) - g(x) \geqslant 0$.
Le théorème précédent permet d'écrire :

$$\int_a^b [\,f(x) - g(x)]\,\mathrm{d}x \geqslant 0. \text{ Donc } \int_a^b f(x)\,\mathrm{d}x - \int_a^b g(x)\,\mathrm{d}x \geqslant 0.$$

On en déduit : $$\int_a^b f(x)\,dx \geqslant \int_a^b g(x)\,dx.$$

On peut énoncer :

***Propriété***

**Soit $f$ et $g$ deux fonctions dérivables sur un intervalle $[a\,;\,b]$.**
**Si $f(x) \geqslant g(x)$ pour tout $x$ de $[a\,;\,b]$, alors :**

$$\int_a^b f(x)\,dx \geqslant \int_a^b g(x)\,dx.$$

▶ Interpréter graphiquement ce résultat.

Cette propriété permet d'encadrer les intégrales.

EXEMPLE

Soit $f$ une fonction dérivable sur $[0\,;\,1]$ telle que, pour tout réel $x$ de $[0\,;1]$ :

$$\frac{1}{x+2} \leqslant f(x) \leqslant \frac{1}{x+1}.$$

La propriété ci-dessus permet d'écrire :

$$\int_0^1 \frac{dx}{x+2} \leqslant \int_0^1 f(x)\,dx \leqslant \int_0^1 \frac{dx}{x+1}.$$

D'où $$[\ln(x+2)]_0^1 \leqslant \int_0^1 f(x)\,dx \leqslant [\ln(x+1)]_0^1.$$

On en déduit : $$\ln 3 - \ln 2 \leqslant \int_0^1 f(x)\,dx \leqslant \ln 2.$$

$0{,}40 \leqslant \mathscr{A}(x) \leqslant 0{,}70.$

Ainsi : $$\ln(1{,}5) \leqslant \mathscr{A} \leqslant \ln 2.$$

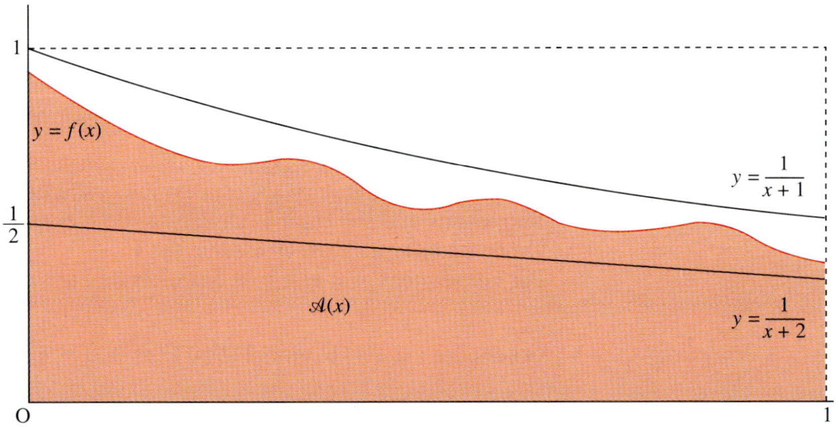


Fig. 14

# TRAVAUX PRATIQUES

## T.P. 1 Encadrement d'une aire

La courbe $\mathscr{C}$ de la figure ci-dessous représente la fonction $f$ définie sur l'intervalle $[0\,;4]$ par $f(x) = \dfrac{3x^2}{16}$ (unité graphique 1,5 cm sure chaque axe).

Le but de ce T.P. est de trouver un encadrement de l'aire $\mathscr{A}$ du domaine limité par les segments [OB] et [AB] et la courbe $\mathscr{C}$ (partie en couleur de la figure).

1° *a) Calculer en* $cm^2$ *l'aire* $T_1$ *du triangle* OAB.
*b) Calculer en* $cm^2$ *l'aire* $T_2$ *du triangle* CAB.
*c) Par une remarque graphique, déduire des questions précédentes un encadrement de* $\mathscr{A}$.

2° *Calculer* $\int_0^4 f(x)\,dx$. *En déduire l'aire* $\mathscr{A}$ *en* $cm^2$. *Vérifier que l'encadrement obtenu au* ***1.*** *était correct.*

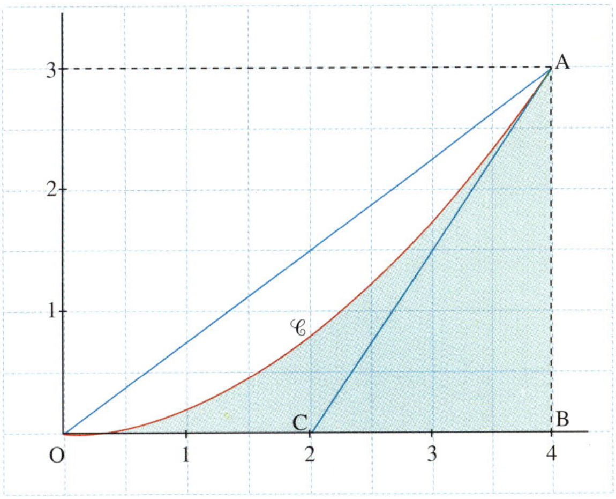


Fig. 15

## T.P. 2 Calcul d'aires

***Objectif :*** calculer l'aire délimitée par deux courbes.

### A. Entre deux paraboles

On donne les représentations graphiques $\mathscr{C}_f$ et $\mathscr{C}_g$ des fonctions $f$ et $g$ définies sur $\mathbb{R}$ par $f(x) = x^2 - 2x + 2$ et $g(x) = -x^2 + 6$ (unité graphique : le cm).

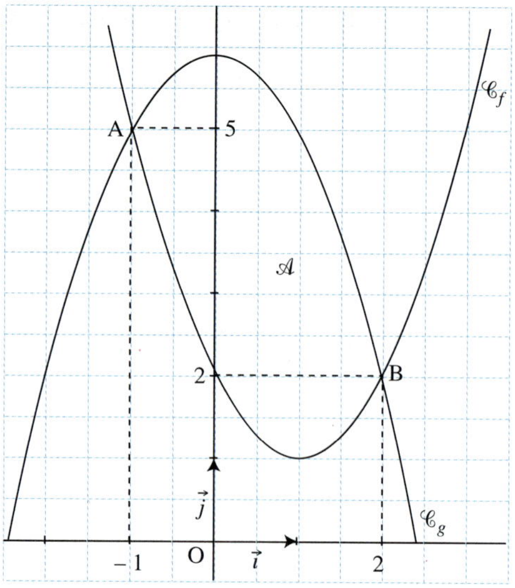

Fig. 16

1° *Étudier les variations de* f *et* g *et vérifier la cohérence du tableau de variation de chacune des fonctions avec la représentation graphique.*

2° *Calculer les coordonnées des points d'intersection* A *et* B *de* $\mathscr{C}_f$ *et* $\mathscr{C}_g$.

3° *a) Calculer en* $cm^2$ *l'aire* $\mathscr{A}_1$ *délimitée par les droites d'équation* $x = -1$, $x = 2$, $y = 0$ *et la courbe* $\mathscr{C}_g$.

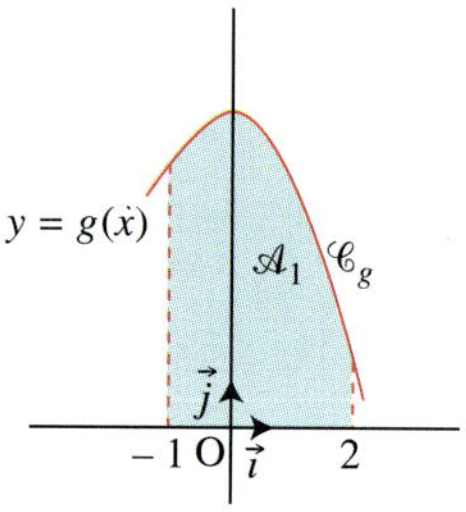

Fig. 17

*b) Calculer l'aire* $\mathscr{A}_2$ *délimitée par les droites d'équation* $x = -1$, $x = 2$, $y = 0$ *et la courbe* $\mathscr{C}_f$.

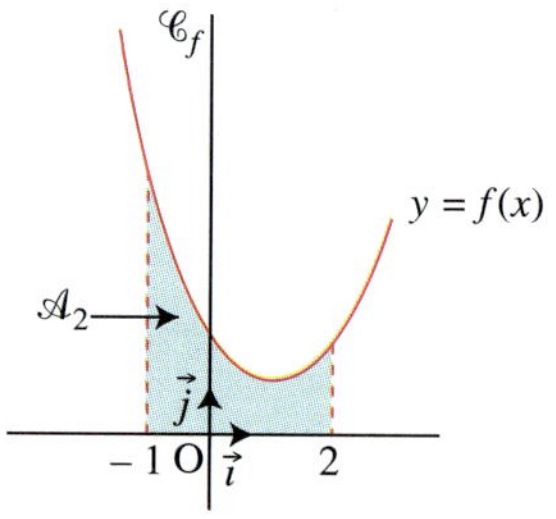

Fig. 18

*c) Calculer l'aire $\mathscr{A}$ délimitée par les deux courbes $\mathscr{C}_f$ et $\mathscr{C}_g$.*

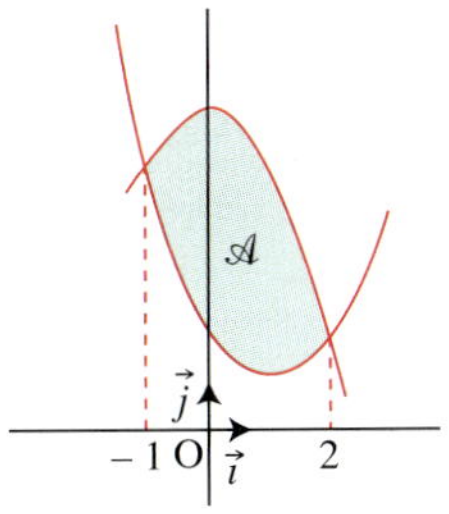

Fig. 19

## B. Entre une courbe et son asymptote

On donne la représentation graphique des fonctions $f$ et $g$ définies sur $\left[\frac{1}{2} ; +\infty\right[$ par $f(x) = x + 1 + \frac{1}{x}$ et $g(x) = x + 1$.

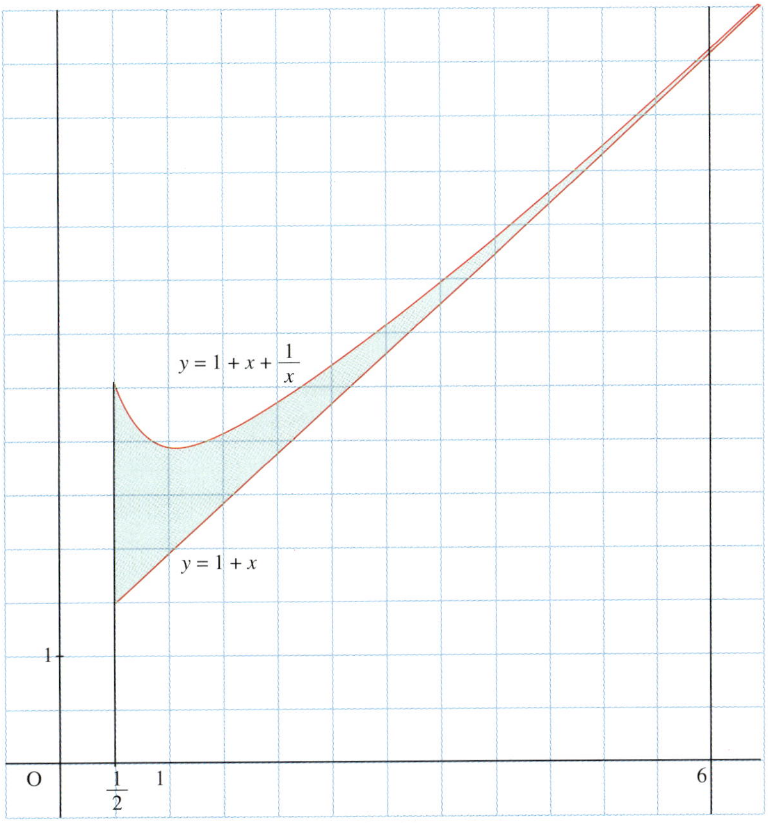

Fig. 20

*En s'inspirant de la méthode précédente, calculer l'aire $\mathscr{A}$ coloriée sur la figure.*

*2° Représenter graphiquement les fonctions $\mathrm{f}_1$ et $\mathrm{g}_1$ définies sur $\left[\frac{1}{2} ; +\infty\right[$ par $\mathrm{f}_1(\mathrm{x}) = \mathrm{x} - 8 + \frac{1}{x}$ et $\mathrm{g}_1(\mathrm{x}) = \mathrm{x} - 8$, ceci sans faire de calculs et sans étudier le sens de variation de ces fonctions, mais en utilisant les courbes du 1°.*
*Déterminer l'aire délimitée par les deux courbes $\mathscr{C}_{\mathrm{f}_1}$ et $\mathscr{C}_{\mathrm{g}_1}$ représentatives de $\mathrm{f}_1$ et $\mathrm{g}_1$ et les droites d'équation $\mathrm{x} = \frac{1}{2}$ et $\mathrm{y} = 6$.*

## T.P. 3 Valeur moyenne d'une fonction

### A. Définition illustrée

Le graphique représente la fonction $f$ définie sur [0 ; 3] par

$$f(x) = 0{,}29x^3 - 2x^2 + 3{,}5x + 1.$$

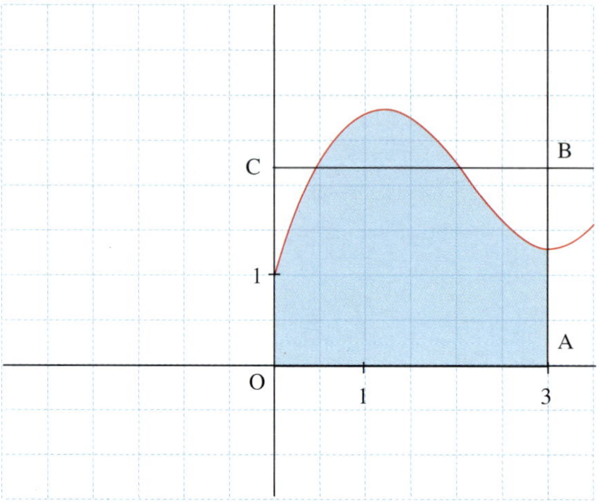


Fig. 21

1° *Calculer l'aire* $\mathcal{A}$ *(en unités d'aires) du domaine limité par la courbe, les axes de coordonnées, et la droite d'équation* x = 3.

2° *Calculer la largeur* OC *du rectangle* OABC *ayant pour aire le nombre* $\mathcal{A}$ *calculé au 1°.*

Cette largeur $m$ est appelée valeur moyenne de la fonction $f$ sur [0; 3]. « En moyenne, $f(x)$ vaut $m$ sur [0 ; 3] ».

> ***Définition***
>
> **Soit une fonction $f$ définie et dérivable sur un intervalle $[a ; b]$. La valeur moyenne de $f$ sur $[a ; b]$ est égale à $\dfrac{1}{b-a}\displaystyle\int_a^b f(x)\,\mathrm{d}x$.**

### B. Coût moyen

Une entreprise loue une machine-outil. Le tarif de location est dégressif : 2 000 F pour le 1er jour, 1 500 F pour le 2e jour, … et pour le $x^{\text{ième}}$ jour : $1\,000\left(1+\dfrac{1}{x}\right)$, en francs.

1° *a) Compléter le tableau suivant :*

| Jour n° | 1 | 2 | 3 | 4 | 5 | 6 | 7 | 8 | 9 | 10 |
|---|---|---|---|---|---|---|---|---|---|---|
| Prix payé | 2 000 | 1 500 | | | | | | | | |

*b) Pour une location d'une durée de 10 jours, calculer le coût moyen* $\overline{x}$ *de location par jour.*

2° On pose $f(x) = 1\,000\left(1+\dfrac{1}{x}\right)$.

*a) Représenter graphiquement la fonction* f *sur l'intervalle* ]0 ; 11].

*b) Calculer la valeur moyenne* m *de* f *sur l'intervalle* [0,5 ; 10,5].

*Montrer que* m *diffère de* $\overline{x}$ *de moins de 1 %.*

# EXERCICES ET PROBLÈMES

| POUR SAVOIR FAIRE<br>Objectifs à atteindre | Exercices appropriés |
|---|---|
| Calculer des intégrales | 1 à 17 |
| Utiliser la relation de Chasles | 18 et 19 |
| Calculer une aire | 20 à 26 |
| | |

| POUR CHERCHER<br>Sujets abordés | Exercices appropriés |
|---|---|
| Calculs d'intégrales | 27 à 31 |
| Calculs d'aires | 32 à 36 |
| Problèmes de synthèses | 37 à 47 |
| Problème de coût | 48 à 50 |

## POUR SAVOIR FAIRE

*Pour les exercices **1** à **17**, calculer les intégrales.*

**1** $\int_1^2 2\,\mathrm{d}x.$

**2** $\int_{-1}^1 -2\,\mathrm{d}x.$

**3** $\int_e^{e^2} \ln 2\,\mathrm{d}x.$

**4** $\int_1^4 \sqrt{2}\,\mathrm{d}x.$

**5** $\int_0^2 (x-1)\,\mathrm{d}x.$

**6** $\int_{-3}^2 (3x^2+x+1)\,\mathrm{d}x.$

**7** $\int_{-2}^{-2} (x^3+x)\,\mathrm{d}x.$

**8** $\int_1^4 (3a-2)^2\,\mathrm{d}a.$

**9** $\int_1^3 \frac{1}{x}\,\mathrm{d}x.$

**10** $\int_{-2}^{-3} \frac{3}{x^2}\,\mathrm{d}x.$

**11** $\int_1^3 \frac{x^4+4x^2-1}{x^2}\,\mathrm{d}x.$

**12** $\int_2^3 \frac{1}{x-1}\,\mathrm{d}x.$

**13** $\int_1^2 \frac{3}{x+4}\,\mathrm{d}x.$

**14** $\int_{\ln 2}^{\ln 3} -e^x\,\mathrm{d}x.$

**15** $\int_1^3 e^{-x}\,\mathrm{d}x.$

**16** $\int_0^3 e^{2x}\,\mathrm{d}x.$

**17** $\int_{\ln 3}^{\ln 5} e^{-2x}\,\mathrm{d}x.$

**18** Calculer les intégrales suivantes :

$$I = \int_0^1 \frac{1}{x+1}\,\mathrm{d}x + \int_1^2 \frac{1}{x+1}\,\mathrm{d}x + \int_2^3 \frac{1}{x+1}\,\mathrm{d}x.$$

$$J = \int_1^2 \ln t\,\mathrm{d}t + \int_2^1 \ln t\,\mathrm{d}t.$$

$$K = \int_0^1 e^{2x}\mathrm{d}x + \int_1^2 e^{2x}\mathrm{d}x + \int_2^3 e^{2x}\mathrm{d}x.$$

**19** Calculer les intégrales suivantes :

$$I = \int_e^{e^2} \left(x+2+\frac{5}{x}\right)\mathrm{d}x - \int_e^{e^2} (x+2)\,\mathrm{d}x.$$

$$J = \int_1^2 \ln x\,\mathrm{d}x - \int_1^2 \left(\ln x - \frac{1}{x}\right)\mathrm{d}x.$$

*Pour les exercices **20** et **21**, indiquer, à l'aide de la figure, le signe de* f *sur* [a ; b], *et calculer en unités d'aires l'aire de la surface définie par :*
$a \leqslant x \leqslant b$ *et* $0 \leqslant y \leqslant f(x)$.

**20** $f(x) = x(x+3)$ ; $a = 1$ ; $b = 5$.

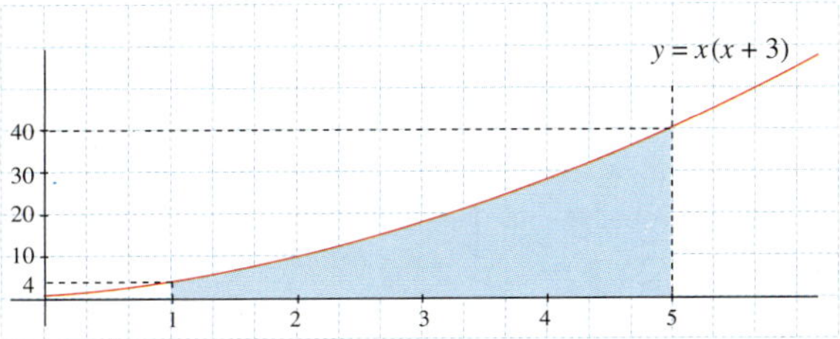


Fig. 22

**21** $f(x) = \dfrac{4}{x^2}$ ; $a = 1$; $b = 3$.

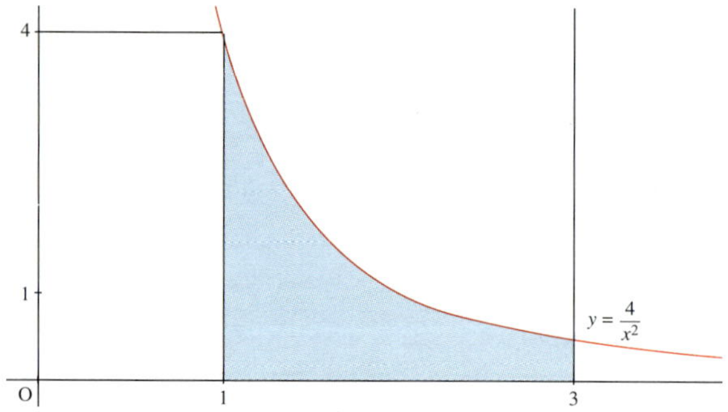

Fig. 23

*Pour les exercices **22** et **23**, indiquer, à l'aide de la figure, le signe de* f *sur* [a ; b], *et calculer en unités d'aires l'aire de la surface définie par :* $a \leq x \leq b$ *et* $f(x) \leq y \leq 0$.

**22** $f(x) = \dfrac{1}{x}$ ; $a = -3$; $b = -2$.

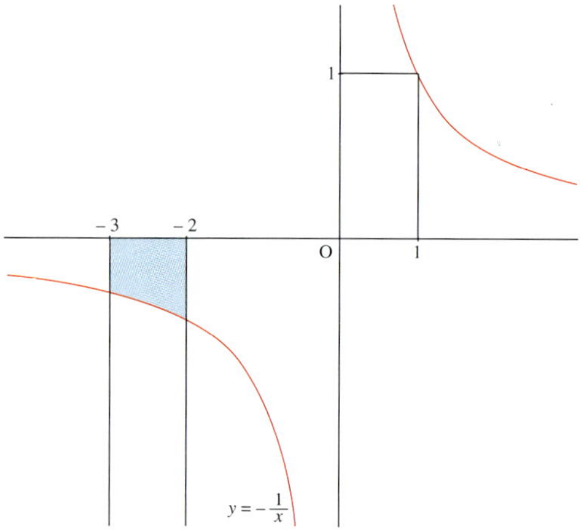

Fig. 24

**23** $f(x) = x^3$ ; $a = -2$; $b = 0$.

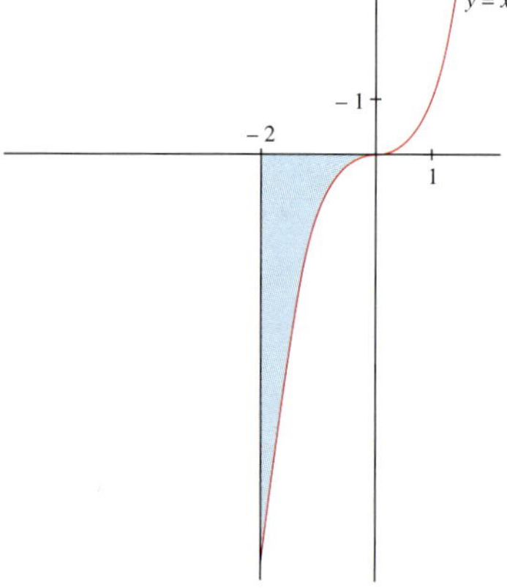

Fig. 25

**24** On considère la fonction $f$ définie sur $]0\,; +\infty[$ par $f(x) = \dfrac{1}{x} + x - 1$.

On donne sa représentation graphique dans un repère $(O, \vec{\imath}, \vec{\jmath})$.

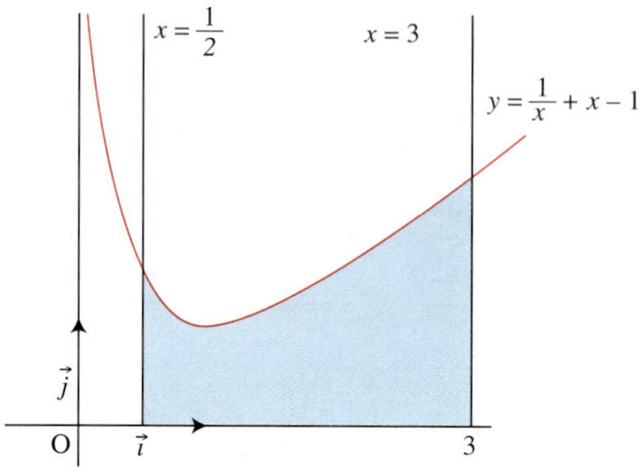

Fig. 26

À l'aide de la figure, indiquer le signe de la fonction $f$ sur l'intervalle $\left[\dfrac{1}{2}\,; 3\right]$ et calculer, en unités d'aires, l'aire de la partie en couleur.

**25** On considère la fonction $f$ définie sur $\mathbb{R}$ par $f(x) = 3x^2 - 3x - 1$.

On donne la représentation graphique de $f$ dans un repère $(O, \vec{\imath}, \vec{\jmath})$.

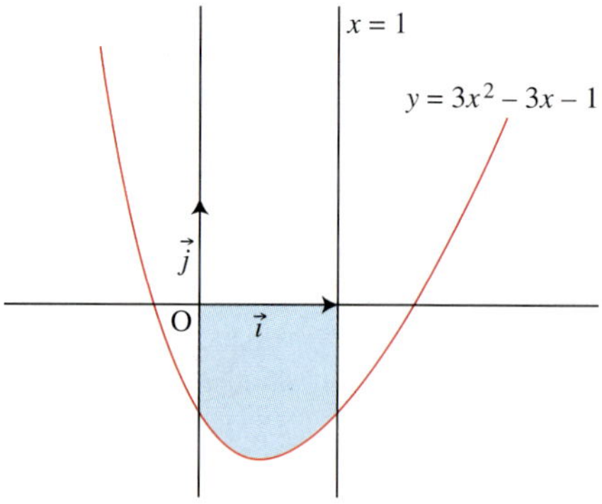

Fig. 27

À l'aide de la figure, indiquer le signe de la fonction $f$ sur l'intervalle $[0\,; 1]$. Calculer, en unités d'aires, l'aire de la partie en couleur.

**26** On considère la fonction $f$ définie, sur l'intervalle $[-1\,;\,2]$, par

$f(x) = x(x-2)$.

La représentation graphique $\mathscr{C}$ de $f$ est donnée ci-contre :

*a*) Indiquer le signe de $f$ sur l'intervalle $[-1\,;\,0]$ et calculer en unités d'aires l'aire de la partie $\mathscr{A}_1$ délimitée par la courbe $\mathscr{C}$, les droites d'équations $x = 0$ et $x = -1$ et la droite d'équation $y = 0$.

*b*) Indiquer le signe de $f$ sur l'intervalle $[0\,;\,2]$ et calculer en unités d'aires l'aire de la partie $\mathscr{A}_2$ délimitée par la courbe $\mathscr{C}$ et la droite d'équation $y = 0$.

*c*) Calculer l'aire $\mathscr{A}$ de la partie en couleur.

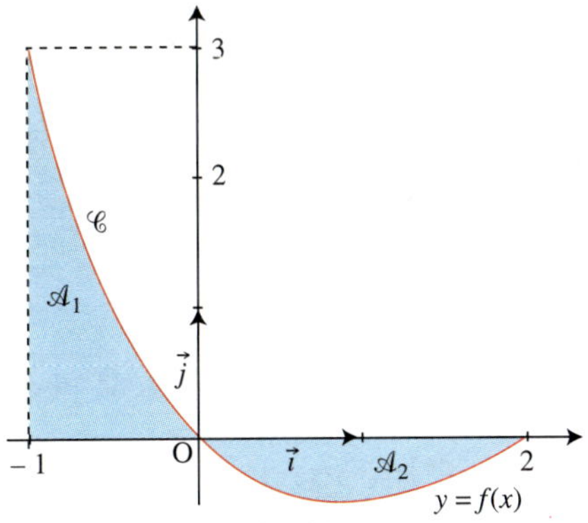


Fig. 28

## RÉSULTATS DES EXERCICES DONT LE NUMÉRO EST EN COULEUR

**1.** $\displaystyle\int_1^2 2\,dx = [2x]_1^2 = 2.$

**3.** ln 2 est une constante donc

$$\int_e^{e^x} \ln 2\,dx = (\ln 2)\int_e^{e^2} dx = \ln 2 \times [x]_e^{e^2} = \ln 2 \times (e^2 - e).$$

**5.** $$\int_0^2 (x-1)\,dx = \left[\frac{x^2}{2} - x\right]_0^2 = \left(\frac{4}{2} - 2\right) - \left(\frac{0^2}{2} - 0\right) = 0.$$

**6.** $$\int_{-3}^2 (3x^2 + x + 1)\,dx = \left[x^3 + \frac{x^2}{2} + x\right]_{-3}^2 = 12 + 25{,}5 = 37{,}5.$$

**7.** $$\int_{-2}^2 (x^3 + x)\,dx = \left[\frac{x^4}{4} + \frac{x^2}{2}\right]_{-2}^2 = 0.$$

**9.** $$\int_1^3 \frac{1}{x}\,dx = [\ln x]_1^3 = \ln 3 - \ln 1 = \ln 3.$$

**10.** $$\int_{-2}^{-3} \frac{3}{x^2}\,dx = 3\int_{-2}^{-3} \frac{1}{x^2}\,dx = 3 \times \left[-\frac{1}{x}\right]_{-2}^{-3} = 3\left[\frac{1}{3} - \frac{1}{2}\right] = -\frac{1}{2}.$$

**11.** $$\int_1^3 \frac{x^4 + 4x^2 - 1}{x^2}\,dx = \int_1^3 \left(x^2 + 4 - \frac{1}{x^2}\right)dx.$$

**12.** Si $2 < x < 3$ alors $1 < x - 1 < 2$ donc $x - 1 > 0$.

$$\int_2^3 \frac{1}{x-1}\,dx = [\ln(x-1)]_2^3 = \ln 2 - \ln 1 = \ln 2.$$

**14.** $$\int_{\ln 2}^{\ln 3} -e^x dx = -\left[e^x\right]_{\ln 2}^{\ln 3} = -(e^{\ln 3} - e^{\ln 2}) = -(3-2) = -1.$$

**15.** $$\int_1^3 e^{-x}\,dx = \left[-e^{-x}\right]_1^3 = -e^{-3} + e^{-1} = -\frac{1}{e^3} + \frac{1}{e}.$$

**16.** $$\int_0^3 e^{2x}dx = \left[\frac{1}{2}e^{2x}\right]_0^3 = \frac{1}{2}(e^6 - 1).$$

**18.** Si $x \geqslant 0$ alors $x + 1 > 0$.
D'après la relation de Chasles

$$I = \int_0^3 \frac{1}{x+1}\,dx = [\ln(x+1)]_0^3 = \ln 4.$$

$J = 0$; $\quad K = \displaystyle\int_0^3 e^{2x}\,dx.$ (Voir **16.**)

**19.** $$I = \int_e^{e^2} \frac{5}{x}\,dx = 5\int_e^{e^2} \frac{dx}{x} = 5\,[\ln x]_e^{e^2} = 5.$$

**20.** $$\mathscr{A} = \int_1^5 x(x+3),\,dx = \frac{232}{3}.$$

**23.** $f$ est négative sur l'intervalle $[-2\,;\,0]$.

L'aire $\mathscr{A}$ est : $\mathscr{A} = \displaystyle\int_{-2}^0 (0 - x^3)\,dx.$

D'où $\mathscr{A} = \left[-\dfrac{x^4}{4}\right]_{-2}^0 = 4.$

**26.** *a*) $f$ est positive sur $[-1\,;0]$.

$$\mathscr{A}_1 = \int_{-1}^{0} f(x)\,\mathrm{d}x = \int_{-1}^{0} (x^2 - 2x)\,\mathrm{d}x = \left[\frac{x^3}{3} - x^2\right]_{-1}^{0} = \frac{4}{3}.$$

*b*) $f$ est négative sur $[0\,; 1]$.

$$\mathscr{A}_2 = \int_{0}^{2} -f(x)\,\mathrm{d}x = \int_{0}^{2} (-x^2 + 2x)\,\mathrm{d}x = \left[-\frac{x^3}{3} + x^2\right]_{0}^{2} = \frac{4}{3}.$$

*c*) $\mathscr{A} = \mathscr{A}_1 + \mathscr{A}_2 = \dfrac{8}{3}$.

# POUR CHERCHER

## Calculs d'intégrales

*Pour les exercices **27** à **30**, calculer les intégrales.*

**27** $\displaystyle\int_0^1 \frac{2x}{x^2+1}\,\mathrm{d}x.$

*Indication :* Poser $u(x) = x^2 + 1$ et reconnaître une primitive de $\dfrac{u'}{u}$.

**28** $\displaystyle\int_{-1}^1 \frac{2x+1}{x^2+x+1}\,\mathrm{d}x.$

Voir indication de l'exercice précédent.

**29** $\displaystyle\int_1^{\ln 2} e^{x+1}\,\mathrm{d}x.$

**30** $\displaystyle \mathrm{I} = \int_1^2 \left(\frac{1}{x+1} - \frac{1}{(x+1)^2}\right)\mathrm{d}x.$

$\displaystyle \mathrm{J} = \int_0^{\ln 2} (e^{2x} + e^x - 1)\,\mathrm{d}x.$

**31** On considère la fonction $f$ définie sur $]0\,; +\infty[$ par $f(x) = x\ln x - x$.

*a*) Calculer $f'(x)$.

*b*) En déduire le calcul de l'intégrale $\mathrm{I} = \displaystyle\int_1^2 \ln x\,\mathrm{d}x.$

## Calculs d'aires

**32** On considère la fonction $f$ définie sur $\mathbb{R}$ par $f(x) = x^3 - 3x$.

On donne (figure 29) la représentation graphique $\mathscr{C}$ de $f$ dans un repère $(\mathrm{O}, \vec{\imath}, \vec{\jmath})$.

*a*) Évaluer, à l'aide du quadrillage, l'aire en $\mathrm{cm}^2$ de la partie en couleur.

*b*) Calculer l'abscisse du point A.

*c*) Indiquer, à l'aide du graphique, le signe de la fonction $f$ sur l'intervalle $[-1\,; 0]$ et en déduire l'aire de la partie du plan délimitée par la courbe $\mathscr{C}$, et les droites d'équations $x = -1$, $x = 0$ et $y = 0$.

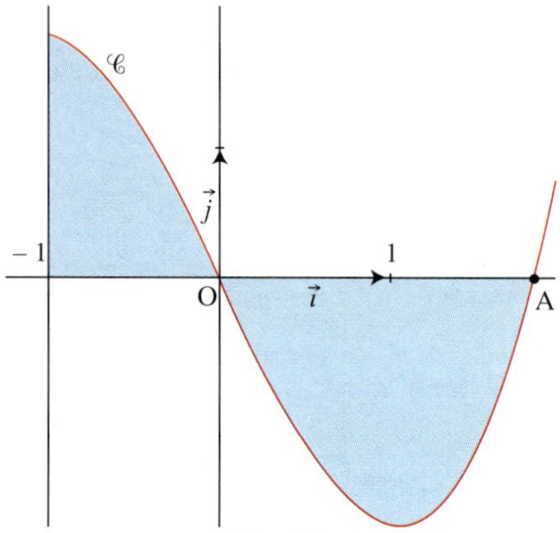


Fig. 29

*d*) Indiquer à l'aide du graphique le signe de $f$ sur l'intervalle $[0\,; \sqrt{3}]$ et en déduire l'aire de la région délimitée par la courbe $\mathscr{C}$ et les droites d'équations $x = 0$, $x = \sqrt{3}$ et $y = 0$.

*e*) Calculer l'aire de la partie en couleur et comparer le résultat à l'évaluation faite en *a*).

**33** On donne la représentation graphique $\mathscr{C}$ d'une fonction $f$, définie sur l'intervalle $[-1\,; 5]$, dans un repère orthonormal $(\mathrm{O}, \vec{\imath}, \vec{\jmath})$.

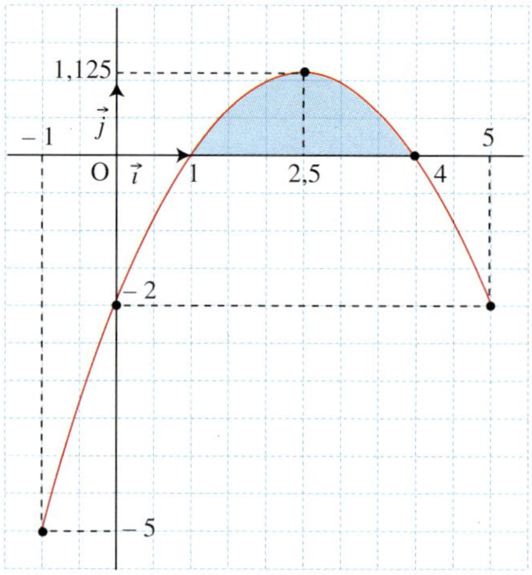


Fig. 30

*a*) Donner le tableau de variation de la fonction $f$.

*b*) Résoudre graphiquement l'équation $f(x) = 0$, puis l'inéquation $f(x) \leqslant 0$.
*c*) Sachant que $f(x)$ est de la forme $f(x) = ax^2 + bx + c$, déterminer $f(x)$.
*d*) Donner, à l'aide du graphique, le signe de $f$ sur l'intervalle $[1\,;\,4]$ et en déduire l'aire en cm² de la partie délimitée par la courbe $\mathscr{C}$ et la droite d'équation $y = 0$.

**34** La fonction $f$, définie sur l'intervalle $[-4\,;\,0]$ par $f(x) = e^{3x} - 7e^{x} + 6$, admet la représentation graphique suivante :

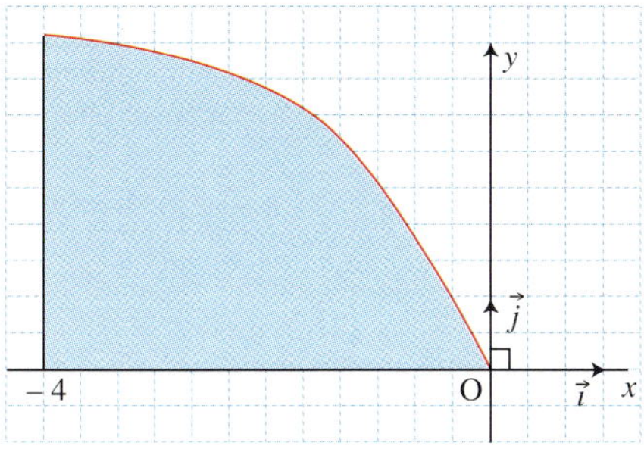


Fig. 31

Calculer, en cm², l'aire du domaine en couleur. (Unités graphiques : 2 cm sur l'axe des abscisses, 1 cm sur l'axe des ordonnées.)
On en donnera la valeur exacte et une valeur approchée à $10^{-2}$ près par défaut.

**35** *a*) Étudier la fonction numérique $f$ définie sur $\mathbb{R}$ par $f(x) = (x-2)^2\,(x+1)$.

Tracer sa représentation graphique (C) dans un repère orthonormé $(O, \vec{i}, \vec{j})$. Unité sur les axes : 1 cm.
*b*) Déterminer l'aire en cm² du domaine limité par la courbe (C), l'axe $x'Ox$ et les deux droites d'équations respectives $x = 0$ et $x = 2$.

**36** On désigne respectivement par $f$ et par $g$ les fonctions numériques définies sur $\mathbb{R}$, par
$f(x) = x^2 - 2x + 1$ et $g(x) = x^3 - 3x + 2$.

*a*) Après une brève étude de ces fonctions, tracer leurs représentations graphiques respectives (P) et (C) par rapport à un repère orthonormal $(O, \vec{i}, \vec{j})$.
*b*) Vérifier que l'on a, pour tout $x \in \mathbb{R}$ :
$x^3 - x^2 - x + 1 = (x-1)^2\,(x+1)$.

Déterminer les points d'intersection de (P) et de (C).
*c*) Calculer l'aire du domaine défini par

$$\begin{cases} -1 \leqslant x \leqslant 1 \\ 0 \leqslant y \leqslant f(x). \end{cases}$$

*d*) Calculer l'aire du domaine défini par

$$\begin{cases} -1 \leqslant x \leqslant 1 \\ 0 \leqslant y \leqslant g(x). \end{cases}$$

*e*) Déduire de *c*) et *d*) l'aire du domaine défini par :
$-1 \leqslant x \leqslant 1$ et $f(x) \leqslant y \leqslant g(x)$.

## Problèmes de synthèse

**37** Soit la fonction $f$ de l'intervalle $[-4\,;\,6]$ dans $\mathbb{R}$ telle que :

$$f(x) = \frac{x^2 + 3x - 1}{x + 5}.$$

1° Vérifier que pour tout $x$ appartenant à $[-4\,;\,6]$,

$$f(x) = x - 2 + \frac{9}{x+5}.$$

2° Étudier le sens de variation de $f$ et calculer les valeurs prises par $f$ aux bornes de l'intervalle de définition.

3° Soit $\mathscr{C}$ la courbe représentative de $f$ dans une repère orthonormé $(O, \vec{i}, \vec{j})$ (unité : 1 cm).
*a*) Calculer les abscisses des points d'intersection de $\mathscr{C}$ avec l'axe des abscisses.
*b*) Tracer $\mathscr{C}$.

4° *a*) Construire dans le même repère la droite $d$ d'équation $y = x - 2$.
*b*) Démontrer que, pour tout $x$ appartenant à $[0\,;\,6]$, on a : $0 \leqslant x - 2 < f(x)$.

*c*) Calculer l'aire en cm² de chacun des domaines définis par

$$\mathscr{A}_1 \begin{cases} 2 \leqslant x \leqslant 4 \\ 0 \leqslant y \leqslant f(x) \end{cases} \quad \text{et} \quad \mathscr{A}_2 \begin{cases} 2 \leqslant x \leqslant 4 \\ 0 \leqslant y \leqslant x - 2. \end{cases}$$

*d*) Déduire du *c*) l'aire, en cm², de l'ensemble des points $M(x, y)$ du plan tels que

$$\begin{cases} 2 \leqslant x \leqslant 4 \\ x - 2 \leqslant y \leqslant f(x). \end{cases}$$

**38** Sur $I = [-0{,}8\,;\,0{,}8]$, on étudie la fonction $f$, définie par :

$$f(x) = \frac{x}{x^2 - 1}.$$

Soit $\mathscr{C}$ sa courbe représentative dans un repère orthogonal $(O, \vec{i}, \vec{j})$ (unités : 10 cm sur l'axe des abscisses, 5 cm sur l'axe des ordonnées).

1° Montrer que $f$ est impaire. Que peut-on en déduire pour la courbe $\mathscr{C}$ ?

2° Vérifier que pour tout $x$ appartenant à I :

$$f(x) = \frac{0{,}5}{1+x} - \frac{0{,}5}{1-x}.$$

3° Étudier les variations de $f$ sur I.
Construire $\mathscr{C}$.

4° Calculer, en cm², l'aire $\mathscr{A}$ de la partie du plan constituée par les points M de coordonnées $x$ et $y$ qui vérifient :

$$\begin{cases} 0 \leqslant x \leqslant 0{,}5 \\ f(x) \leqslant y \leqslant 0. \end{cases}$$

Donner une valeur approchée de cette aire à 1 mm² près par défaut.

**39** Soit $f$ la fonction définie sur $I = ]1\,;+\infty[$, par

$$f(x) = \frac{x^2 - 2x + 5}{x - 1}.$$

Soit $\mathscr{C}$ la courbe représentative de $f$, dans le plan muni d'un repère orthonormé $(O, \vec{\imath}, \vec{\jmath})$ (unité graphique : 2 cm).

1° Vérifier que pour tout réel $x$ de I :

$$f(x) = x - 1 + \frac{4}{x - 1}.$$

Dans toute la suite du problème, on pourra utiliser, au choix, suivant les questions, la forme initiale de $f(x)$ ou la forme établie dans cette première question.

2° *a*) Calculer $f'(x)$ ($f'$ désignant la dérivée de $f$) et étudier son signe.
*b*) Déterminer les limites de $f$ en 1 et en $+\infty$.
*c*) Dresser le tableau de variation de $f$.

3° *a*) Donner une équation de l'asymptote verticale à $\mathscr{C}$.
*b*) Démontrer que la droite $\Delta$, d'équation $y = x - 1$, est asymptote oblique à $\mathscr{C}$.

4° Dans le plan muni d'un repère orthonormal $(O, \vec{\imath}, \vec{\jmath})$, construire toutes les droites rencontrées précédemment, puis la courbe $\mathscr{C}$.

5° Calculer, en $cm^2$, l'aire de la partie du plan délimitée par $\mathscr{C}$, $\Delta$ et les droites d'équation $x = 2$ et $x = 9$ ; on donnera la réponse sous la forme $k \ln 2$, où $k$ est un entier naturel.

**40** On considère la fonction $f$ de l'intervalle $I = \left[\frac{1}{2e}\,;\frac{e}{2}\right]$ dans $\mathbb{R}$ définie par : $f(x) = 1 + \ln(2x)$.

1° $f$ est-elle définie en tout point de I ?

2° Étudier le sens de variation de $f$ sur l'intervalle I.

3° Soit $\mathscr{C}$ la courbe représentative de la fonction $f$ dans un repère orthonormé d'unité 2 cm. Soit (T) et (T′) les tangentes à $\mathscr{C}$ aux points d'abscisses $\frac{1}{2e}$ et $\frac{e}{2}$ respectivement.
*a*) Donner des équations de (T) et de (T′).
*b*) Tracer (T), (T′) puis $\mathscr{C}$.

4° Résoudre les équations :
*a*) $f(x) = 0$. *b*) $f(x) = 1$.

5° On pose, pour $x \in I$, $F(x) = x \ln(2x)$. Calculez la fonction dérivée de $F(x)$.

6° Donner la valeur exacte de l'intégrale :

$$J = \int_a^b f(x)\,dx \quad \text{où} \quad a = \frac{1}{2e} \quad \text{et} \quad b = \frac{e}{2}.$$

7° Donnez, en $cm^2$, la valeur exacte de l'aire du domaine plan, ensemble des points $M(x, y)$ tels que :

$$\begin{cases} \frac{1}{2^e} \leqslant x \leqslant \frac{e}{2} \\ 0 \leqslant y \leqslant f(x). \end{cases}$$

**41** Soit $f$ la fonction de la variable réelle $x$ définie sur l'intervalle $I = \left]\frac{1}{2}\,;+\infty\right[$ par :

$$f(x) = \frac{x - 1}{2x - 1} - \ln x.$$

Soit $\mathscr{C}$ la représentation graphique de $f$ dans le plan muni d'un repère orthonormé $(O, \vec{\imath}, \vec{\jmath})$ (unité 4 cm).

1° Vérifier que $f(x) = \frac{1}{2} - \ln x - \frac{1}{2(2x - 1)}$.

2° Étudier les limites de $f$ aux bornes de I.

Que peut-on dire de la droite d'équation $x = \frac{1}{2}$ ?

3° Démontrer que $f'(x)$ peut se mettre sous la forme :

$$f'(x) = \frac{-4x^2 + 5x - 1}{x(2x - 1)^2}.$$

En déduire les variations de $f$ sur I.

4° Construire $\mathscr{C}$ en précisant les coordonnées des points utilisés.

5° *a*) Soit $g$ la fonction définie sur I par

$$g(x) = \frac{1}{2} - \frac{1}{2(2x - 1)}.$$

Calculer une primitive G de la fonction $g$ sur I.
*b*) Soient $h$ et H les fonctions définies sur I par :
$h(x) = \ln x$ et $H(x) = x - x \ln x$.

Démontrer que H est une primitive de $h$ sur I.
*c*) Déduire des questions *a*) et *b*) une primitive F de $f$ sur I.

6° Déterminer, en $cm^2$, l'aire $\mathscr{A}$ de la portion de plan limitée par $\mathscr{C}$, l'axe des abscisses et les droites d'équations $x = 1$ et $x = 3$.
Donner ensuite une valeur approchée de $\mathscr{A}$ à $10^{-2}$ près.

**42** Soit $g$ la fonction de $\left[\frac{1}{3}\,;1\right]$ dans $\mathbb{R}$ qui à $x$ associe

$$g(x) = 2\,\frac{\ln(2x)}{\ln 2}.$$

Soit $\mathscr{C}$ la courbe représentative de $g$ dans un repère orthogonal $(O, \vec{\imath}, \vec{\jmath})$ (unité sur l'axe des abscisses $x'Ox$ : 10 cm ; unité sur l'axe des ordonnées $y'Oy$ : 5 cm).
*a*) Étudier les variations de $g$.
*b*) Déterminer le point de la courbe où la tangente D à $\mathscr{C}$ a pour coefficient directeur $m = \frac{2\sqrt{2}}{\ln 2}$.
Écrire une équation de cette tangente.
*c*) Vérifier que cette tangente coupe l'axe $x'Ox$ au point d'abscisse $x = \frac{2 - \ln 2}{2\sqrt{2}}$.

*d*) Déterminer le point $M_0$ de $\mathscr{C}$ d'ordonnée nulle ; on notera $x_0$ son abscisse.

*e*) Tracer la courbe $\mathscr{C}$ et la tangente D.

2° $\mathbb{T}_1$ est le triangle déterminé par l'axe $x'Ox$, la droite d'équation $x = 1$ et la tangente D.
$\mathbb{T}_2$ est le triangle déterminé par l'axe $x'Ox$, la droite d'équation $x = 1$ et la droite $M_0M_1$ avec $M_0(x_0 ; 0)$ et $M_1(1 ; g(1))$.
Par une remarque graphique et le calcul des aires de $\mathbb{T}_1$ et de $\mathbb{T}_2$, trouver un encadrement de l'intégrale :

$$\int_{x_0}^{1} g(x)\,dx.$$

**43** Le plan est rapporté à un repère orthonormé $(O, \vec{\imath}, \vec{\jmath})$, (unité de longueur 1 cm). Soit la fonction numérique $f$ définie, pour tout réel $x \leqslant 1$, par $f(x) = e^{2x} + 2x - 2$ et $\mathscr{C}$ sa courbe représentative.

1° Étudier la fonction $f$ ; limite lorsque $x$ tend vers $-\infty$, dérivée et tableau de variation.

2° Soit (D) la droite d'équation $y = 2x - 2$.
Déterminer $\lim\limits_{x \to -\infty} [f(x) - (2x - 2)]$ et interpréter graphiquement ce résultat.

3° Écrire une équation de la tangente (T) à $\mathscr{C}$ au point A d'abscisse 1. Tracer les droites (T) et (D) et la courbe $\mathscr{C}$.

4° Déterminer une primitive G de la fonction $g$ définie par $g(x) = e^{2x}$.

5° Calculer en cm$^2$ l'aire de la portion du plan ensemble des points M de coordonnées $(x ; y)$ vérifiant :

$$\ln \frac{1}{4} \leqslant x \leqslant 0 \quad \text{et} \quad 2x - 2 \leqslant y \leqslant f(x).$$

**44** *Partie A*

La courbe ci-dessous représente, dans un repère orthogonal $(A, \vec{u}, \vec{v})$, la fonction $g$ définie sur $]0 ; +\infty[$ par $g(x) = 2x^2 + 1 - \ln x$.

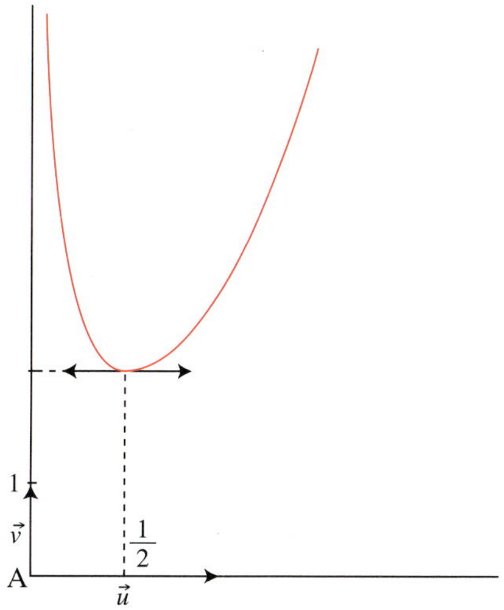


Fig. 32

Quel est le signe de $g(x)$ pour $x > 0$ ? (Justifier la réponse.)

*Partie B*

$f$ est la fonction définie sur $]0 ; 4]$ par $f(x) = 2x + \dfrac{\ln x}{x}$.

$\mathscr{C}$ est la courbe représentative de $f$ dans un repère orthonormal $(O, \vec{\imath}, \vec{\jmath})$ d'unité graphique le centimètre.

1° Déterminer la limite de $f$ en 0.
Que peut-on en conclure pour la courbe $\mathscr{C}$ ?

2° Calculer $f'(x)$ et vérifier que $f'(x) = \dfrac{g(x)}{x^2}$.

Déduire de la question **A** le signe de $f'(x)$ et dresser le tableau de variation de $f$.

3° Soit $d$ la droite d'équation $y = 2x$. Calculer les coordonnées du point I, intersection de la courbe $\mathscr{C}$ et de la droite $d$.
Déterminer une équation de la tangente à $\mathscr{C}$ en I.

4° Tracer la droite $d$ et la courbe $\mathscr{C}$.

*Partie C*

Soit F la fonction définie sur l'intervalle $]0 ; 4]$ par

$$F(x) = x^2 + \frac{1}{2}(\ln x)^2.$$

1° Montrer que F est une primitive de $f$ sur l'intervalle $]0 ; 4]$.

2° Calculer $J = \displaystyle\int_1^e f(x)\,dx$.

On donnera d'abord la valeur exacte de J puis une valeur approchée à $10^{-2}$ près par défaut.

**45** Soit $f$ la fonction définie sur l'intervalle $[-2 ; +\infty[$ par $f(x) = x - 3 + e^{-x}$ et soit $\mathscr{C}$ sa courbe représentative dans un repère orthonormal $(O, \vec{\imath}, \vec{\jmath})$ (unité graphique : 2 cm).

*Partie A*

1° Déterminer la limite de $f$ en $+\infty$.

2° Calculer la dérivée $f'$ de $f$.

3° Étudier le signe de $f'(x)$. En déduire les variations de $f$ et dresser le tableau de variation de $f$.

4° *a*) Démontrer que la droite $d$ d'équation $y = x - 3$ est asymptote à $\mathscr{C}$ en $+\infty$.
*b*) Étudier la position relative de $\mathscr{C}$ et de $d$.

5° Tracer la droite $d$ et la courbe $\mathscr{C}$. (On prendra au moins $[-2 ; 5]$ pour intervalle de construction.)

6° *a*) Déterminer graphiquement le nombre des solutions de l'équation $f(x) = 0$.
*b*) À l'aide de la calculatrice, donner pour chaque solution, un encadrement d'amplitude 0,1.

*Partie B*

1° Soit $g$ la fonction définie sur $[-2 ; +\infty[$ par $g(x) = e^{-x}$.
Déterminer une primitive de $g$.

2° On désigne par $\mathcal{A}$ l'aire, exprimée en $cm^2$, de la partie du plan limitée par la courbe $\mathcal{C}$, la droite $d$, l'axe des ordonnées et les droites d'équation $x = 3$ et $x = 5$. Calculer la valeur exacte de $\mathcal{A}$, puis donner une valeur décimale approchée de $\mathcal{A}$ à 0,01 près par défaut.

**46** Soit la fonction numérique $f$ définie sur $\mathbb{R}$ par $f(x) = e^{2x} - 4e^x + 3$.

On appelle $\mathcal{C}$ sa courbe représentative dans un repère orthonormal $(O, \vec{\imath}, \vec{\jmath})$ (unité graphique : 2 cm).

1° Calculer la limite de $f(x)$ quand $x$ tend vers $-\infty$.
En déduire l'existence d'une asymptote $\Delta$ dont on donnera une équation.

2° Étudier le sens de variation de la fonction $f$ et dresser son tableau de variation (on admettra que $\lim\limits_{x \to +\infty} f(x) = +\infty$).

3° *a*) Calculer les coordonnées des points d'intersection de $\mathcal{C}$ avec l'axe des abscisses.
*b*) Déterminer une équation de la tangente T à la courbe $\mathcal{C}$ au point d'abscisse $x_0 = \ln 3$.
*c*) Reproduire et compléter le tableau suivant (on donnera pour les résultats une valeur décimale approchée à $10^{-1}$ près).

| $x$ | $-4$ | $-3$ | $-1$ | $-0,5$ | $0,5$ | $1,5$ |
|---|---|---|---|---|---|---|
| $f(x)$ | | | | | | |

*d*) Tracer $\Delta$, T et $\mathcal{C}$.

4° *a*) Déterminer une primitive de $f$.
*b*) Calculer l'aire en $cm^2$ de la partie du plan limitée par $\mathcal{C}$, l'axe des abscisses et les droites d'équations $x = -2$ et $x = 0$.
En donner une valeur décimale approchée à $10^{-2}$ près.

**47** *Partie A*

Soit la fonction $g$ définie sur l'intervalle $I = ]2\,; +\infty[$ par $g(x) = \ln \dfrac{x-2}{x+1}$ où ln désigne la fonction logarithme népérien.

1° *a*) Au moyen d'un tableau, étudier le signe de $\dfrac{x-2}{x+1}$.

En déduire le signe de $\dfrac{x-2}{x+1}$ sur l'intervalle I.

*b*) En déduire pour $x \in ]2\,; +\infty[$ l'égalité :
$g(x) = \ln(x-2) - \ln(x+1)$.

2° En utilisant cette égalité, vérifier que la fonction dérivée $g'$ de la fonction $g$ peut s'écrire :

$$g'(x) = \frac{1}{x-2} - \frac{1}{x+1}.$$

3° Étudier le signe de $g'(x)$ sur $I = ]2\,; +\infty[$.

4° L'un des trois graphiques G2, G3 ou G4 est celui de la fonction $g$. Lequel ? Justifier le choix retenu.

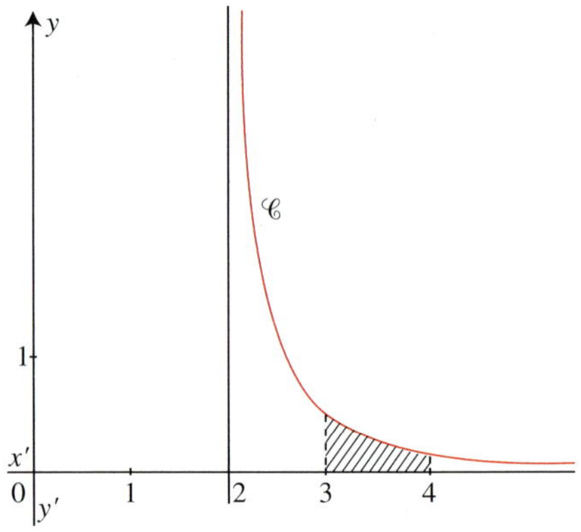


Graphique G1
Fig. 33

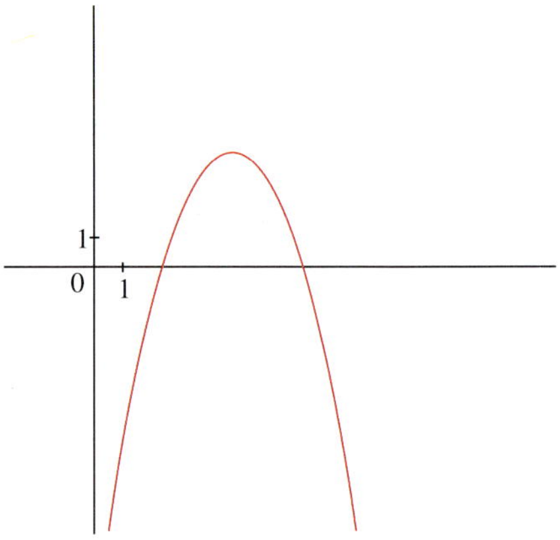


Graphique G2
Fig. 34

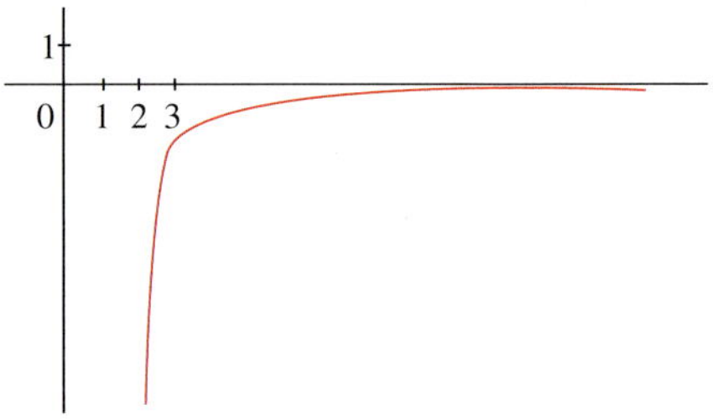


Graphique G3
Fig. 35

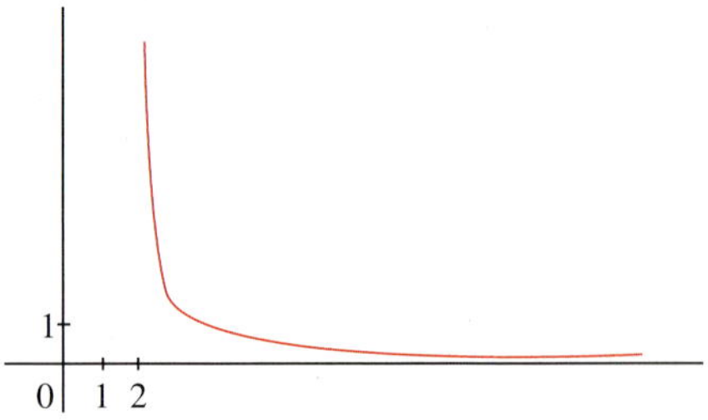


Graphique G4
Fig. 36

*Partie B*

On considère la fonction $f$ de la variable $x$ définie sur l'intervalle $I = ]2\,;+\infty[$ par $f(x) = \dfrac{2}{x^2 - x - 2}$. Soit $\mathscr{C}$ la courbe représentative de la fonction $f$ dans le plan rapporté à un repère orthonormal $(O, \vec{\imath}, \vec{\jmath})$ (unité graphique : 2 cm). Cette courbe est représentée sur le graphique G1.

1° Résoudre sur I l'équation $f(x) = 1/2$ ; contrôler graphiquement les résultats.

2° *a*) Montrer que la fonction G définie par $G(x) = (2/3)\,g(x)$ est une primitive de $f$ sur l'intervalle I, où $g$ est la fonction définie en A.

*b*) Calculer la valeur exacte, en unité d'aire, de l'aire de la partie du plan hachurée sur le graphique G1. Donner, en $cm^2$ une valeur approchée, de cette aire, par défaut à $10^{-2}$ près.

## Application à la gestion

**48** ***Étude d'un coût d'entretien***

Une entreprise est équipée de machines-outils toutes identiques. On a constaté que le coût instantané d'entretien d'une machine d'âge $x$ $(0 \leqslant x \leqslant 6)$ est

$\varphi(x) = 0{,}5\, e^{0{,}5\,x}$ ;

son coût total d'entretien depuis son achat et pour une durée $t$ d'utilisation s'écrit :

$$E(t) = \int_0^t \varphi(x)\,dx \; (0 \leqslant t \leqslant 6).$$

Calculer $E(t)$ en fonction de $t$.

**49** ***Coût minimal***

Une entreprise qui distribue un produit cherche à minimiser ses coûts par une meilleure gestion.

Il a été établi que le coût de renouvellement dépend de la quantité commandée $x$ selon la fonction définie pour tout $x > 0$ par $C_1(x) = 0{,}2x + 1$, et que le coût de stockage dépend de $x$ par la fonction définie pour tout $x > 0$ par $C_2(x) = \dfrac{5}{x}$ ; le coût total est alors donné par la fonction C définie par tout $x > 0$ par $C(x) = C_1(x) + C_2(x)$.

1° *a*) Étudier les variations de $C_2$. Calculer les limites aux bornes de l'ensemble de définition.

*b*) Représenter graphiquement $C_1$ et $C_2$ dans le plan muni d'un repère orthonormé (unité graphique 1 cm). Expliquer comment obtenir graphiquement la représentation de la fonction C à partir de celles de $C_1$ et $C_2$.

2° On se propose d'étudier la fonction C. On note $\mathscr{C}$ la courbe représentative de cette fonction dans un plan rapporté à un repère orthonormé (unité graphique : 1 cm).

*a*) Étudier les variations de la fonction C et ses limites aux bornes de l'ensemble de définition.

Quelle quantité faut-il commander à chaque renouvellement pour que le coût total soit minimal ?

*b*) En étudiant la différence $C(x) - C_1(x)$, montrer que la droite d'équation $y = \dfrac{1}{5}x + 1$ est asymptote à la courbe $\mathscr{C}$ représentant la fonction C.

*c*) Représenter dans le même repère que celui utilisé dans la question 1° *b*) la courbe $\mathscr{C}$ et son asymptote après avoir réalisé un tableau de valeurs.

3° *a*) Déterminer une primitive de la fonction C.

*b*) Calculer la valeur exacte du nombre $C_m$ :

$$C_m = \frac{1}{11}\int_2^{13} C(x)\,dx.$$

$C_m$ est le coût moyen sur l'intervalle [2 ; 13]. (Voir T.P. 3).

**50** ***Coût maximal***

*Première partie*

Dans cette partie, on se propose d'étudier la fonction numérique $f$ définie sur l'intervalle $I = ]0\,;+\infty[$ par

$$f(x) = x - 20 + \frac{400}{x}.$$

Soit $\mathscr{C}$ la courbe représentative de $f$ dans le plan rapporté à un repère orthonormal $(O, \vec{\imath}, \vec{\jmath})$ (unité : 0,1 cm).

1° Déterminer les limites de la fonction $f$ aux bornes de l'intervalle I.

2° Calculer la dérivée $f'$ de la fonction $f$ et donner le signe de $f'(x)$. Dresser le tableau de variation de $f$.

3° Démontrer que la droite $\mathscr{D}$ d'équation $y = x - 20$ est asymptote à $\mathscr{C}$. Donner une équation de l'autre asymptote à $\mathscr{C}$. Calculer les ordonnées des points de la courbe $\mathscr{C}$ d'abscisses respectives : 5 ; 10 ; 20 ; 40 ; 50 ; 80 ; 100 ; 160. On donnera les résultats sous forme de tableau.

4° Tracer la courbe $\mathscr{C}$ ainsi que ses asymptotes.

5° Calculer en $cm^2$ l'aire du domaine plan limité par la courbe $\mathscr{C}$, l'asymptote $\mathscr{D}$ et les droites d'équations $x = 80$ et $x = 100$. On exprimera le résultat en utilisant les nombres ln 2 et ln 5.

On en donnera ensuite une valeur décimale approchée à $10^{-3}$ près.

*Deuxième partie*

Une entreprise fabrique pendant un laps de temps donné une quantité $x$ d'un certain objet.

Les charges de cette entreprise pour fabriquer les $x$ objets sont données, en francs, par :

$C(x) = x^2 - 20x + 400$, où $x > 0$.

1° Les charges moyennes unitaires notées $C_m(x)$ sont définies par $C_m(x) = \dfrac{C(x)}{x}$. Déterminer, en utilisant la première partie, la quantité d'objets à fabriquer pour avoir des charges moyennes unitaires minimales.

2° Chaque objet fabriqué est vendu 10 francs. Déterminer le bénéfice $B(x)$ de cette entreprise en fonction de $x$. Déterminer $x$ pour que ce bénéfice soit maximal.

# 10 Statistique

- Ajustement linéaire
- Méthode de Mayer
- Médiane et quartiles
- Moyenne et écart type

## ACTIVITÉ 1 Moyenne et écart type

***Objectif :*** revoir le calcul d'une moyenne et d'un écart type.

### A. Étude d'une série

On a procédé au recensement des 110 salariés d'une entreprise en relevant leur âge au mois de décembre 1994.
On a obtenu le tableau suivant :

| Tranches d'âges | Effectif |
|---|---|
| [20 ; 25[ | 10 |
| [25 ; 30[ | 40 |
| [30 ; 35[ | 25 |
| [35 ; 40[ | 10 |
| [40 ; 45[ | 5 |
| [45 ; 50[ | 5 |
| [50 ; 55[ | 5 |
| [55 ; 60[ | 10 |

1° *Tracer un histogramme représentant cette série.*

2° *Entrer ces données statistiques dans une calculatrice et donner la moyenne de cette série ainsi que son écart type.*

### B. Comparaison de deux séries

On a recensé deux groupes de 120 personnes en relevant leur âge.
On a obtenu les résultats suivants :

| Tranches d'âges | Groupe 1 | Groupe 2 |
|---|---|---|
| [0 ; 20[ | 40 | 10 |
| [20 ; 40[ | 20 | 45 |
| [40 ; 60[ | 20 | 60 |
| [60 ; 80[ | 40 | 5 |

Ces deux séries ont la même moyenne : 40.

1° *Sans calcul, indiquer le groupe pour lequel l'écart type est le plus grand.*

2° *Vérifier par le calcul les résultats du 1°.*

## ACTIVITÉ 2 La France exporte

Le tableau ci-dessous donne l'évolution des exportations en milliards de francs de la France dans le domaine de l'agriculture, de la sylviculture et de la pêche.

| Année | 1984 | 1985 | 1986 | 1987 | 1988 | 1989 | 1990 | 1991 |
|---|---|---|---|---|---|---|---|---|
| Rang | 1 | 2 | 3 | 4 | 5 | 6 | 7 | 8 |
| Montant des exportations | 65,8 | 74,3 | 69,6 | 72,0 | 79,5 | 86,2 | 85,1 | 82,5 |

Source : *Tableaux de l'Économie française* - 1993.

Le but est de faire une prévision sur les exportations en 1992.
Pour cela, nous allons essayer deux méthodes.

### A. Ajustement au jugé

1° *Porter sur un graphique les points représentant cette série (années en abscisse et montant des exportations en milliards de francs en ordonnée).*

2° *Tracer une droite « passant le plus près possible » des huit points obtenus.*

3° *Utiliser cette droite pour lire sur le graphique le montant des exportations prévisible pour 1992.*

### B. Méthode de Mayer

1° **Point moyen**

On appelle point moyen de l'ensemble des huit points le point G de coordonnées $(\overline{x}\,;\overline{y})$, $\overline{x}$ désignant la moyenne de la première série (ici le rang des années) et $\overline{y}$ la moyenne de la deuxième série (le montant des exportations).
*Calculer les coordonnées du point* G *et le placer sur le graphique.*

2° On partage les points du nuage en deux groupes de même effectif.

On caractérise chaque groupe par son point moyen : $G_1$ pour les quatre premiers points et $G_2$ pour les quatre autres.

*a) Calculer les coordonnées de* $G_1$ *et* $G_2$.

*b) Placer* $G_1$ *et* $G_2$ *et tracer la droite* $(G_1G_2)$. *À l'aide de cette droite (dite droite de Mayer), lire sur le graphique le montant des exportations prévisible en 1992.*

*c) Déterminer une équation de la droite* $(G_1G_2)$ *et à l'aide de celle-ci, calculer le montant des exportations prévisible pour 1992.*

3° *Comparer les trois estimations réalisées aux questions précédentes.*

# INFORMATION

## 1. Série statistique double

Le mot *variable* a ici le même sens que *caractère*.

Jusqu'à présent, nous n'avons étudié que des séries statistiques portant sur un seul caractère. Mais, pour une population donnée, on peut s'intéresser simultanément à deux ou plusieurs variables.
Par exemple, des élèves de classes de Première ont eu à remplir un questionnaire. L'un des renseignements demandés était le sexe (M ou F), un autre, le loisir préféré.
Les réponses peuvent être présentées sous forme d'une liste :

*Tableau 1*

| Élève n° | 1 | 2 | 3 | 4 | ... |
|---|---|---|---|---|---|
| Sexe | M | F | F | F | ... |
| Loisir préféré | Sport | Musique | Lecture | Sport | ... |

Mais, si le nombre d'individus est trop grand, on doit procéder à un dépouillement...
...soit suivant le sexe :

*Tableau 2*

| Sexe | M | F |
|---|---|---|
| Effectif | 52 | 80 |

... soit suivant le loisir préféré :

*Tableau 3*

| Loisir préféré | Sport | Lecture | Musique | Bals, danse | Sorties | Autres |
|---|---|---|---|---|---|---|
| Effectif | 27 | 25 | 34 | 11 | 29 | 6 |

Cependant, une telle présentation ne permet pas de dire par exemple combien de filles préfèrent la lecture. On doit donc dépouiller suivant les deux variables simultanément, ce qui donne une répartition en $2 \times 6 = 12$ sous-ensembles, et le tableau à double entrée suivant :

La présentation ci-contre n'est pas possible avec des séries à plus de deux variables.

*Tableau 4*

| Loisir / Sexe | Sport | Lecture | Musique | Bals, danse | Sorties | Autres | Total |
|---|---|---|---|---|---|---|---|
| Masculin | 14 | 7 | 14 | 3 | 10 | 4 | 52 |
| Féminin | 13 | 18 | 20 | 8 | 19 | 2 | 80 |
| Total | 27 | 25 | 34 | 11 | 29 | 6 | 132 |

Par exemple, 14 garçons préfèrent le sport, 20 filles la musique, etc.

De ce dernier tableau, on peut déduire les tableaux 2 et 3, dont les effectifs se lisent dans les **marges** du tableau 4 ; pour cette raison, les séries correspondant à un seul des deux caractères sont dites **distributions marginales.**

Chaque ligne ou chaque colonne présente les distributions de chaque caractère dans une population plus réduite ; par exemple, la deuxième ligne donne le loisir préféré des garçons, la deuxième colonne, le sexe des élèves qui préfèrent le sport.

# 2. Nuage de points. Ajustement linéaire

## a Représentation graphique d'une série double

Prenons maintenant l'exemple d'une série double portant sur des caractères **quantitatifs**. Il s'agit du taux de départ en vacances des Français pendant la période d'été de 1984 à 1991.

Ce type de série est dit : « série chronologique ».

| Année $x_i$ | 1984 | 1985 | 1986 | 1987 | 1988 | 1989 | 1990 | 1991 |
|---|---|---|---|---|---|---|---|---|
| Taux de départ en vacances ($y_i$) | 53,9 | 53,8 | 54,1 | 54,2 | 55,5 | 56,5 | 55,4 | 55,6 |

Source : *Tableaux de l'Économie française* – 1992.

Voici une représentation graphique du tableau.

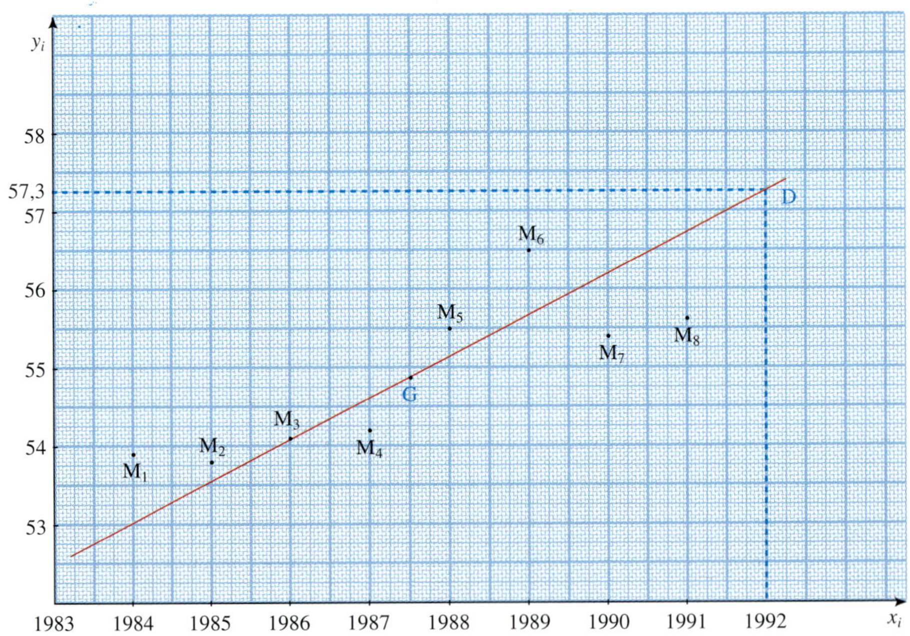


Fig. 1

On appelle **point moyen** de ce nuage le point $G(\overline{x}, \overline{y})$, où $x$ et $y$ sont les moyennes respectives des séries $(x_i)$ et $(y_i)$.
On a $\overline{x} = 1987{,}5$ $\overline{y} \approx 54{,}9$.

Ce tracé au jugé offre bien sûr beaucoup de solutions. Pour des raisons que nous ne pouvons développer ici, l'ajustement est meilleur si on fait passer la droite par le point moyen.

### b Ajustement affine au jugé

Poursuivons l'étude de l'exemple précédent, en cherchant, à partir des chiffres connus, à faire une prévision pour les années suivantes.
Un moyen d'y parvenir est de tracer, au jugé, une droite D « passant le plus près possible » des points du nuage.
La droite D obtenue représente une fonction affine $f$ :

$$f(x) = ax + b.$$

On dit aussi, de façon traditionnelle, ajustement linéaire.

Pour cette raison, l'ajustement effectué est un **ajustement affine.**
Ce type d'ajustement ne se justifie que lorsque les points du nuage présentent une forme suffisamment rectiligne.

### c Équation de la droite d'ajustement obtenue au jugé

Déterminons une équation de la droite D tracée sur la figure pour l'exemple précédent.
Pour simplifier les calculs, nous remplaçons les années par leur rang $x'_i$ : 1 pour 1984, 2 pour 1985, etc.
La droite D choisie passe par les points G (4,5 ; 54,9) et $M_3$ (3 ; 54,1).
Le coefficient directeur de D est $a$ tel que

$$a = \frac{y_{M_3} - y_G}{x_{M_3} - x_G} = \frac{54{,}1 - 54{,}9}{3 - 4{,}5} = \frac{-0{,}8}{-1{,}5} = \frac{8}{15}.$$

Une équation de D est donc $y = \frac{8}{15}x + b.$

On détermine $b$ en utilisant le fait que D passe par G :

$$54{,}9 = \frac{8}{15} \times 4{,}5 + b.$$

D'où $b = 52{,}5.$

Une équation de D est donc $y = \frac{8}{15}x + 52{,}5.$

Nous pouvons maintenant faire une prévision pour 1992 :
- ou bien on lit directement le résultat sur le graphique : c'est l'ordonnée du point de D d'abscisse 9 (pour 1992), c'est-à-dire à peu près 57,3,
- ou bien on utilise l'équation de D.

Pour $x = 9$, on obtient $y = \frac{8}{15} \times 9 + 52{,}5 = 57{,}3.$

On pouvait donc prévoir, par cette méthode, pour 1992, un taux de départ en vacances d'été de 57,3 % environ.

## d Ajustement affine par partition du nuage : méthode de Mayer

Le tracé au jugé demande une certaine habileté et, bien sûr, il existe une infinité de droites solutions. Nous allons maintenant exposer un procédé plus méthodique.

La méthode de Mayer consiste à opérer une partition du nuage en deux sous-ensembles et à remplacer chacun de ces deux groupes par son point moyen, respectivement $G_1$ et $G_2$. La droite d'ajustement est alors la droite $(G_1G_2)$.

Pratiquement, on commence par ordonner les points du nuage, de celui qui a la plus petite abscisse à celui qui a la plus grande.

Ensuite, on partage le nuage en deux sous-ensembles d'effectifs égaux si le nombre de points est pair, ou de différence 1 si le nombre est impair.

Reprenons l'exemple précédent.

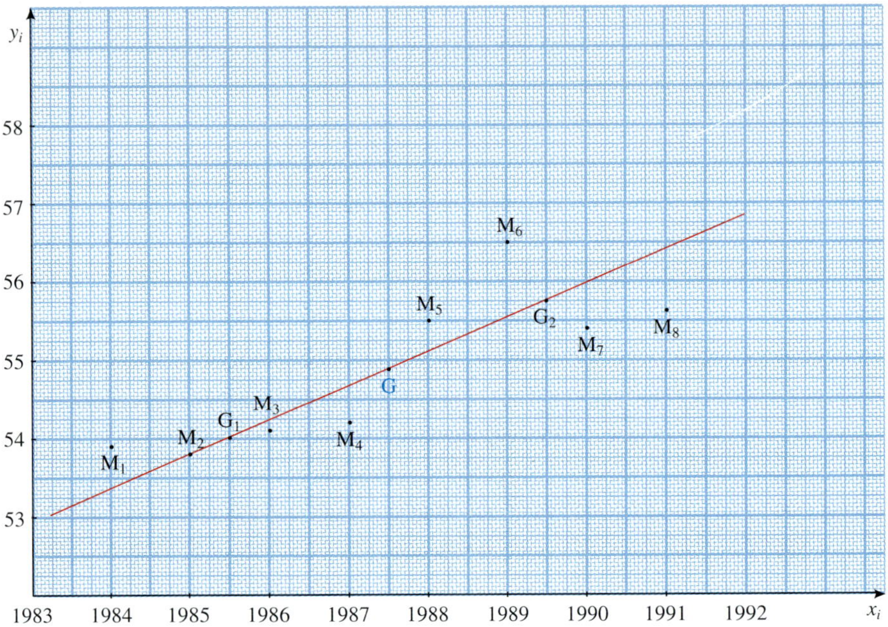


Fig. 2

$G_1$ a pour coordonnées :

$$\bar{x}_1 = \frac{1+2+3+4}{4} = 2{,}5.$$

$$\bar{y}_1 = \frac{53{,}9 + 53{,}8 + 54{,}1 + 54{,}2}{4} = 54.$$

$G_2$ a pour coordonnées :

$$\bar{x}_2 = \frac{5+6+7+8}{4} = 6{,}5.$$

$$\bar{y}_2 = \frac{55{,}5 + 56{,}5 + 55{,}4 + 55{,}6}{4} = 55{,}75.$$

La droite D′ a pour coefficient directeur :

$$a = \frac{55{,}75 - 54}{6{,}5 - 2{,}5} = \frac{1{,}75}{4} = 0{,}4375 \quad \text{soit} \quad a \approx 0{,}44.$$

D′ a pour équation $y = 0{,}44x + b$.

Or $G_1 \in D'$ ; donc $54 = 0{,}44 \times 2{,}5 + b$ d'où $b = 52{,}9$.

Une équation de D′ est $y = 0{,}44x + 52{,}9$.

Le résultat est légèrement différent du résultat obtenu au paragraphe *c*.

Si $x = 9$, on obtient $y = 0{,}44 \times 9 + 52{,}9 = 56{,}9$.

La prévision était donc de 56,9 % pour 1992.

# TRAVAUX PRATIQUES

T.P.

## Médiane et quartiles

**A.** On a demandé leur âge à 100 personnes sortant d'un cinéma. Voici les résultats obtenus :

| Tranche d'âge | Effectif | Centre de la classe | Fréquence | Fréquence cumulée croissante |
|---|---|---|---|---|
| [0 ; 10[ | 5 | | | |
| [10 ; 20[ | 18 | | | |
| [20 ; 30[ | 30 | | | |
| [30 ; 40[ | 20 | | | |
| [40 ; 50[ | 9 | | | |
| [50 ; 60[ | 6 | | | |
| [60 ; 70[ | 10 | | | |
| [70 ; 80[ | 2 | | | |

1° *Compléter le tableau.*

2° *Calculer l'âge moyen de ce groupe de personnes.*

3° *À l'aide d'une calculatrice, donner la variance et l'écart type de cette série.*

4° *a) Combien de personnes ont moins de 30 ans ? moins de 8 ans ?*
*b) Représenter graphiquement les fréquences cumulées croissantes.* (Fréquences en ordonnée et âges en abscisse.)
*c) Lire sur le graphique combien de personnes ont moins de 25 ans.*
*d) 50 % des personnes interrogées ont moins de* x *ans. Lire sur le graphique la valeur de* x.

**B.** On a relevé le montant de 50 chèques déposés dans un commerce en une journée. Voici le tableau obtenu :

| Montant des chèques | Effectif | Fréquence | Fréquence cumulée croissante |
|---|---|---|---|
| [0 ; 100[ | 10 | | |
| [100 ; 200[ | 5 | | |
| [200 ; 300[ | 9 | | |
| [300 ; 400[ | 14 | | |
| [400 ; 500[ | 9 | | |
| [500 ; 600[ | 1 | | |
| [600 ; 700[ | 2 | | |
| | Total : 50 | | |

1° *Compléter le tableau.*

2° On donne la représentation graphique des fréquences cumulées croissantes :

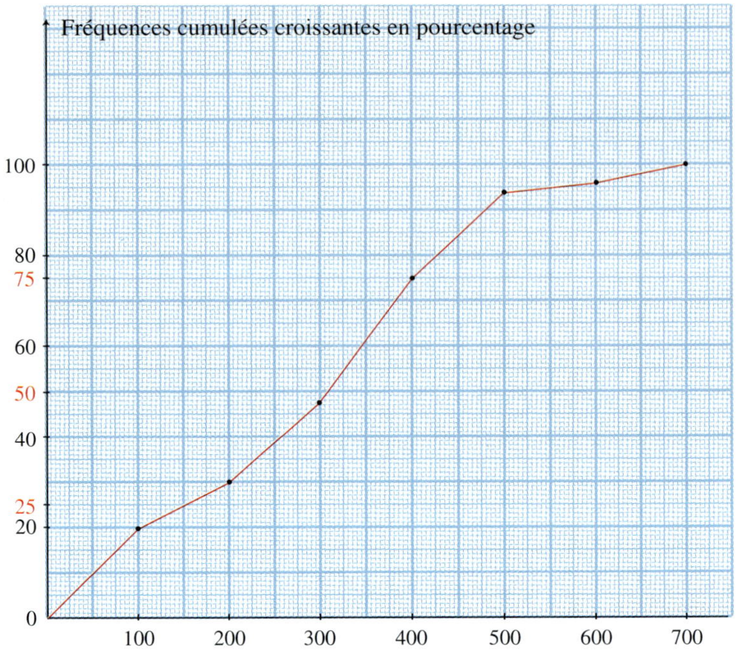


Fig. 3

*a*) **Médiane et quartiles**

On appelle **médiane** la valeur du caractère qui partage la série en deux groupes d'effectifs égaux.

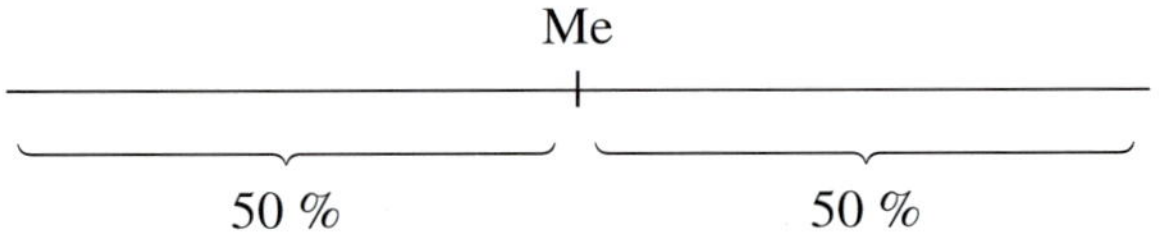


De la même façon, on peut partager la population en quatre groupes de même effectif :

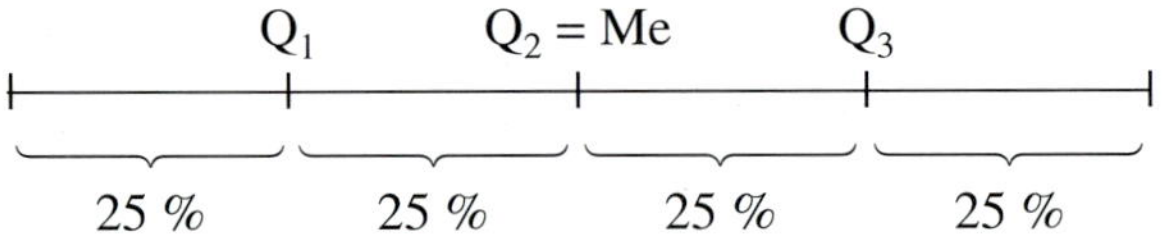


$Q_1$, $Q_2$ et $Q_3$ sont les **quartiles**.

*Donner, à l'aide du graphique, la valeur de la médiane et des quartiles* $Q_1$ *et* $Q_3$.

*Quel est le pourcentage de chèques dont le montant est compris entre* $Q_3$ *et* $Q_1$ *?*

Le nombre $Q_3 - Q_1$ est appelé **interquartile**.

*b*) **Déciles**

De la même façon, on peut partager la population en 10 groupes de même effectif.

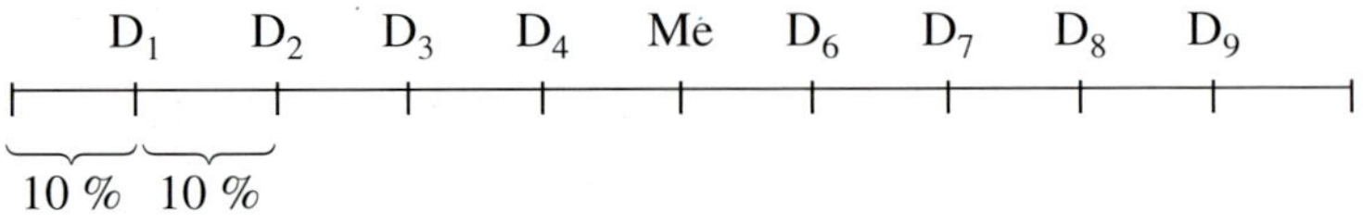


$D_1$, $D_2$, …, $D_9$ sont appelés **déciles**.

Le nombre $D_9 - D_1$ est appelé **interdécile**.

*À l'aide du graphique, donner les déciles et l'interdécile.*

3° *Déterminer la médiane et les quartiles de la série étudiée au* **A**.

# EXERCICES ET PROBLÈMES

| **POUR SAVOIR FAIRE** **Objectifs à atteindre** | **Exercices appropriés** |
|---|---|
| Effectuer un ajustement linéaire au jugé | 1 à 4<br>7 et 10 |
| Ajuster par la méthode de Mayer | 5, 6, 8, 9<br>et 11 |
| Calculer une moyenne, un écart type | 12 à 17 |
| Calculer la médiane, les quartiles | 18 et 19 |

| **POUR CHERCHER** **Sujets abordés** | **Exercices appropriés** |
|---|---|
| Moyenne et fréquence | 20 |
| Méthode de Mayer | 21 à 30 |
| Écart type | 31 |
| Ajustement linéaire | 32 à 34 |
| | |

## POUR SAVOIR FAIRE

**1** ***Consommation de pain du Français moyen (en grammes, par jour)***

| Année | 1900 | 1935 | 1965 | 1980 | 1985 |
|---|---|---|---|---|---|
| Consommation | 500 | 325 | 230 | 180 | 175 |

(D'après S. et J. de Rosnay, *La mal bouffe*, éd. Olivier Orban)

1° Représenter graphiquement cette distribution.

2° Ajuster, au jugé, une droite au nuage obtenu. Déterminer l'équation de cette droite.

3° Si l'évolution enregistrée depuis le début du siècle se poursuit, et en admettant la validité d'un ajustement linéaire, en quelle année les Français ne mangeront-ils plus du tout de pain ?

**2** ***Immatriculations de voitures particulières en France (en milliers)***

| 1984 | 1985 | 1986 | 1987 |
|---|---|---|---|
| 1 758 | 1 766 | 1 912 | 2 105 |

| 1988 | 1989 | 1990 | 1991 |
|---|---|---|---|
| 2 217 | 2 274 | 2 309 | 2 031 |

1° Représenter graphiquement cette série chronologique. La forme du nuage justifie-t-elle un ajustement linéaire ?

2° Calculer les coordonnées du point moyen G du nuage (pour simplifier les calculs, faire un changement d'origine sur les années).

3° Ajuster au nuage une droite passant par G. Déterminer son équation.

4° En déduire le nombre d'immatriculations prévisible en 1993.

**3** ***Production d'une entreprise***

La production d'une entreprise de transformation de métaux a évolué au cours des années 1983 à 1990 comme l'indique le tableau suivant (production en milliers de tonnes) :

| Année | 1983 | 1984 | 1985 | 1986 |
|---|---|---|---|---|
| Rang $x_i$ | 0 | 1 | 2 | 3 |
| Production $y_i$ | 16 | 15 | 18 | |

| Année | 1987 | 1988 | 1989 | 1990 |
|---|---|---|---|---|
| Rang $x_i$ | 4 | 5 | 6 | 7 |
| Production $y_i$ | 20 | 22 | 24 | 23 |

1° Une donnée a été effacée dans le tableau.
Sachant qu'une droite d'ajustement D passe par le point moyen G et qu'elle a pour équation :
$y = 1{,}3x + 14{,}8$
calculer les coordonnées de G.
En déduire la production en 1986.

2° Vérifier la qualité de l'ajustement effectué en représentant graphiquement le tableau et la droite D.
Quelle est la production prévisible pour 1991 ?

**4** Le tableau ci-dessous donne l'évolution de la production lainière pour le tissage en France.

| $x_i$ | 1983 | 1984 | 1985 | 1986 |
|---|---|---|---|---|
| $y_i$ (en milliers de tonnes) | 47,5 | 47,7 | 50,3 | 47,8 |

| $x_i$ | 1987 | 1988 | 1989 | 1990 |
|---|---|---|---|---|
| $y_i$ (en milliers de tonnes) | 42,9 | 43,5 | 39,6 | 33,1 |

1° Représenter le nuage de points de cette série statistique.

2° Calculer les coordonnées du point moyen G et le placer sur le graphique.

3° Tracer au jugé une droite passant par G et ajustant cette série.

4° Utiliser cette droite pour donner une estimation de la production lainière pour le tissage en 1991.

**5** ***Indice du coût de la construction***

Chaque année, on calcule l'indice du coût de la construction qui mesure l'évolution des prix dans le bâtiment.
On a obtenu le tableau suivant :

| Année | 1982 | 1983 | 1984 | 1985 | 1986 |
|---|---|---|---|---|---|
| Rang $x_i$ | 1 | 2 | 3 | 4 | 5 |
| Indice $y_i$ | 718 | 766 | 811 | 837 | 864 |

| Année | 1987 | 1988 | 1989 | 1990 | 1991 |
|---|---|---|---|---|---|
| Rang $x_i$ | 6 | 7 | 8 | 9 | 10 |
| Indice $y_i$ | 890 | 915 | 927 | 950 | 990,5 |

Source : *Tableaux de l'Économie française.* 1990

1° Représenter graphiquement le nuage des points $M_i$ $(x_i ; y_i)$, pour $i$ variant de 1 à 10 de cette série statistique double dans un repère orthogonal dont on précisera les unités.

2° *a)* On considère le nuage de points $M_i$ pour $i$ variant de 1 à 5.
Déterminer les coordonnées du point moyen $G_1$ de ce nuage.
*b)* On considère le nuage de points $M_i$, pour $i$ variant de 6 à 10. Déterminer les coordonnées du point moyen $G_2$ de ce nuage.
*c)* Déterminer une équation de la droite $(G_1G_2)$ et tracer cette droite.

3° En utilisant ce qui précède, calculer la valeur prévisible de l'indice du coût de la construction en 1992.

**6** ***Pression atmosphérique et altitude***

Sur une même verticale, la pression atmosphérique diminue lorsque l'altitude augmente, conformément au tableau suivant ($x$ : altitude en km ; $y$ : pression en cm de mercure) :

| $x_i$ | 0 | 1 | 2 | 4 | 6 | 10 |
|---|---|---|---|---|---|---|
| $y_i$ | 76 | 67 | 59 | 46 | 35 | 20 |

1° Représenter graphiquement, par un nuage de points, la série statistique. Placer le point moyen.

2° Déterminer une équation de la droite d'ajustement par la méthode de Mayer. Tracer cette droite sur le graphique.

3° En déduire l'altitude d'un lieu où la pression atmosphérique est de 40 cm de mercure.

**7** ***Photocopieur***

Le responsable du service « reprographie » d'une entreprise a relevé chaque fin de mois le compteur du photocopieur.

| Avril | Mai | Juin | Juil. | Août | Sept. |
|---|---|---|---|---|---|
| 42 705 | 43 829 | 45 014 | 47 620 | 47 812 | 51 110 |

| Oct. | Nov. | Déc. | Janv. | Fév. | Mars |
|---|---|---|---|---|---|
| 52 511 | 53 721 | 55 100 | 56 524 | 57 583 | 60 015 |

1° Représenter graphiquement cette série chronologique.

2° Faire un ajustement manuel (on ne demande pas l'équation de la droite).

3° Prévoir la « consommation » du 2^e^ trimestre de l'année en cours.

**8** ***Une bouffée d'air pur***

Le tableau ci-dessous donne la pollution atmosphérique dans la ville de Paris (moyenne annuelle des teneurs en oxyde de soufre) durant ces dernières années.

| 1980 | 1981 | 1982 | 1983 | 1984 | 1985 | 1986 | 1987 | 1988 |
|---|---|---|---|---|---|---|---|---|
| 89 | 71 | 68 | 61 | 57 | 54 | 50 | 48 | 38 |

Source : *Tableaux de l'Économie française.* 1990

1° Représenter graphiquement cette série.

2° On note $G_1$ et $G_2$ les points moyens des nuages formés respectivement des 5 premiers et des 4 derniers points. Déterminer une équation de la droite $(G_1G_2)$ et en déduire une prévision de la pollution atmosphérique à Paris en 1990.

3° Si l'évolution constatée se poursuit, en quelle année peut-on espérer respirer un air pur à Paris ?

**9** ***Au charbon***

Voici la production nationale de charbon (en millions de tonnes) de 1980 à 1989 :

| 1980 | 1981 | 1982 | 1983 | 1984 | 1985 | 1986 | 1987 | 1988 | 1989 |
|---|---|---|---|---|---|---|---|---|---|
| 20,7 | 21,5 | 20,0 | 19,6 | 19,0 | 16,9 | 16,7 | 16,0 | 14,0 | 13,9 |

Source : *Sciences et Vie Économie*

1° Représenter sur un graphique cette série.

2° Déterminer par la méthode de Mayer une droite d'ajustement de ce nuage de points et la tracer.

3° Quelle était la production prévisible en 1990 ?

4° Si l'évolution constatée se poursuit, en quelle année la production nationale de charbon aura-t-elle diminué de 50 % par rapport à la production enregistrée en 1980 ? En quelle année la France ne produira-t-elle plus de charbon ?

**10** ***Nombre annuel de mariages en France (en milliers)***

| 1975 | 1977 | 1979 | 1981 | 1983 | 1985 | 1987 | 1988 | 1989 | 1990 |
|---|---|---|---|---|---|---|---|---|---|
| 387 | 368 | 340 | 315 | 301 | 269 | 266 | 271 | 280 | 288 |

Source : *Tableaux de l'Économie française*. 1993

1° Représenter graphiquement cette série.

2° Ajuster une droite au nuage de points obtenu. Trouver une équation de cette droite, en remplaçant les années par leur rang (0 pour 1975, 2 pour 1977, 4 pour 1979, etc.).

3° Combien de mariages étaient prévisibles en 1991 ?

**11** ***Chiffre d'affaires d'une entreprise***

On a relevé le chiffre d'affaires d'une entreprise, exprimé en milliers de francs.

| Année | 1988 | 1989 | 1990 | 1991 | 1992 | 1993 |
|---|---|---|---|---|---|---|
| Rang $x_i$ | 1 | 2 | 3 | 4 | 5 | 6 |
| C.A. $y_i$ | 1 320 | 1 470 | 1 640 | 1 810 | 2 010 | 2 140 |

1° Représenter graphiquement le nuage de points $M_i\,(x_i\,;\,y_i)$.

2° Calculer les coordonnées du point moyen G du nuage de points $(M_i)$.

3° On considère $G_1$ et $G_2$ points moyens des sous-ensembles obtenus respectivement pour $x_i \in \{1\,;\,2\,;\,3\}$ et pour $x_i \in \{4\,;\,5\,;\,6\}$.

Déterminer une équation de la droite $(G_1G_2)$.
Vérifier que G est sur cette droite.
En déduire une prévision à 10 000 F près du C.A. en 1994.

RAPPEL

**Moyenne $\bar{x}$ et écart type σ**

$$\bar{x} = \frac{1}{N}(n_1x_1 + \ldots + n_px_p)$$

$$\sigma = \sqrt{V} \quad \text{et} \quad V = \frac{1}{N}(n_1x_1^2 + \ldots + n_px_p^2) - \bar{x}^2$$

## Pourcentages et moyennes

**12** Le tableau suivant donne la répartition d'un stock de chaussures suivant la couleur et la pointure :

| Couleur \ Pointure | 39 | 40 | 41 | 42 | Total |
|---|---|---|---|---|---|
| Blanc | | 8 | | 3 | 17 |
| Noir | 2 | | 2 | 8 | |
| Marron | 1 | 7 | 10 | | |
| Total | 8 | | | 14 | 62 |

1° Compléter le tableau.

2° *a)* Quel est le pourcentage de chaussures de pointure 39 par rapport au nombre total de chaussures ?
*b)* Quel est le pourcentage de chaussures de couleur noire par rapport au nombre total de chaussures ?
*c)* Quel est le pourcentage de chaussures de couleur noire parmi celles de pointure 39 ?

3° Quel est le pourcentage de chaussures marron de pointure inférieure ou égale à 40 ?

**13** Une classe de 36 élèves âgés de 16, 17 ou 18 ans comprend 22 garçons dont 18 âgés de 17 ans et 3 âgés de 18 ans ; on dénombre d'autre part 6 filles âgées de 18 ans et une seule de 16 ans.

1° Reproduire et compléter le tableau d'effectifs suivant :

| Age \ Sexe | Garçons | Filles | Totaux |
|---|---|---|---|
| 16 ans | | | |
| 17 ans | | | |
| 18 ans | | | |
| Totaux | | | |

2° À l'aide des résultats précédents indiquer :
– le pourcentage de garçons de 17 ans,
– le pourcentage d'élèves de 17 ans parmi les garçons,
– le pourcentage d'élèves âgés d'au moins 17 ans parmi les filles.

3° Calculer la moyenne d'âge de l'ensemble des élèves de cette classe ainsi que l'écart type de cette série.

Remarque : les élèves de 17 ans ont, en moyenne, 17,5 ans.

**14** ***Moyenne géométrique***

Le chiffre d'affaires d'une entreprise a subi de 1992 à 1993 une hausse de 20 % suivie d'une hausse de 30 % de 1993 à 1994.

1° Quelle est le pourcentage de hausse de 1992 à 1994 ?

2° Peut-on dire que la hausse moyenne annuelle est de 25 % ? (moyenne arithmétique de 20 et 30) ?

3° Déterminer un nombre $a$ positif tel que $a^2 = 1{,}56$.
En déduire le pourcentage moyen annuel de hausse entre 1992 et 1994.
Remarque : $a$ est la moyenne géométrique de 1,2 et 1,3.

## Écart type

Pour le calcul de l'écart type, utiliser une calculatrice en mode statistique.

**15** ***Surpopulation***

Le tableau suivant donne la population des 10 principales agglomérations du monde en 2000 (il s'agit naturellement d'une projection).

| Agglomération | Population (millions) | Agglomération | Population (millions) |
|---|---|---|---|
| 1. Mexico | 26,3 | 6. New York | 15,5 |
| 2. São Paulo | 24,0 | 7. Séoul | 13,5 |
| 3. Tokyo/ Yokohama | 17,1 | 8. Shanghai | 13,5 |
| 4. Calcutta | 16,6 | 9. Rio de Janeiro | 13,3 |
| 5. Bombay | 16,0 | 10. Delhi | 13,3 |

Source : *Tableaux de l'Économie française*. 1990

Calculer la moyenne des populations ainsi que la variance et l'écart type de cette série.

**16** ***À la pêche aux crabes***

Afin d'étudier leur croissance, on a mesuré la largeur du céphalothorax d'un lot de 80 crabes de même espèce.
Les résultats obtenus sont regroupés dans le tableau suivant :

| Taille mm | [30 ; 40[ | [40 ; 50[ | [50 ; 60[ | [60 ; 70[ |
|---|---|---|---|---|
| Effectifs | 23 | 10 | 8 | 14 |

| Taille mm | [70 ; 80[ | [80 ; 90[ | [90 ; 100[ | [100 ; 110[ |
|---|---|---|---|---|
| Effectifs | 5 | 8 | 5 | 7 |

1° Calculer la moyenne $\bar{x}$ et l'écart type $\sigma$ de cette série.
Calculer ensuite $\bar{x} - \sigma$ et $\bar{x} + \sigma$.

2° Construire le polygone des effectifs cumulés croissants.

3° Lire graphiquement l'effectif des crabes dont la taille est inférieure à $\bar{x} - \sigma$ et celui dont la taille est supérieure à $\bar{x} + \sigma$.
En déduire l'effectif des crabes dont la taille est dans l'intervalle $[\bar{x} - \sigma ; \bar{x} + \sigma]$.
Quel pourcentage de l'effectif total représente ce dernier effectif ?

**17** Au cours d'une épreuve de gymnastique sportive deux juges ont noté l'enchaînement réalisé par dix jeunes filles. Voici le tableau des notes attribuées à chacune.

| | 1 | 2 | 3 | 4 | 5 |
|---|---|---|---|---|---|
| 1er juge | 8,3 | 5,2 | 4,9 | 7,5 | 7,9 |
| 2e juge | 9 | 4,1 | 4 | 9,2 | 9 |

| | 6 | 7 | 8 | 9 | 10 |
|---|---|---|---|---|---|
| 1er juge | 6,9 | 6,5 | 6 | 7,1 | 7,2 |
| 2e juge | 8 | 5,3 | 5,2 | 6,7 | 7 |

Emmanuelle, l'une des jeunes gymnastes, se renseigne sur les notes attribuées par chaque juge. Son entraîneur lui apprend que la moyenne des notes est la même pour chaque juge. Emmanuelle en déduit que la notation du premier juge est très voisine de celle du second.
Calculer la moyenne et l'écart type de chaque série. Les résultats obtenus confirment-ils ce que pense Emmanuelle ?

## Quartiles

**18** On a mesuré la durée de vie de 400 lampes produites par une usine. Les résultats ont permis de dresser la courbe des effectifs cumulés croissants suivante :

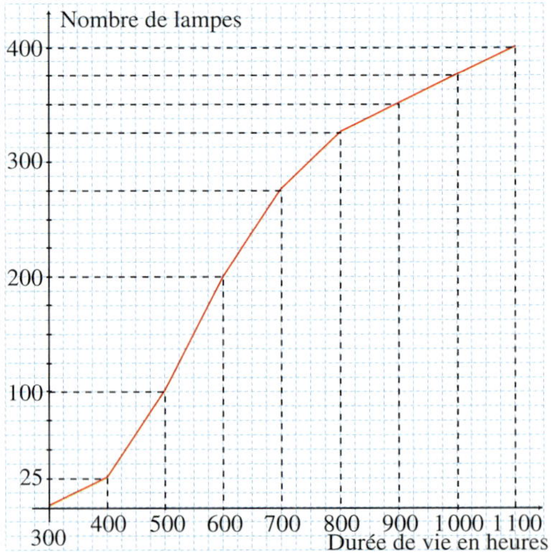

Fig. 4

1° À l'aide de cette courbe, retrouver les effectifs de chaque classe.

2° Déterminer graphiquement les quartiles et l'interquartile (voir TP page 182).

3° Calculer la durée de vie moyenne $\bar{x}$ d'une lampe.

4° Calculer l'écart type $\sigma$ de cette série et le pourcentage de lampes compris dans l'intervalle $[\bar{x} - \sigma ; \bar{x} + \sigma]$.

**19** Le tableau ci-contre indique la répartition des notes obtenues au cours d'un contrôle de mathématiques effectué sur trois classes.

1° Compléter le tableau.

2° Quel est le pourcentage d'élèves ayant une note strictement inférieure à 4 ?
Quel est le pourcentage d'élèves ayant une note supérieure ou égale à 14 ?
Quel est le pourcentage d'élèves ayant une note dans l'intervalle [8 ; 12[ ?

3° Représenter graphiquement la courbe des fréquences cumulées croissantes.

4° À l'aide de la courbe, déterminer les quartiles de cette série (voir T.P. page 182).

| Classes de notes | Effectifs | Fréquences | Fréquences cumulées croissantes |
|---|---|---|---|
| [0 ; 2[ | 2 | | |
| [2 ; 4[ | 3 | | |
| [4 ; 6[ | 2 | | |
| [6 ; 8[ | 9 | | |
| [8 ; 10[ | 25 | | |
| [10 ; 12[ | 15 | | |
| [12 ; 14[ | 10 | | |
| [14 ; 16[ | 4 | | |
| [16 ; 18[ | 8 | | |
| [18 ; 20] | 2 | | |

## RÉSULTATS DES EXERCICES DONT LE NUMÉRO EST EN COULEUR

**5.** 2° *a*) $G_1$ (3 ; 799,2).
*b*) $G_2$ (8 ; 934,5).
*c*) $y = 27,06x + 718,02$.
3° $27,06 \times 11 + 718,02 = 1\,015,7$.

**6.** 1° G(3,83 ; 50,5).
2° $G_1$ (1 ; 67,3).
$G_2$ (6,7 ; 33,7).
$y = -5,9x + 73,2$.
3° On a une pression atmosphérique de 40 cm de mercure à une altitude d'environ 5,6 km.

**9.** 2° Le point moyen $G_1$ du sous-nuage correspondant aux années 1980 à 1984 a pour coordonnées (3 ; 20,16) (rang 1 pour 1980, rang 2 pour 1981,…) Avec des notations analogues $G_2$ (8 ; 15,5).
La droite $(G_1G_2)$ a pour équation $y = -0,932x + 22,956$.
3° 12,7 millions de tonnes.
4° La production de charbon aura diminué de 50 % par rapport à 1980 en 1993. Comparer ce résultat à la donnée réelle que vous pouvez trouver en consultant le Tableau de l'Économie française dans votre C.D.I.
La production serait nulle en l'année de rang 25, soit en 2004.

**11.** 2° G (3,5 ; 1 731,7).
3° $G_1$ (2 ; 1 476,7) ; $G_2$ (5 ; 1986,7).
$(G_1G_2)$: $y = 170x + 1\,136,7$.
Prévision pour 1994 : 2 327 000 F.

**13.** 1°

| Ages \ Sexe | Garçons | Filles | Totaux |
|---|---|---|---|
| 16 ans | 1 | 1 | 2 |
| 17 ans | 18 | 7 | 25 |
| 18 ans | 3 | 6 | 9 |
| Totaux | 22 | 14 | 36 |

2° 50 % de garçons de 17 ans.
81,8 % d'élèves de 17 ans parmi les garçons.
92,3 d'élèves âgés d'au moins 17 ans parmi les filles.
Moyenne : 17,7 ans. Écart type : 0,52.

**14.** 1° $1,2 \times 1,3 = 1,56$ ; donc 56 % de hausse de 1992 à 1994.
2° Si la hausse moyenne annuelle est de 25 %, on a une hausse sur deux ans de $1,25 \times 1,25 = 1,5625$ ; soit une hausse de 56,25 % sur deux ans et non pas 56 %.
3° $a \approx 1,2490$.
Puisque $a \times a = 1,56$, le pourcentage moyen annuel est de 24,90 %.

**15.** $\bar{x} = 16,91$
V = 19,07.
$\sigma = 4,37$.

**18.** 1°

| | |
|---|---|
| [300 ; 400[ | 25 |
| [400 ; 500[ | 75 |
| [500 ; 600[ | 100 |
| [600 ; 700[ | 75 |
| [700 ; 800[ | 50 |
| [800 ; 900[ | 25 |
| [900 ; 1 000[ | 25 |
| [1 000 ; 1 100[ | 25 |

2° $Q_1 = 500$.
Me = 600.
$Q_3 = 750$.
$Q_3 - Q_1 = 250$.
3° $\bar{x} = 637,5$.
4° $\sigma = 186,7$.
$[\bar{x} - \sigma ; \bar{x} + \sigma] = [450,8 ; 824,2]$.
Le pourcentage de lampes dans cet intervalle est d'environ 67.

## POUR CHERCHER

**20** *Paradoxe*

Dans les deux entreprises $E_1$ et $E_2$, les salariés sont classés en deux catégories : ouvriers et cadres. Les deux tableaux qui suivent donnent la répartition des salariés en fonction de leur catégorie professionnelle C et de leur salaire mensuel S, en milliers de francs.

**Entreprise $E_1$**

| C \ S | $5 \leq S < 10$ | $10 \leq S < 15$ | $15 \leq S \leq 20$ |
|---|---|---|---|
| Ouvrier | 170 | 100 | 0 |
| Cadre | 0 | 10 | 20 |

**Entreprise $E_2$**

| C \ S | $5 \leq S < 10$ | $10 \leq S < 15$ | $15 \leq S \leq 20$ |
|---|---|---|---|
| Ouvrier | 280 | 140 | 0 |
| Cadre | 0 | 40 | 40 |

Dans les calculs qui suivent, les sommes seront exprimées en francs et arrondies au franc inférieur, et on utilisera les centres des classes.

1° *a*) Calculer la moyenne des salaires $m_1$ et $m_2$ respectivement dans les entreprises $E_1$ et $E_2$.
*b*) Calculer la moyenne des salaires des ouvriers $m'_1$ et $m'_2$ respectivement dans les entreprises $E_1$ et $E_2$.
*c*) Même question pour les salaires des cadres $m''_1$ et $m''_2$.

2° Pour chaque entreprise, calculer la fréquence des salaires suivant la catégorie professionnelle (les résultats seront donnés dans deux tableaux distincts). Donner pour chaque entreprise la proportion de cadres parmi les salariés (résultat en pourcentages).

3° Le PDG de l'entreprise $E_2$ dit à celui de l'entreprise $E_1$ : « Mes salariés sont mieux payés que les vôtres ».
« Faux » répond ce dernier, « mes ouvriers sont mieux payés et mes cadres également ». Expliquer ce paradoxe.

## Méthode de Mayer

**21** *Recettes d'un supermarché*

On a relevé la recette en dizaines de milliers de francs d'un supermarché le lundi et le samedi. Un échantillon de dix semaines a donné le tableau suivant :

| Semaine n° $i$ | 1 | 2 | 3 | 4 | 5 |
|---|---|---|---|---|---|
| Recette du lundi : $x_i$ | 46 | 63 | 56 | 60 | 56 |
| Recette du samedi : $y_i$ | 75 | 92 | 85 | 86 | 84 |

| Semaine n° $i$ | 6 | 7 | 8 | 9 | 10 |
|---|---|---|---|---|---|
| Recette du lundi : $x_i$ | 52 | 50 | 48 | 49 | 57 |
| Recette du samedi : $y_i$ | 74 | 70 | 68 | 69 | 81 |

1° Représenter le nuage de points M $(x_i ; y_i)$ correspondant à cette série statistique dans un repère orthonormal. On prendra pour point d'intersection des axes le point de coordonnées (40 ; 60) et 1 cm pour représenter 20000 F.

2° Calculer les coordonnées du point moyen G du nuage et placer G sur le graphique.

3° *Ajustement affine par partition du nuage.*
On appelle $G_1$ et $G_2$ les points moyens des sous-nuages constitués respectivement par les semaines numérotées de 1 à 5 et celles numérotées de 6 à 10.
*a*) Calculer les coordonnées de $G_1$ et $G_2$. Déterminer une équation de la droite $(G_1G_2)$. Tracer cette droite.
*b*) En déduire une estimation de la recette du samedi dans le cas où la recette du lundi de la même semaine est de 660000 F.

**22** La société SLAMA a mis au point un logiciel de gestion destiné aux P.M.E.
$x$ désigne le prix proposé (en francs) pour le logiciel, et $y$ le nombre d'entreprises disposées à acheter le logiciel à ce prix $x$.
$xy$ désigne alors le chiffre d'affaires potentiel correspondant au choix du prix $x$ pour le logiciel. L'enquête menée auprès de 500 entreprises a donné les résultats suivants.

| Prix proposé (en francs) $x_i$ | Nombre d'entreprises disposées à acheter le logiciel à ce prix $y_i$ |
|---|---|
| 40000 | 60 |
| 36000 | 70 |
| 32000 | 130 |
| 28000 | 210 |
| 24000 | 240 |
| 20000 | 340 |
| 16000 | 390 |
| 12000 | 420 |
| 10000 | 440 |
| 8000 | 500 |

On se propose de déterminer une relation entre $y$ et $x$ et d'en déduire $x$ pour obtenir le bénéfice maximal.

1° Représenter le nuage de points $M_i$ $(x_i, y_i)$ dans un repère convenablement choisi, $i$ variant de 1 à 10.

2° Calculer les coordonnées du point moyen du nuage.

3° On considère $G_1$ et $G_2$, points moyens des sous-ensembles obtenus respectivement pour $x_i \in \{1, 2, 3, 4, 5\}$ et pour $x_i \in \{6, 7, 8, 9, 10\}$. Déterminer une équation de la droite $(G_1G_2)$. Tracer cette droite.

4° Les frais de conception du logiciel se sont élevés à 500 000 F, les frais variables sont supposés négligeables. Déduire de l'ajustement précédent le bénéfice Z réalisé en fonction du prix $x$. Calculer la valeur de $x$ permettant d'obtenir le bénéfice maximal.

**23** ***Puissance et cylindrée***

Le tableau ci-dessous indique la puissance $x$ en chevaux DIN et la cylindrée $y$ en $cm^3$ de huit voitures à moteur diesel.

| Voiture | A | B | C | D |
|---|---|---|---|---|
| Puissance $x$ | 37 | 55 | 60 | 60 |
| Cylindrée $y$ | 993 | 1 579 | 1 761 | 1 697 |

| Voiture | E | F | G | H |
|---|---|---|---|---|
| Puissance $x$ | 65 | 70 | 72 | 76 |
| Cylindrée $y$ | 1 935 | 1 986 | 1 997 | 2 498 |

1° Représenter le nuage de points associé à ce tableau. Unités graphiques : 4 cm en abscisse représentent 10 chevaux DIN ; 1 cm en ordonnée représente 100 $cm^3$.

2° Calculer la puissance moyenne $\overline{x}$ et la cylindrée moyenne $\overline{y}$ de ces huit voitures.

3° On appelle $G_1$ et $G_2$ les points moyens des sous-nuages constitués d'une part par les voitures A, B, C, et D, d'autre part par les voitures E, F, G et H.

*a*) Calculer les coordonnées de $G_1$ et de $G_2$. Déterminer une équation de $(G_1G_2)$.

*b*) Tracer cette droite sur le graphique et vérifier qu'elle passe par le point moyen G $(\overline{x}\,;\overline{y})$.

*c*) Donner une estimation de la puissance d'un moteur de 3 000 $cm^3$.

Donner une estimation de la cylindrée d'un moteur dont la puissance est 50 chevaux DIN.

**24** ***Publicité***

Le tableau suivant indique les variations du chiffre d'affaires $y_i$ d'une entreprise selon les frais de publicité $x_i$ ($x_i$ et $y_i$ sont exprimés en millions de francs) au cours de huit années :

| Année | 1984 | 1985 | 1986 | 1987 |
|---|---|---|---|---|
| $x_i$ | 2 | 2,3 | 2,6 | 2,9 |
| $y_i$ | 52 | 59 | 60 | 65 |

| Année | 1988 | 1989 | 1990 | 1991 |
|---|---|---|---|---|
| $x_i$ | 3,2 | 3,5 | 3,8 | 4,1 |
| $y_i$ | 70 | 72 | 73 | 75 |

1° Construire le nuage de points représentant cette série dans un repère choisi convenablement ($x_i$ en abscisse, $y_i$ en ordonnée).

2° On veut procéder à un ajustement linéaire de ce nuage. On considère les points moyens $G_1$ et $G_2$ des sous-nuages obtenus respectivement pour les 4 premières valeurs et les 4 dernières.

Calculer les coordonnées de $G_1$ et de $G_2$. Tracer la droite $(G_1G_2)$.

3° Estimer, graphiquement, au million de francs près, le chiffre d'affaires prévisible en 1993 en supposant que la progression des frais de publicité soit la même, en 1992 et 1993, que les précédentes.

**25** ***Gites ruraux en région touristique***

Le tableau suivant donne l'évolution du nombre de nuitées réservées dans les gîtes ruraux d'un département touristique, au cours de dix années.

| Année | 1980 | 1981 | 1982 | 1983 | 1984 |
|---|---|---|---|---|---|
| Rang de l'année $x_i$ | 1 | 2 | 3 | 4 | 5 |
| Nombre de nuitées $y_i$ (en milliers) | 25,4 | 26,8 | 31,1 | 28,0 | 33,2 |

| Année | 1985 | 1986 | 1987 | 1988 | 1989 |
|---|---|---|---|---|---|
| Rang de l'année $x_i$ | 6 | 7 | 8 | 9 | 10 |
| Nombre de nuitées $y_i$ (en milliers) | 32,0 | 32,2 | 37,2 | 39,3 | 45,7 |

1° Représenter par un nuage de points $M_i$ $(x_i\,;\,y_i)$ la série statistique dans un repère. Unités graphiques : 1 cm représente 1 année en abscisse et 1 cm représente 1 000 nuitées en ordonnée.

L'axe des ordonnées sera gradué de 25 à 51 (milliers de nuitées).

2° Calculer les coordonnées du point moyen G de la série $(x_i\,;\,y_i)$ et le placer sur le graphique.

3° On partage l'ensemble des points du nuage en deux sous-nuages correspondant respectivement aux années 1980 à 1984 et 1985 à 1989.

*a*) Calculer les coordonnées de $G_1$ et de $G_2$, points moyens de chacun de ces sous-nuages.

*b*) Déterminer une équation de la droite d'ajustement passant par les points $G_1$ et $G_2$ et la tracer.

Vérifier que cette droite passe par G.

4° *a*) En utilisant l'équation de $(G_1G_2)$, quel nombre de nuitées peut-on prévoir en 1993 ?

Vérifier sur le graphique.

*b*) À partir de quelle année peut-on prévoir le doublement du nombre de nuitées par rapport à l'année 1980 ?

**26** ***Médicaments***

Consommation de médicaments des ménages en France :

| $x_i$ (année) | $y_i$ (montant en millions de F) |
|---|---|
| 1970 | 10 730 |
| 1975 | 20 256 |
| 1980 | 33 687 |
| 1985 | 64 200 |
| 1990 | 95 925 |

Le tableau ci-dessus donne l'évolution de la consommation de médicaments pour les ménages en France. $(x_i)$ représente l'année, $(y_i)$ le montant de la consommation de médicaments en l'année $x_i$.

1° Représenter le nuage de points associé à cette série.

2° Calculer les coordonnées du point moyen G et le placer sur le graphique.

3° *a*) Calculer les coordonnées du point moyen $G_1$ des deux premières années et celles du point moyen $G_2$ des trois dernières années.

*b*) Placer $G_1$ et $G_2$ sur le graphique.

*c*) Déterminer une équation de la droite $(G_1G_2)$ et vérifier qu'elle passe par G.

4° En supposant que l'évolution se poursuive de la même façon dans les années suivantes :
– donner une estimation de la consommation de médicaments des ménages en France en 1995 ;
– en quelle année cette consommation dépassera-t-elle 120 milliards de francs ?

**27** ***Résistance thermique d'un isolant***

On a mesuré la résistance thermique d'un isolant de doublage de murs. Les mesures effectuées pour plusieurs épaisseurs de l'isolant ont donné les résultats suivants :

| Épaisseur de l'isolant $x_i$ (en mm) | Résistance thermique $y_i$ (en m$^2$ °C/W) |
|---|---|
| 30 | 1,96 |
| 40 | 2,25 |
| 50 | 2,65 |
| 60 | 3,00 |
| 70 | 3,30 |
| 80 | 3,70 |
| 90 | 4,02 |
| 100 | 4,38 |

1° Représenter le nuage de points associé à cette série statistique.

Unités graphiques : en abscisse, 1 mm pour 1 mm d'épaisseur ; en ordonnée, 4 cm pour 1 m$^2$ °C/W.

2° Calculer les coordonnées du point moyen $G_1$ des quatre premières lignes du tableau et celles du point moyen $G_2$ des quatre dernières lignes du tableau.

3° Déterminer une équation de la droite $(G_1G_2)$.

4° Calculer les coordonnées du point moyen G de la série et vérifier que G est un point de $(G_1G_2)$.

5° Estimer la résistance thermique obtenue avec une épaisseur d'isolant de 120 mm.
Quelle épaisseur d'isolant faut-il pour obtenir une résistance thermique de 3,5 m$^2$ °C/W ?

**28** ***Assurance***

Pour une grande mutuelle française, le taux de souscription du risque « véhicules à moteurs, personnes physiques », est donné dans le tableau suivant :

| Année | Rang de l'année $x_i$ | Taux de souscription en pourcentage $y_i$ |
|---|---|---|
| 1987 | 1 | 76,95 |
| 1988 | 2 | 77,38 |
| 1989 | 3 | 78,18 |
| 1990 | 4 | 79,31 |
| 1991 | 5 | 80,00 |

1° Représenter le nuage de points $M_i$ $(x_i ; y_i)$ associé à cette série (unités graphiques : 2 cm pour une année en abscisse, 2 cm pour 1 % en ordonnée).

2° *a*) Déterminer les coordonnées du point moyen $G_1$ des deux premières années et du point moyen $G_2$ des trois autres années.
*b*) Placer $G_1$ et $G_2$ sur le graphique.
*c*) Déterminer une équation de la droite $(G_1G_2)$.

3° On suppose que la tendance ne change pas.
*a*) Donner à l'aide de la droite $(G_1G_2)$ une estimation du taux de souscription pour l'année 1993 (Faire une lecture graphique puis un calcul en utilisant l'équation de $(G_1G_2)$).
*b*) À partir de quelle année peut-on prévoir un taux de souscription supérieure à 85 % ?

**29** ***Formule 1***

Au cours d'une séance d'essai, un pilote d'automobile doit, quand il reçoit un signal sonore dans son casque, arrêter le plus rapidement possible son véhicule.
Au moment du top sonore, on mesure la vitesse de l'automobile puis la distance nécessaire pour arrêter le véhicule.

Voici le résultat de six expériences :

| $v_i$ (vitesse en km/h) | 27 | 43 | 62 | 80 | 98 | 115 |
|---|---|---|---|---|---|---|
| $y_i$ (distance d'arrêt en m) | 6,8 | 20,5 | 35,9 | 67,8 | 101,2 | 135,8 |

Après essai, on a constaté qu'un ajustement linéaire ne donne pas un bon résultat.
On définit alors la série $x_i$ avec $x_i = v_i^2$ et on considère la série $(x_i ; y_i)$.

1° Reproduire et compléter le tableau :

| $x_i$ | | | | | | |
|---|---|---|---|---|---|---|
| $y_i$ | | | | | | |

2° Tracer le nuage de points associé à la série $(x_i ; y_i)$ (unités graphiques : 1 cm pour 1 000 en abscisse, 1 cm pour 10 en ordonnée).

3° Déterminer les coordonnées des points moyens $G_1$ et $G_2$ respectivement des trois premières expériences et des trois dernières expériences.
Tracer la droite $(G_1G_2)$.

4° Calculer les coordonnées du point moyen G de la série $(x_i ; y_i)$ et vérifier que G est sur $(G_1G_2)$.

5° *a)* À l'aide de l'équation de $(G_1G_2)$, donner une estimation de la valeur $x$ correspondant à une distance d'arrêt de 180 m, puis la vitesse correspondante du véhicule.
*b)* Quelle est la distance d'arrêt correspondant à une vitesse de 150 km/h ?
*c)* Le manuel du code de la route donne, pour calculer la distance d'arrêt (en mètres), la méthode suivante : « prendre le carré de la vitesse exprimée en dizaines de kilomètre par heure ».
Comparer le résultat obtenu au *b)* à celui que donne cette méthode.

## 30 *Ventes d'un logiciel*

Une entreprise fabrique un logiciel. Une enquête, menée auprès de 51 entreprises susceptibles d'acheter ce logiciel, fait apparaître les résultats reportés dans le tableau suivant où $x_i$ désigne le prix proposé pour le logiciel, en francs et $y_i$ le nombre d'entreprises disposées à acheter le logiciel :

| Numéro : $i$ | 1 | 2 | 3 | 4 | 5 | 6 | 7 | 8 | 9 | 10 |
|---|---|---|---|---|---|---|---|---|---|---|
| $x_i$ | 100 | 160 | 220 | 320 | 400 | 480 | 560 | 640 | 720 | 800 |
| $y_i$ | 51 | 44 | 42 | 39 | 34 | 23 | 21 | 13 | 7 | 6 |

1° Représenter le nuage des points $M_i$, de coordonnées $(x_i, y_i)$, pour $i \in \{1, 2, 3, 4, 5, 6, 7, 8, 9, 10\}$, dans un repère orthogonal $(O, \vec{\imath}, \vec{\jmath})$.
(Unités graphiques : sur l'axe des abscisses, 1 cm représente 100 francs ; sur l'axe des ordonnées, 1 cm représente 10 entreprises.)

2° Calculer les coordonnées du point moyen $G_1$, correspondant à la série réduite obtenue pour $i \in \{1, 2, 3, 4, 5\}$.
Calculer les coordonnées du point moyen $G_2$, correspondant à la série réduite obtenue pour $i \in \{6, 7, 8, 9, 10\}$...
Déterminer l'équation de la droite $(G_1G_2)$, sous la forme $y = cx + d$, où $c$ et $d$ sont des nombres réels.

3° *a)* Pour la fabrication du logiciel, les frais fixes se montent à 8 000 francs (frais indépendants du nombre de logiciels vendus) et les frais de fabrication sont de 50 francs par logiciel.
Expliquer pourquoi, si $p$ est le prix de vente d'un logiciel, l'estimation du bénéfice, obtenue en utilisant l'équation de la question 2, s'exprime, en fonction de $p$, par
$b(p) = (p - 50)(58{,}8 - 0{,}07p) - 8\,000$.

*b)* Montrer que la fonction $b$ admet un maximum pour une valeur $p_0$ de l'intervalle [100 ; 800], que l'on calculera.
Donner la valeur de $b(p_0)$.

## 31 *Contrôle de qualité*

Une machine fabrique des tiges en fer cylindriques de diamètre théorique 25 mm.
On contrôle le fonctionnement de la machine en prélevant un échantillon de 100 pièces au hasard dans la fabrication.
Les mesures des diamètres ont donné les résultats suivants :

| Diamètre en mm | [24,0 ; 24,2[ | [24,2 ; 24,4[ | [24,4 ; 24,6[ | [24,6 ; 24,8[ | [24,8 ; 25,0[ |
|---|---|---|---|---|---|
| Effectifs | 1 | 4 | 13 | 24 | 19 |
| Diamètre en mm | [25,0 ; 25,2[ | [25,2 ; 25,4[ | [25,4 ; 25,6[ | [25,6 ; 25,8[ | [25,8 ; 26,0[ |
| Effectifs | 14 | 10 | 8 | 5 | 2 |

1° Calculer la moyenne $\bar{x}$ et l'écart type $\sigma$ de cette série.

2° Calculer les fréquences cumulées croissantes et les représenter graphiquement. À l'aide de la représentation graphique, déterminer les quartiles.

3° La production de la machine est jugée bonne si la série des mesures de l'échantillon remplit les trois conditions suivantes :
*a)* La moyenne $\bar{x}$ appartient à l'intervalle [24,9 ; 25,1].
*b)* L'écart type $\sigma$ est strictement inférieur à 4.
*c)* 90 % au moins de l'effectif figurent dans l'intervalle $[\bar{x} - 2\sigma ; \bar{x} + 2\sigma]$.
La production de la machine est-elle bonne ?

**32** ***Densité de plantation***

Dans une plantation on a étudié la masse moyenne M par plante obtenue en fin de croissance en fonction de la densité $d$ de plantation. (Les unités sont : 100 g pour M, 1 plante par mètre carré pour $d$.)

1° Recopier et compléter le tableau suivant en donnant X et T à 0,01 près :

| $d$ | M | $X = \ln d$ | $Y = \ln M$ |
|---|---|---|---|
| 2 | 17,68 | | |
| 4 | 6,11 | 1,39 | 1,81 |
| 5 | 4,57 | | |
| 10 | 1,58 | | |
| 15 | 0,85 | | |

ln représente le logarithme népérien.

2° *a*) Placer dans un repère orthonormal (unité graphique : 5 cm) le nuage de points de la série statistique (X, Y).

*b*) Déterminer le point moyen de ce nuage.

3° On donne une équation d'une droite (D) d'ajustement de ce nuage de points : $Y = -1{,}5X + \ln(50)$.

*a*) Tracer (D) dans le repère précédent.

*b*) En partant de cette équation montrer que la relation entre masse et densité de plantation peut s'écrire :

$M = Cd^a$ où C et $a$ sont des réels à déterminer.

*c*) Déterminer la masse moyenne d'une plante en fin de croissance, pour une densité de 9 plantes/m$^2$.

**33** ***Calculettes***

Dans une papeterie, on a relevé le nombre de calculatrices électroniques vendues chaque année depuis 1987 :

| Années | 1987 | 1988 | 1989 | 1990 | 1991 | 1992 | 1993 | 1994 |
|---|---|---|---|---|---|---|---|---|
| Rang $x$ de l'année | 1 | 2 | 3 | 4 | 5 | 6 | 7 | 8 |
| Nombre de calculatrices vendues : $t$ | 105 | 140 | 160 | 300 | 550 | 650 | 1 000 | 1 480 |

1° Représenter graphiquement dans un repère orthogonal cette série par un nuage de points : 1 cm représentant 100 unités sur l'axe des ordonnées et une année sur l'axe des abscisses.

2° On pose $y = \ln t$. Présenter dans un tableau la série $(x ; y)$ en prenant pour $y$ des valeurs approchées à $10^{-2}$ près par défaut. Représenter graphiquement cette série.

3° Déterminer, par la méthode de Mayer, une équation de la droite d'ajustement du nuage de points obtenu à la question **2.** Écrire une formule donnant approximativement $t$ en fonction de $x$.

4° De la question précédente, déduire le nombre de calculatrices que le magasin peut espérer vendre en 1997.

# 11 Probabilités

- Vocabulaire de base des probabilités
- Calcul de la probabilité
  - d'un événement
  - de la réunion de deux événements
  - de l'événement contraire

## ACTIVITÉ 1 Tennis ou canoé ?

***Objectif :*** se familiariser avec les notions d'intersection et de réunion. Revoir la définition de la probabilité.

Dans un centre de vacances accueillant 120 personnes, deux sports (tennis et canoé) sont proposés aux vacanciers.
On sait que 24 personnes font du tennis et 15 du canoé. En outre, 6 personnes pratiquent à la fois tennis et canoé.

### A. Dénombrement

*Reproduire et compléter le tableau :*

| Nombre de personnes | pratiquant le canoé | ne pratiquant pas le canoé |
|---|---|---|
| pratiquant le tennis | 6 | |
| ne pratiquant pas le tennis | | |

*Combien de personnes ne s'adonnent à aucun de ces deux sports ?*

### B. Probabilités

1° On interroge au hasard une personne de ce centre.
*Quelle est la probabilité que ce soit une personne faisant du tennis ? Une personne faisant du canoé ?*

2° *Quelle est la probabilité que ce soit une personne pratiquant au moins l'un des deux sports ?*

## ACTIVITÉ 2 Jeux de dés

***Objectif :*** utiliser un tableau pour calculer des probabilités.

### A. Avec deux dés ordinaires

On lance deux dés bien équilibrés.

**Premier jeu**

Si la somme des points obtenus est strictement inférieure à 8, vous gagnez. Sinon, c'est votre adversaire. *Qui a le plus de chances de gagner ?*
Indication : représenter toutes les éventualités dans un tableau.

| 1er dé \ 2e dé | 1 | 2 | 3 | 4 | 5 | 6 |
|---|---|---|---|---|---|---|
| 1 | | | | | | |
| 2 | | | | | | |
| 3 | | | | | | |
| 4 | | | | | | |
| 5 | | | | | | |
| 6 | | | | | | |

**Deuxième jeu**

Si la différence entre les points marqués est 1 ou 2, vous gagnez. Sinon, c'est votre adversaire.
*Qui a le plus de chances de gagner ?*

### B. Avec deux dés fantaisistes

Le premier dé a trois faces numérotées 1 et trois faces numérotées 2.
Le deuxième dé a deux faces numérotées 1, deux autres numérotées 2 et les deux dernières numérotées 3.
On lance les deux dés.

**Premier jeu**

Si la somme des points obtenus est supérieure ou égale à 4, vous gagnez. Sinon, c'est votre adversaire.
*Qui a le plus de chances de gagner ?*
Indication : on peut faire un tableau.

**Deuxième jeu**

Vous gagnez si les deux numéros obtenus sont identiques.
*Quelle probabilité avez-vous de gagner ?*

# INFORMATION

Conformément au programme officiel, ce chapitre reprend les notions étudiées en classe de Première. Il ne s'agit donc que de rappels.

## 1. Univers, éventualité, événement et probabilité

Si par exemple on lance un dé ordinaire, il existe six résultats possibles : ce sont les **éventualités**.

L'ensemble des éventualités est **l'univers**. Dans le cas du dé, l'univers est $\{1, 2, 3, 4, 5, 6\}$.

Il existe des univers infinis : penser à l'ensemble des points d'une cible au tir à l'arc.

Nous n'envisageons ici que des univers finis : $U = \{a_1, a_2, ..., a_n\}$.

**Un événement** est une partie de l'univers.

EXEMPLE

Dans le cas du dé : si A est l'événement «obtenir un nombre pair», alors $A = \{2, 4, 6\}$.

**Un événement élémentaire** est un événement formé d'un seul élément, comme $\{1\}$, $\{4\}$, etc.

Dans le cas du dé, les modalités sont 1, 2, 3, 4, 5 et 6.

La **fréquence, en Statistique,** rend compte du nombre de fois qu'un événement s'est produit. Pour chaque modalité, elle est comprise entre 0 et 1, et la somme des fréquences de toutes les modalités est 1.

De façon analogue, la **probabilité** d'un événement est un nombre qui mesure les «chances» que cet événement a de se produire, sur une échelle qui va de 0 (pour l'événement impossible) à 1 (pour l'événement certain).

Ainsi :

- **une probabilité est un nombre compris entre 0 et 1.**
- **la somme des probabilités de tous les événements élémentaires est égale à 1.**

EXEMPLE

Pour un dé bien équilibré, la probabilité d'obtenir le n° 2 est $\frac{1}{6}$ (une chance sur six), la probabilité de l'événement $\{1, 2\}$ est $\frac{1}{6} + \frac{1}{6}$, donc $\frac{1}{3}$.

## 2. Calcul de la probabilité d'un événement

### a *Le principe*

Soit un univers fini $U = \{a_1, a_2, ..., a_n\}$.

On suppose que chaque événement élémentaire $\{a_i\}$ a une probabilité $p_i$. $p_1, p_2, ... p_n$ sont des nombres compris entre 0 et 1 ; ils vérifient $p_1 + p_2 + ... + p_n = 1$.

Soit alors un événement A (c'est-à-dire une partie de U).

Si, par exemple $A = \{a_1, a_3, a_8\}$, alors $p(A) = p_1 + p_3 + p_8$.

> ***Définition***
>
> **La probabilité de A est la somme des probabilités des événements élémentaires inclus dans A.**

On note $p(A)$ la probabilité de A.

D'après la définition, $p(\varnothing) = 0$ et $p(U) = 1$.

**EXERCICE RÉSOLU**

**Un dé a été truqué de telle sorte que la probabilité de sortie du 5 et celle du 6 soient le double de la probabilité de sortie du 1. Les numéros 1, 2, 3 et 4 ont la même probabilité de sortie.**

***a*) Calculer la probabilité de sortie de chaque numéro.**

***b*) Calculer la probabilité de l'événement A : « Obtenir un numéro supérieur ou égal à 4 ».**

*a*) L'univers est $\{1, 2, 3, 4, 5, 6\}$.

On a $p_1 = p_2 = p_3 = p_4$ et $p_5 = p_6 = 2p_1$.

De plus, la somme des probabilités des événements élémentaires est 1 : $p_1 + p_2 + p_3 + p_4 + p_5 + p_6 = 1$.

Donc :

$$4p_1 + 2p_5 = 1$$
$$4p_1 + 2 \times 2p_1 = 1$$
$$8p_1 = 1$$
$$p_1 = \frac{1}{8}, \quad \text{d'où} \quad p_5 = \frac{2}{8} = \frac{1}{4}.$$

Tout se passe comme si on avait placé dans une boîte quatre jetons numérotées 1, 2, 3, 4, puis deux jetons portant le n° 5 et deux jetons portant le n° 6 et qu'on tire un jeton au hasard.

On a donc « une chance sur huit » d'obtenir chaque numéro de 1 à 4, et « une chance sur quatre » d'obtenir le 5 ou le 6.

*b*) $A = \{4, 5, 6\}$.

Donc $p(A) = p_4 + p_5 + p_6 = \frac{1}{8} + \frac{1}{4} + \frac{1}{4} = \frac{5}{8}$.

## b *Équiprobabilité*

Soit un univers $U = \{a_1, a_2, ..., a_n\}$, qui a donc $n$ éléments.

On écrit alors que card U = $n$ (card U se lit « cardinal de U » et désigne le nombre d'éléments de U).

Dans certains cas, on peut supposer que tous les événements élémentaires ont la même probabilité, qui est donc $\frac{1}{n}$.

Au jeu de dés, pour un dé non truqué, card U = 6, donc $p(\{2\}) = \frac{1}{6}$.

On dit alors qu'il y a équiprobabilité.

Si A est un événement comportant $k$ éléments, par exemple $A = \{a_1, a_2, ..., a_k\}$,

alors : $p(A) = p_1 + p_2 + ... + p_k = \frac{1}{n} + \frac{1}{n} + ... + \frac{1}{n} = \frac{1}{n} \times k$.

Donc $p(A) = \frac{k}{n} = \frac{\text{card A}}{\text{card U}}$.

**Sous l'hypothèse d'équiprobabilité, la probabilité d'un événement A est**

$$p(A) = \frac{\text{card A}}{\text{card U}} = \frac{\text{nombre de cas « favorables »}}{\text{nombre de cas possibles}}.$$

L'hypothèse d'équiprobabilité est suggérée par les conditions de l'expérience (ou par les termes de l'énoncé).

EXEMPLE

On tire une carte au hasard dans un jeu de 32 cartes. On cherche la probabilité que ce soit un roi.

Soit U l'univers et A l'événement « tirer un roi ». L'expression « au hasard » laisse entendre qu'il y a équiprobabilité. Le jeu comportant 4 rois, la probabilité de tirer un roi est

$$p(A) = \frac{\text{card A}}{\text{card U}} = \frac{4}{32} = \frac{1}{8}.$$

## C Intersection et réunion de deux événements

EXEMPLE

Si le dé est bien équilibré, il y a équiprobabilité.

On lance deux fois de suite un dé ordinaire bien équilibré. Les 36 éventualités apparaissent dans un tableau :

| 1er jet \ 2e jet | 1 | 2 | 3 | 4 | 5 | 6 |
|---|---|---|---|---|---|---|
| 1 | (1, 1) | (1, 2) | (1, 3) | (1, 4) | (1, 5) | (1, 6) |
| 2 | (2, 1) | (2, 2) | (2, 3) | (2, 4) | (2, 5) | (2, 6) |
| 3 | (3, 1) | (3, 2) | (3, 3) | (3, 4) | (3, 5) | (3, 6) |
| 4 | (4, 1) | (4, 2) | (4, 3) | (4, 4) | (4, 5) | (4, 6) |
| 5 | (5, 1) | (5, 2) | (5, 3) | (5, 4) | (5, 5) | (5, 6) |
| 6 | (6, 1) | (6, 2) | (6, 3) | (6, 4) | (6, 5) | (6, 6) |

Considérons les deux événements :
A : « Obtenir un 1 au 1er lancer » (en gris sur le tableau).
B : « Obtenir un total supérieur ou égal à 9 » (en vert).
Ces deux événements n'ont aucune éventualité en commun, ils ne peuvent être réalisés simultanément : on dit qu'ils sont incompatibles.

***Définition***
**Deux événements sont incompatibles lorsque leur intersection est vide.**

Imaginons dans le jeu précédent que l'on gagne si l'on obtient soit 1 au 1er lancer (A), soit un total supérieur ou égal à 9 (B).

La réunion $A \cup B$ de deux ensembles est l'ensemble des éléments appartenant à A *ou* à B (éventuellement aux deux).

Cet événement est noté $A \cup B$, sa probabilité est

$$p(A \cup B) = \frac{\text{card }(A \cup B)}{\text{card } U} = \frac{6+10}{36} = \frac{16}{36} \text{ (il suffit de compter).}$$

Cette probabilité est aussi égale à $\frac{6}{36} + \frac{10}{36} = \frac{16}{36}$, c'est-à-dire $p(A) + p(B)$.

Cela provient du fait que A et B n'ont aucun élément en commun.

***Propriété***
**Pour des événements A et B *incompatibles :***

$$\boldsymbol{p(A \cup B) = p(A) + p(B).}$$

L'intersection A ∩ B de deux ensembles est formée des éléments appartenant à A *et* B simultanément.

On démontre que, pour des événements A et B quelconques dans un univers U :

$$\boldsymbol{p(A \cup B) = p(A) + p(B) - p(A \cap B).}$$

EXEMPLE

Cherchons la probabilité d'obtenir au moins un 6 en lançant deux dés.

| 1er dé \ 2e dé | 1 | 2 | 3 | 4 | 5 | 6 |
|---|---|---|---|---|---|---|
| 1 | (1, 1) | (1, 2) | (1, 3) | (1, 4) | (1, 5) | (1, 6) |
| 2 | (2, 1) | (2, 2) | (2, 3) | (2, 4) | (2, 5) | (2, 6) |
| 3 | (3, 1) | (3, 2) | (3, 3) | (3, 4) | (3, 5) | (3, 6) |
| 4 | (4, 1) | (4, 2) | (4, 3) | (4, 4) | (4, 5) | (4, 6) |
| 5 | (5, 1) | (5, 2) | (5, 3) | (5, 4) | (5, 5) | (5, 6) |
| 6 | (6, 1) | (6, 2) | (6, 3) | (6, 4) | (6, 5) | (6, 6) |

Considérons les événements :
A : « sortir un 6 au 1er lancer » (en vert).
B : « sortir un 6 au 2e lancer » (en gris).
L'événement cherché est A ∪ B (un 6 au 1er lancer *ou* au 2e).

**1re méthode :**

$$p(A \cup B) = \frac{\text{card}\,(A \cup B)}{\text{card}\,U}.$$

Card (A ∪ B) = 11 (on compte les cases : 6 + 6 – 1 = 11).

On obtient : $p(A \cup B) = \dfrac{11}{36}$.

**2e méthode :**

A ∩ B = {(6, 6}).

A ∩ B est l'événement : « Obtenir un double six ».

D'où : $p(A \cap B) = \dfrac{\text{card}\,(A \cap B)}{\text{card}\,U} = \dfrac{1}{36}$.

$$p(A \cup B) = p(A) + p(B) - p(A \cap B) = \frac{6}{36} + \frac{6}{36} - \frac{1}{36} = \frac{11}{36}.$$

On trouve bien le même résultat.

## d Événements contraires

Au jeu qui consiste à lancer deux dés, appelons A l'événement « obtenir une somme $S \leqslant 10$ » (en gris).
L'événement contraire de A est :

« obtenir une somme $S > 10$ ».

On le note $\overline{A}$ (en vert).

| | 1 | 2 | 3 | 4 | 5 | 6 |
|---|---|---|---|---|---|---|
| 1 | 2 | 3 | 4 | 5 | 6 | 7 |
| 2 | 3 | 4 | 5 | 6 | 7 | 8 |
| 3 | 4 | 5 | 6 | 7 | 8 | 9 |
| 4 | 5 | 6 | 7 | 8 | 9 | 10 |
| 5 | 6 | 7 | 8 | 9 | 10 | **11** |
| 6 | 7 | 8 | 9 | 10 | **11** | **12** |

***Définition***

**L'événement contraire de A, noté $\overline{A}$, est l'ensemble des éventualités qui n'appartiennent pas à A.**

A et $\overline{A}$ sont incompatibles, donc $p(A \cup \overline{A}) = p(A) + p(\overline{A})$.

De plus $A \cup \overline{A}$ est égal à l'univers, donc $p(A \cup \overline{A}) = 1$.

On en déduit : $p(A) + p(\overline{A}) = 1$, et donc la propriété qui suit.

On utilise aussi **$p(\overline{A}) = 1 - p(A)$.**

$$\mathbf{p(A) = 1 - p(\overline{A}).}$$

Pour calculer la probabilité d'un événement, il est parfois commode de calculer la probabilité de l'événement contraire puis d'utiliser la formule ci-dessus.

EXEMPLE

Reprenons l'exemple des 2 dés. Pour calculer $p(A)$, on cherche d'abord $p(\overline{A})$ :

$$p(\overline{A}) = \frac{3}{36} = \frac{1}{12}.$$

Sachant que $p(A) = 1 - p(\overline{A}) = 1 - \frac{1}{12}$,

on obtient $p(A) = \frac{11}{12}$.

On peut aussi compter directement : card A = 33, d'où

$$p(A) = \frac{33}{36} = \frac{11}{12}.$$

# TRAVAUX PRATIQUES

**T.P. 1**

## Pile ou face

***Objectif :*** apprendre à choisir un bon univers et une bonne représentation (arbre ou tableau).

On lance trois fois de suite une pièce de monnaie bien équilibrée. On s'intéresse au nombre de piles obtenus *sur les 3 résultats*.

1° Les 4 cas : obtenir 0 pile, 1 pile, 2 piles, 3 piles, ne constituent pas un bon univers, car ils ne sont pas équiprobables. *Expliquer pourquoi.*
Une méthode pour obtenir un « bon univers », c'est-à-dire un univers équiprobable, est de construire un arbre (P pour pile, F pour face) :

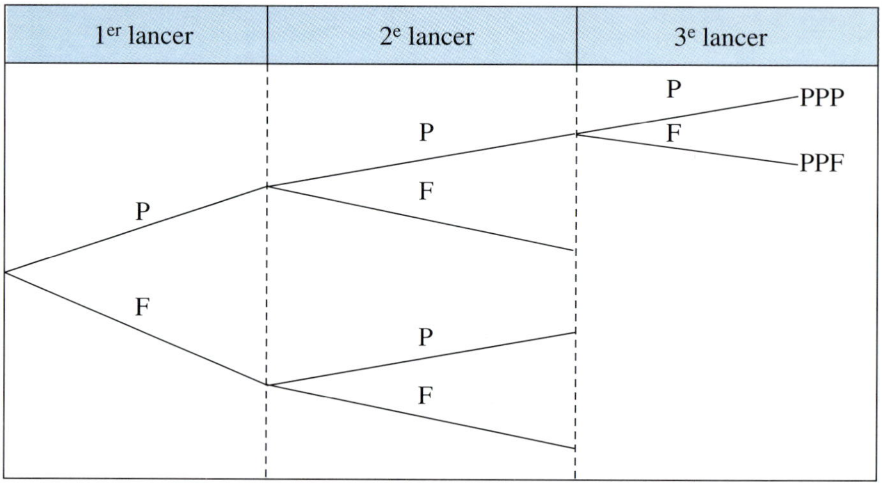


2° *Reproduire et compléter cet arbre.*

3° *Donner la liste des éventualités :* U = { PPP, PPF, ... }.

4° *Calculer la probabilité d'obtenir* 0 *pile,* 1 *pile,* 2 *piles,* 3 *piles.*

5° *Quelle est la somme de ces* 4 *probabilités ?*

**T.P. 2**

## Parcmètre

Devant un parcmètre, un automobiliste pressé fouille dans sa poche et en sort au hasard 2 pièces de monnaie. Sa poche contenait très exactement 2 pièces de 2 F et 3 pièces de 1 F.

1° *Construire un arbre ou un tableau représentant les différents cas possibles et dresser la liste des éventualités correspondantes.*
*L'univers ainsi choisi est-il équiprobable ?* Si ce n'est pas le cas, il vaut mieux changer de représentation...

2° *Quelle est la probabilité pour que l'automobiliste ait sorti* 2 *pièces de* 2 *F ? une pièce de* 1 *F et une pièce de* 2 *F ?*

3° Vingt minutes de stationnement coûtent 1 F.
*Quelle est la probabilité pour que l'automobiliste puisse stationner au moins une heure ? moins de une heure ?*

# EXERCICES ET PROBLÈMES

| **POUR SAVOIR FAIRE** <br> **Objectifs à atteindre** | **Exercices appropriés** |
|---|---|
| Évaluer des probabilités dans des cas simples | 1 à 6 <br> 16, 17 |
| Appliquer des formules du cours | 7 à 13 |
| Utiliser des arbres | 14, 15, 18 |
| Utiliser l'événement contraire | 11, 12, 18 |

| **POUR CHERCHER** <br> **Sujets abordés** | **Exercices appropriés** |
|---|---|
| Utilisation de statistiques | 19, 20 |
| Utilisation d'arbres | 22 et 23 <br> 27 à 30 |
| Étude de situations où il n'y a pas équiprobabilité | 25, 26 |
| Autres problèmes | 21, 24 |

## POUR SAVOIR FAIRE

,RAPPEL

$$p(\text{A}) = \frac{\text{nombre de cas « favorables »}}{\text{nombre de cas possibles}}$$

(quand il y a équiprobabilité)

### Probabilités élémentaires

**1** *La cassette*

Damien possède 12 cassettes de chansons, 7 de rock et 3 de musique classique. Pressé, il prend au hasard une cassette pour la mettre dans le lecteur.

1° Quelle est la probabilité pour qu'il ait choisi une cassette de rock ?

2° Le ruban s'étant cassé, il jette la cassette à la poubelle et en sort au hasard une autre du classeur. Quelle est la probabilité que ce soit encore une cassette de rock ?

**2** *A l'usine*

Un lot de pièces fabriquées comporte 5 % de pièces défectueuses. Un contrôleur choisit une pièce au hasard. Quelle est la probabilité qu'elle soit bonne ?

**3** Les 37 élèves d'une classe de Terminale se répartissent de la façon suivante :

| | Filles | Garçons |
|---|---|---|
| Apprennent l'anglais | 18 | 10 |
| N'apprennent pas l'anglais | 5 | 4 |

1° On choisit un élève de cette classe au hasard.
Quelle est la probabilité pour que ce soit un garçon ? une fille ? une fille apprenant l'anglais ?

2° L'élève choisie étant une fille, quelle est la probabilité qu'elle apprenne l'anglais ?

**4** *Une cigarette ?*

Les élèves d'un lycée se répartissent suivant le tableau :

| | Garçons | Filles |
|---|---|---|
| Fumeurs | 300 | 220 |
| Non fumeurs | 400 | 280 |

1° Combien y a-t-il d'élèves dans ce lycée ?

2° Un journaliste qui fait une enquête interroge un élève au hasard. Calculer la probabilité que ce soit un fumeur.

3° Si le journaliste s'adresse à une fille, quelle est la probabilité qu'il choisisse une fumeuse ?

**5** *Au cinéma*

Au début d'une séance de cinéma, on distribue au hasard un billet de loterie à chacun des 120 spectateurs. Parmi les 120 billets distribués, 3 donnent droit à 4 places gratuites, 6 donnent droit à 3 places gratuites, 18 donnent droit à 2 places gratuites, 42 donnent droit à 1 place gratuite et les autres billets ne gagnent rien.

1° Quelle est la probabilité pour un spectateur de gagner exactement 2 places gratuites ?

2° Quelle est la probabilité pour un spectateur de ne rien gagner ?

3° Quelle est la probabilité pour un spectateur de gagner au moins 2 places gratuites ?

**6** *Le pourboire*

Le livreur d'une maison de vente par correspondance vous apporte un colis au 3e étage. Vous fouillez dans votre poche et lui donnez une pièce au hasard. Sachant que votre poche contenait exactement 2 pièces de 0,20 F, 3 de 0,50 F, 6 de 1 F, 3 de 2 F, 2 de 5 F et 2 de 10 F, quelle est la probabilité que le livreur vous dise merci ?
*N.B.* Le livreur remercie si le pourboire est au moins égal à 2 F.

## Réunion de deux événements

**7** Soit un univers U et deux événements incompatibles A et B tels que

$p(\mathrm{A}) = 0{,}3$ et $p(\mathrm{B}) = 0{,}5$.

Calculer $p(\mathrm{A} \cap \mathrm{B})$, $p(\mathrm{A} \cup \mathrm{B})$, $p(\overline{\mathrm{A}})$, $p(\overline{\mathrm{B}})$.

**8** Soit un univers U et deux événements A et B tels que

$p(\mathrm{A}) = 0{,}3$, $p(\mathrm{B}) = 0{,}5$ et $p(\mathrm{A} \cap \mathrm{B}) = 0{,}1$.

Calculer $p(\mathrm{A} \cup \mathrm{B})$, $p(\overline{\mathrm{A}})$, $p(\overline{\mathrm{B}})$, $p(\overline{\mathrm{A} \cap \mathrm{B}})$ et $p(\overline{\mathrm{A} \cup \mathrm{B}})$.

**9** Soit un univers U et 2 événements A et B tels que

$p(\mathrm{A}) = 0{,}2$, $p(\overline{\mathrm{B}}) = 0{,}6$ et $p(\mathrm{A} \cup \mathrm{B}) = 0{,}5$.

Calculer $p(\overline{\mathrm{A}})$, $p(\mathrm{B})$ et $p(\mathrm{A} \cap \mathrm{B})$.

**10** On tire au hasard une carte dans un jeu de 32 cartes. Calculer la probabilité d'obtenir :

*a*) le roi de pique,
*b*) un roi,
*c*) un pique,
*d*) un pique ou un roi,
*e*) une carte qui ne soit ni un pique, ni un roi.

## Quand l'univers n'est pas équiprobable...

RAPPEL

La somme des probabilités des événements élémentaires est 1.

**11** *Dé pipé*

Un joueur utilise un dé à six faces qui a été truqué. La probabilité de voir apparaître chacun des six numéros est donnée par le tableau suivant :

| Numéro | 1 | 2 | 3 | 4 | 5 | 6 |
|---|---|---|---|---|---|---|
| Probabilité | 0,1 | 0,2 | 0,1 | 0,15 | 0,15 | $a$ |

1° Calculer $a$.

2° Calculer la probabilité des événements suivants :
A : voir apparaître un numéro pair.
B : voir apparaître un numéro impair.
C : sortir un numéro inférieur ou égal à 3.

**12** *Dé truqué*

Un dé a été truqué. La probabilité d'apparition de chaque face est donnée par le tableau :

| Numéro | 1 | 2 | 3 | 4 | 5 | 6 |
|---|---|---|---|---|---|---|
| Probabilité | 0,4 | 0,15 | 0,15 | 0,05 | $a$ | $b$ |

1° Quelle est la probabilité de voir apparaître un nombre $n \leqslant 4$ ? un nombre $n > 4$ ?

2° Calculer $a$ et $b$, sachant que l'apparition du n° 5 est quatre fois plus probable que celle du n° 6.

**13** *L'astragale*

Tous les écoliers ont, un jour, joué aux osselets, ainsi dénommés parce que, à l'origine, on utilisait un petit os de mouton, dont le nom savant est l'astragale.
Un astragale peut retomber sur une de ses 4 faces numérotées 1, 2, 3, 4 dans cet exercice. On désigne par $p_i$ la probabilité qu'un astragale a de retomber sur la face n° $i$.
Des expériences statistiques ont permis d'établir que :

$$\begin{cases} p_1 = p_2 \\ p_3 = p_4 \\ p_1 = 4p_3. \end{cases}$$

Lorsqu'on jette un astragale, calculer la probabilité d'obtention de chaque face.

## Petits problèmes variés

**14** *Jeu d'enfant*
Un enfant de 16 mois joue avec 5 cartes sur lesquelles sont écrites les lettres A, B, C, D, E. Il dispose 3 de ces cartes devant lui, au hasard, formant ainsi un « mot » de 3 lettres.
Quelle est la probabilité pour que, pensant déjà à son avenir, il ait ainsi écrit le mot BAC ?
Suggestion : on peut construire un arbre (ou du moins en esquisser quelques branches...).

**15** *Corvée de vaisselle*
Fabrice, Sébastien, Stéphanie, Caroline et Clara passent 4 jours au camping. Chaque soir, on tire à pile ou face pour savoir qui fera la vaisselle : « Pile, c'est les garçons, face, c'est les filles ! ».
Calculer la probabilité des événements suivants :
A : les garçons font la vaisselle le premier soir ;
B : ils font la vaisselle trois fois durant le séjour ;
C : personne ne fait la vaisselle deux soirs de suite.

**16** *A la cantine*
Au restaurant du lycée, les tables sont rondes et ont 5 places chacune. Pierre et Jean, qui choisissent une place au hasard, se trouvent un jour assis à une même table. Quelle est la probabilité qu'ils soient l'un à côté de l'autre ?

**17** *Alvéoles*
On jette au hasard 2 billes dans cette boîte constituée de 5 alvéoles de même taille. Quelle est la probabilité que les billes tombent dans deux cases adjacentes ?

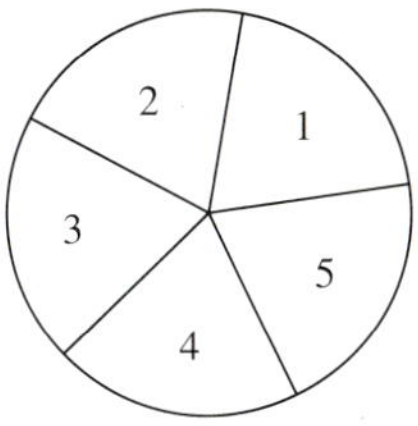


**18** *Trois boules*
Une urne contient trois boules : une rouge, une verte, une bleue. On tire successivement deux boules de l'urne. Avant de tirer la deuxième boule, on remet dans l'urne la première boule obtenue. On suppose que tous les tirages sont équiprobables.

1° Donner la liste de tous les tirages possibles.

2° Calculer la probabilité des événements :
A : obtenir deux boules rouges ;
B : obtenir deux boules de même couleur ;
C : obtenir deux boules de couleurs différentes.

## RÉSULTATS DES EXERCICES DONT LE NUMÉRO EST EN COULEUR

**1.** 1° $\frac{7}{22}$. 2° $\frac{2}{7}$.

**2.** 0,95.

**3.** 1° $\frac{14}{37}$ ; $\frac{23}{37}$ ; $\frac{18}{37}$.
2° $\frac{18}{23}$.

**5.** 1° 0,15 ; 2° 0,425 ; 3° 0,225.

**7.** 0 ; 0,8 ; 0,7 ; 0,5.

**10.** *a*) $\frac{1}{32}$ ; *b*) $\frac{1}{8}$ ; *c*) $\frac{1}{4}$ ; *d*) $\frac{11}{32}$ ;
*e*) $\frac{21}{32}$.

**12.** 1° $p(n \leqslant 4) = 0{,}75$ ; $p(n > 4) = 0{,}25$.
2° $a = 0{,}2$ ; $b = 0{,}05$.

**14.** $\frac{1}{60}$.

**15.** $p(\text{A}) = \frac{1}{2}$ ; $p(\text{B}) = \frac{1}{4}$ ; $p(\text{C}) = \frac{1}{8}$.

**17.** $\frac{2}{5}$.

## POUR CHERCHER

## Avec des statistiques

**19** *Transports scolaires*
Un établissement scolaire comporte 55 % de filles ; 20 % des filles et 40 % des garçons utilisent un moyen de transport individuel pour se rendre à l'établissement ; les autres utilisent des cars de ramassage scolaire qui arrivent tous à 8 heures à l'établissement.

1° Quel est le pourcentage des élèves de l'établissement utilisant un moyen de transport individuel ?

2° On prend un élève au hasard. Quelle est la probabilité qu'il n'utilise pas un moyen de transport individuel ?

3° On aperçoit la silhouette d'un élève descendant d'un car. Quelle est la probabilité que ce soit :
*a*) une fille ?
*b*) un garçon ?
On donnera une valeur approchée des résultats à $10^{-2}$ près.

**20** ***V.P.C.***

Dans une entreprise de vente par correspondance, le service courrier a remarqué que chaque lettre, qu'elle provienne de France ou de l'étranger, ne contient qu'un seul type de document, à savoir : soit une commande, soit une réclamation, soit une publicité.

Une étude statistique a permis d'établir l'estimation suivante pour la répartition de l'ensemble des lettres reçues :

– 60 % contiennent une commande, et un quart des commandes provient de l'étranger.

– 25 % contiennent une réclamation, et un cinquième des réclamations provient de l'étranger.

Le reste contient de la publicité, et provient uniquement de France.

1° Compléter, après l'avoir reproduit, le tableau suivant qui donne la répartition de 100 lettres reçues :

| | Provenant de France | Provenant de l'étranger | Total |
|---|---|---|---|
| Nombre de commandes | | | 60 |
| Nombre de réclamations | | | 25 |
| Nombre de publicités | | | |
| Total | 80 | | |

Pour chacune des questions suivantes, on admettra que la répartition du tableau est conservée.

2° Une lettre est choisie au hasard dans un sac postal.
Calculer la probabilité des événements suivants :
A : « Elle vient de France ».
B : « Il s'agit d'une lettre de réclamation ».
C : « Elle est française, et c'est une commande ».
D : « Elle contient une réclamation, ou provient de l'étranger ».

## Urnes, boules et jetons

**21** Une urne contient 7 jetons numérotés de 1 à 7. On tire 2 jetons successivement.

1° Quel est le nombre de cas possibles ?

2° Quelle est la probabilité que les numéros des 2 jetons se suivent (ordre croissant ou décroissant) ?

**22** Un sac contient 3 boules blanches $B_1$, $B_2$, $B_3$ et 2 boules noires $N_1$, $N_2$.

1° On tire une boule de ce sac, on note sa couleur et on la remet dans le sac. On tire à nouveau une boule et on note sa couleur.
*a*) Construire un arbre faisant apparaître les différents cas possibles de façon équiprobable.
*b*) Quelle est la probabilité des événements suivants :
A : « Obtenir deux blanches » ?
B : « Obtenir deux noires » ?
C : « Obtenir une blanche et une noire » ?
Que vaut $p(\mathrm{A}) + p(\mathrm{B}) + p(\mathrm{C})$ ?

2° Maintenant, on tire une première boule du sac, puis une deuxième, sans avoir remis la première. Répondre aux mêmes questions qu'au 1°.

**23** Une urne contient 5 boules indiscernables au toucher : deux boules sont rouges et portent le nombre 1, on les désignera par $R_1$ et $R_2$ ; deux boules sont vertes et portent le nombre 2, on les désignera par $V_1$ et $V_2$ ; la dernière boule est blanche et porte le nombre 3, on la désignera par B.
On tire simultanément trois boules : un tirage est noté sous la forme $\{R_1, V_1, V_2\}$ (par exemple).

1° Écrire la liste des tirages possibles (on pourra raisonner en distinguant les tirages suivant le nombre de boules rouges qu'ils contiennent).

2° Les tirages étant équiprobables, quelles sont les probabilités respectives $p_1$, $p_2$ et $p_3$ pour que, lors d'un tirage :
*a*) deux boules tirées soient rouges ;
*b*) les trois boules tirées soient de couleurs différentes ;
*c*) la boule blanche ait été tirée ?

3° On s'intéresse à la somme S des nombres inscrits sur les 3 boules tirées.
Déterminer la probabilité que S soit égal à 7, puis la probabilité que S soit égal à 5.

**24** Une urne contient une boule numérotée 1, deux boules numérotées 2, trois boules numérotées 3, et ainsi de suite jusqu'à dix boules numérotées 10.

1° Combien de boules contient l'urne ?

2° On tire une boule de l'urne, au hasard. Calculer la probabilité que cette boule porte :
*a*) le numéro 5 ;
*b*) le numéro $k$ ($k$ est un entier compris entre 1 et 10) ;
*c*) un numéro inférieur ou égal à 5 ;
*d*) un numéro pair.

## Problèmes divers

**25** ***Le libraire***

Un libraire d'une petite ville ne vend jamais plus de quatre exemplaires d'un hebdomadaire, *La Semaine du Lycéen*. L'observation a permis de préciser que le libraire vend un nombre $n$ de numéros avec les probabilités suivantes :

| Nombre $n$ | 0 | 1 | 2 | 3 | 4 |
|---|---|---|---|---|---|
| Probabilité | 0,2 | 0,2 | $x$ | 0,2 | 0,1 |

1° Calculer $x$.

2° Chaque exemplaire vendu par le libraire lui rapporte 3 F (bénéfice : + 3); par contre chaque exemplaire invendu doit être retourné à l'éditeur en fin de semaine et entraîne une perte de 1 F (bénéfice : – 1). Le libraire commande 4 exemplaires chaque semaine.
*a*) Recopier le tableau ci-dessus et le compléter en faisant apparaître le bénéfice B du libraire dans chaque cas.
*b*) Déterminer la probabilité que le libraire gagne au moins 4 F avec cette revue.

**26** ***Course en mer***
Dans une course à la voile, 12 bateaux sont engagés : 5 multicoques numérotés de 1 à 5, et 7 monocoques portant les numéros 6 à 12. La probabilité de gagner pour un multicoque est supérieure de 10 % à celle d'un monocoque. Les chances des bateaux de même structure sont identiques. Il y a exactement un vainqueur.

1° On appelle $p$ la probabilité de gagner du monocoque n° 6. Exprimer en fonction de $p$ la probabilité de gagner du multicoque n° 1.

2° Calculer $p$.

3° Calculer la probabilité que le vainqueur soit un multicoque.

(D'après G. Frugier,
*Exercices ordinaires de Probabilité,* Ellipses).

**27** ***Test***
Un test consiste à répondre à quatre questions par oui ou par non. Chaque réponse juste est notée 5 points et chaque réponse fausse est notée – 3 points. Un candidat répond au hasard à chacune de ces questions, c'est-à-dire que la réponse « oui » et la réponse « non » ont la même probabilité.

1° Construire un arbre représentant toutes les possibilités.

2° Quelle est la probabilité que le candidat ait toutes ses réponses justes ? Qu'il ait 3 réponses justes ? Qu'il ait au moins 3 réponses justes ?

3° Déterminer la probabilité qu'il obtienne une note supérieure ou égale à 12.

**28** On lance trois fois de suite un dé non truqué.

1° Proposer un univers équiprobable correspondant à cette expérience (on peut imaginer un arbre).

2° Quelle est la probabilité d'obtenir 3 six ?

3° Quelle est la probabilité de n'obtenir aucun six ?

4° En déduire la probabilité d'obtenir au moins un six.

**29** ***Loto sportif***
Dans le jeu du Loto sportif, le parieur doit remplir une grille où il indique les résultats qu'il prévoit pour 13 matchs de foot, disposés sur 13 lignes.
Pour chaque match, trois réponses sont possibles : l'équipe 1 gagne (réponse 1); le match est nul (réponse N); l'équipe 2 gagne (réponse 2).
Ces trois réponses recouvrent toutes les éventualités et, à l'issue du match, une et une seule se trouvera réalisée.
Sur chaque ligne, le parieur doit cocher une des trois cases.

1° De combien de façons différentes peut-on remplir la première ligne ? les deux premières lignes ? les 13 lignes d'une grille ?

2° Dénombrer les grilles pour lesquelles à l'issue des matchs :
*a*) toutes les réponses sont exactes;
*b*) toutes les réponses sont exactes, sauf la première;
*c*) toutes les réponses sont exactes, sauf une.

3° Quelle est la probabilité d'avoir au moins 12 réponses exactes, si l'on suppose toutes les réponses équiprobables ?

**30** ***Une machine à sous***
Dans une salle de jeux un appareil comporte 4 roues, chacune portant à sa périphérie 8 images de fruits différents :
ananas, bananes, cerises, dattes, fraises, groseilles, poires, raisins.
Une mise de 1 F déclenche le fonctionnement de l'appareil pour une partie. Chacune des quatre roues affiche au hasard dans une fenêtre un de ces huit fruits.

Exemple d'affichage

1 2 3 4

On admettra que tous les événements élémentaires sont équiprobables.

1° Expliquer pourquoi l'univers comporte $8^4$ éléments.

2° Calculer la probabilité des événements suivants :
E : « On obtient quatre fruits identiques. »
F : « On obtient les trois premiers fruits identiques, le quatrième étant différent. »
G : « On obtient trois fruits identiques et trois seulement. »
H : « On obtient quatre fruits différents. »
*N.B. :* Les résultats seront donnés sous forme décimale avec trois chiffres significatifs.

3° Certains résultats permettent de gagner de l'argent :
50 F pour quatre fruits identiques;
5 F pour trois fruits identiques;
1 F pour quatre fruits distincts;
0 F pour les autres résultats.
*a*) Quelle est la probabilité de gagner 50 F ?
*b*) Quelle est la probabilité d'obtenir un gain non nul ?

# INDEX




Imprimé en France par I.M.E. - 25110 Baume-les-Dames
Dépôt légal : Mai 1994 - N° édition : 4389 - N° impression : 9227